图书在版编目（C I P）数据
城市双修 / 沈清基，姜涛主编．-- 上海 ：同济大学出版社，2020.4
（理想空间 ；83 辑）
ISBN 978-7-5608-9204-7
Ⅰ．①城… Ⅱ．①沈… ②姜… Ⅲ．①城市规划－研究 Ⅳ．① TU984
中国版本图书馆 CIP 数据核字（2020）第 043854 号

主办单位　上海同济城市规划设计研究院有限公司
地　　址　上海市杨浦区中山北二路 1111 号同济规划大厦 1408 室
网　　址　http://www.tjupdi.com
邮　　编　200092

出版发行　同济大学出版社
策划制作　《理想空间》编辑部
印　　刷　上海锦佳印刷有限公司
开　　本　635mm x 1000mm　1/8
印　　张　16.25
字　　数　325 000
印　　数　1-10 000
版　　次　2020 年 4 月第 1 版　2020 年 5 月第 1 次印刷
书　　号　ISBN 978-7-5608-9204-7
定　　价　55.00 元

编者按

为了贯彻落实中央城市工作会议精神，住建部在 2016 年 12 月发布的关于《关于加强生态修复城市修补工作的指导意见》中提出：2017 年各城市制定“城市双修”实施计划，推进一批示范项目；2020 年“城市双修”工作在全国全面推开，通过城市双修使得城市病得到有效缓解；2030 年全国“城市双修”工作要取得显著成效，实现城市向内涵集约发展方式转变。

大力支持城市双修理念，对编制老旧城区更新改造、生态保护和建设专章，确定总体空间格局和生态保护建设要求，以及编制生态修复专项规划、加强与城市地下管线、绿地系统、水系统、海绵城市等专项规划的统筹协调等均有着积极作用，也是未来城市规划和设计的热点和重点。正是本着这一认知，本辑希望通过对城市双修的相关理论研究和实践探索成果的较系统的展示，分析提出如何通过城市修补和生态修复使得城市再现绿水青山。

本书在内容编排上包括“主题论文”“专题案例”及“他山之石”三方面内容。其中，“主题论文”对国际生态修复协会于 2016 年 12 月所发布的《生态修复实践国际标准》进行了解读，其中的各项理念、观点、方法、技术等可以为我国城市的双修规划与双修实践提供参考与镜鉴；“专题案例”从城市双修战略、城市街区整治规划和城市生态区域双修规划三个方面展开叙述，从宏观战略层面探讨了城市双修的内涵，并从城市双修重点落实方向——以城市街道整治为主的城市修补和以城市生态区域修复为主的生态修复，对城市双修问题一一进行解决；最后，在“他山之石”部分围绕城市与海洋的关系，通过国际案例分析与城市设计综合实践两种方式，探索如何结合城市双修手段真正的实现城海共生，为未来滨海城市创新规划提供参考价值。

上期封面：

CONTENTS 目录

Theme Interview

Subject Case

Urban Double Repair Strategy

Urban Block Rectification Plan

Urban Ecological Area Double Repair Plan

Voice from Abroad

主题论文
Top Article

《生态修复实践国际标准》解读

Interpretation of International Standards for the Practice of Ecological Restoration

慈 海 沈清基
Ci Hai Shen Qingji

[摘　要]　国际生态修复协会于2016年12月12日发布了《生态修复实践国际标准》，其中的各项理念、观点、方法、技术等对于我国的“城市双修”具有重要的参考意义和价值。文章在对《生态修复实践国际标准》的背景、内容结构进行梳理的基础上，介绍了《生态修复实践国际标准》中有关生态修复的定义、基本原则、目标、方法、过程、评价标准等内容，并从“生态修复实践的核心特征”“生态实践中关于参考系的选择”“生态修复与生物多样性及外来物种的选择”“生态修复与文化实践及与生态系统的关系”“生态修复实践中的公众参与”五个方面对《生态修复实践国际标准》进行了分类解析。

[关键词]　生态修复；国际标准；国际生态修复协会；核心特征；解析

[Abstract]　The Society for Ecological Restoration released the International Standards for the Practice of Ecological Restoration on December 12, 2016, in which the concepts, viewpoints, methods and technologies have great meaning and value for China's City Betterment and Ecological Restoration. Based on the analysis of the background and content structure of the International Standards for the Practice of Ecological Restoration, this paper introduces the definition, basic principles, objectives, methods, processes and evaluation criteria of ecological restoration in the International Standards for the Practice of Ecological Restoration. Also, the paper analyzes the connotation of the International Standards for the Practice of Ecological Restoration from five aspects including the core characteristics of ecological restoration practice; the selection of reference system in ecological practice; the ecological restoration, biodiversity and selection of invasive species; the relationship between ecological restoration, cultural practice and ecosystem; the public participation in ecological restoration practice.

[Keywords]　ecological restoration; international standards; society for ecological restoration; core characteristics; analysis

[文章编号]　2020-83-A-004

国家自然科学基金面上项目(51778435)，国家社会科学基金重点项目(17AZD011)资助。

众所周知，“城市双修”是具有鲜明中国特色的改善优化城市人居环境的理念、政策与行动举措。尽管如此，鉴于世界城市发展、生态环境改善优化的一般性特征及其规律具有一定的普适性，因此，有必要考察国际的相关动态与案例，以便展开中外比较和借鉴。在这方面，国际生态修复协会（Society for Ecological Restoration）于2016年12月12日所发布的《生态修复实践国际标准》（International Standards for the Practice of Ecological Restoration，以下简称为《国际标准》，源自https://www.ser.org/default.aspx）中的各项理念、观点、方法、技术等对于我国的城市双修具有重要的参考意义和价值。

一、《生态修复实践国际标准》背景分析

2016年12月12日，国际生态修复协会（Society for Ecological Restoration，1988年成立于美国华盛顿，是一个致力于在全球范围内促进生态恢复的非营利性组织。其使命是促进生态恢复，并将其作为维持地球上生物多样性、重建自然与文化之间生态健康关系的一种手段。）在墨西哥坎昆举行了“生物多样性公约”第十三次缔约方会议，并在会议上正式发布了《生态修复实践国际标准》（International Standards for the Practice of Ecological Restoration）（以下简称“《国际标准》”）。《国际标准》是国际生态修复协会在之前已发表的大量有关生态修复的出版物（表1）基础上创新提升的产物，该标准阐释了生态修复与相关环境修复活动的关系及重点，并提出了生态修复的评价标准及关键要素，为不同学科背景、社会背景的学者、管理者、设计者参与生态修复提供了重要的指导规范。

二、《生态修复实践国际标准》内容梳理

1. 内容结构

《国际标准》分为五个章节：第一章节为“引言”，第二章节为“支撑生态修复最佳实践的六个关键概念”，第三章节为“规划和实施生态修复工程的标准做法”，第四章节为“修复及蓝图（Restoration and the ‘Big Picture’）”，第五章节为“术语解释”。

2. 生态修复的定义与基本原则

（1）生态修复定义

在《国际标准》中，生态修复被定义为是“帮助修复已经退化，受损或破坏的生态系统的过程”[1]。通过梳理并比较国际生态修复协会以往对生态修复的界定，可以发现，在此次颁布的《国际标准》中，生态修复被视为是一种有意识的干预活动，建立在“补救”生态系统（如消除化学污染）或“恢复”生态系统（如恢复功能和服务）两种行为的努力之上[2]，在生态系统的健康（功能）、完整性（物种组成和群落结构）和可持续性（抗干扰和恢复力）方面启动或加速生态系统的恢复[3]，是通过改善并恢复生态系统中生物的生存环境，使生态系统能通过自发的方式实现自我修复，而并非单纯地通过人为手段将生态系统改造回原始状态。

（2）生态修复的基本原则

在《国际标准》中，生态修复的基础原则定义为以下三点：

①有效的生态修复有利于建立和维护一个生态系统的价值。

②有效的生态修复使有益的结果最大化，同时使时间、资源和努力的成本减至最低。

③与伙伴和利害攸关者合作进行生态恢复，促进参与和加强生态系统的经验。

可以发现，《国际标准》生态修复的基本原则很强调“有效的生态修复”（effective ecological restoration），这很值得引起注意。这说明生态修复是

表1　国际生态修复协会主要出版物

日期	主要出版物	主要内容
1993年9月	SER环境政策（SER Environmental Policies）	是SER用来阐述他们的社会性工作，以及与更广泛的保护与环境主义领域之间关系的文献
2001年11月	恢复遗传学概论（An Introduction to Restoration Genetics）	简述了恢复遗传学，并概述了修复设计者和管理者在规划和实施项目中应注意的事项
2004年	SER（Society for Ecological Restoration，生态修复协会）国际生态修复入门手册（International Standards for the Practice of Ecological Restoration）	简要概述了生态修复所依据的关键概念和基本原则
2005年12月	生态修复项目开发和管理指南（Guidelines for Developing and Managing Ecological Restoration Projects）	提供了一套指南，以便根据SER国际生态修复入门手册中概述的原则，逐步引导生态修复从业者和项目经理进行生态修复
2006年	生态修复：保护生物多样性和维持生计的手段（Ecological Restoration: A Means of Conserving Biodiversity and Sustaining Livelihoods）	解释了“生态修复”的含义，并概述了它如何在退化的景观中增强生物多样性成果及改善人类福祉
2007年8月	生态修复：减缓气候变化的全球战略（Ecological Restoration： A Global Strategy for Mitigating Climate Change）	阐述陆地和水生生态系统在支持人类方面发挥的重要作用，以及保护和恢复这些栖息地以缓解全球气候变化及其影响的必要性。指出土地利用的变化和随后的生物多样性丧失是全球气候变化的重要因素
2008年5月	生态系统方法中生态恢复与生物保护相结合的机遇（Opportunities for Integrating Ecological Restoration & Biological Conservation within the Ecosystem）	讨论了生态修复和生物保护的互补作用，并探讨了它们在统一的生态系统方法中整合的潜力。描述了修复作为保护规划的一个方面的重要性，并介绍了说明这种综合方法的实例
2008年10月	生态恢复作为逆转生态系统破碎的工具（Ecological Restoration as a Tool for Reversing Ecosystem Fragmentation）	讨论了生态系统破碎化的本质，探讨了生态修复在扭转破碎化和重建栖息地、景观和生态系统连接性方面可以发挥的作用，为负责解决联通问题的土地管理者和决策者提供了一系列建议
2009年8月	应对气候变化的生态修复与珍稀物种管理（Ecological Restoration and Rare Species Management in Response to Climate Change）	概述了在气候变化的不确定性背景下，生态恢复在保护稀有、濒危和特有物种方面的关键作用。讨论了生态修复可以与其他管理策略一起使用的方式，通过增加栖息地面积，重新连接分散的景观，以及改善景观规模的生态系统功能和结构复杂性来提高物种的恢复能力
2012年	向基础设施投资：恢复退化生态系统的经济理由（Investing in Our Ecological Infrastructure: The Economic Rationale for Restoring our Degraded Ecosystems）	讨论了生态修复的经济方面及其在保护和增强自然资本方面的重要性，即维持生命的“生态基础设施”。通过一系列案例研究，说明了有效的修复计划可能产生的深远经济影响，以及在管理世界经济活动的所有决策过程中适当考虑自然产品和服务的必要性
2012年	保护区的生态修复：原则、指南和最佳实践（Ecological Restoration for Protected Areas: Principles, Guidelines and Best Practices）	提供了一个生态修复的指导框架，旨在指导保护区管理人员和其他伙伴组织在恢复所有类别及所有治理类型的保护区的自然、文化和其他重要价值时的行为
2016年3月	澳大利亚生态修复国家标准（National Standards for the Practice of Ecological Restoration in Australia）	旨在制定澳大利亚生态修复实践国家标准，确定了支撑修复方法和理念的原则，并概述了修复项目规划、实施、监测和评估成功所需的步骤
2016年12月	生态修复实践的国际标准（第一版）（International Standards for the Practice of Ecological Restoration, 1st edition）	为世界上任何国家、任何生态系统生态修复项目的发展和执行提供一个框架。包括一个从恢复行动实施到全面恢复的五星级评级系统
2017年12月	与自然合作：森林和景观恢复中的自然再生案例（Partnering with Nature: The Case for Natural Regeneration in Forest and Landscape Restoration）	阐述了自然再生的定义及优势，认为自然再生可以在大规模生态修复中发挥经济和生态上的有益作用，并作为森林和景观修复的一个组成部分，并介绍了有利于自然再生的政策框架
2018年2月	生物多样性和全球森林恢复论坛——总结报告和行动计划（Forum on Biodiversity and Global Forest Restoration——Summary Report and Plan of Action）	提出了三个与主题有关的想法：评估和确定修复行动的优先次序；促进生态修复的国际标准；在修复中纳入生物多样性的政策和治理需要。并且确定了18项优先行动，目的是在提供基本生态系统服务的基础上，增加全球森林修复的生物多样性成果

来源：笔者根据相关信息自制

表2　生态修复的目标构成

特征	描述
结构性	1.恢复后的生态系统包含参考生态系统（reference ecosystem）中出现的物种特征组合，并提供了适当的群落结构
本土性	2.恢复后的生态系统最大程度上由本地物种组成
完整性	3.利于恢复后的生态系统的持续发展和(或)稳定所必需的所有功能组（functional groups）都有代表，如果原有功能组缺失，缺失的功能组有可能通过自然手段进行迁移
稳定性	4.恢复后的生态系统的物理环境能够维持为其继续稳定或沿着所期望的轨道发展所必需的物种的繁殖种群
协调性	5.恢复后的生态系统在其生态发展阶段表现出明显的功能正常，没有出现功能失调的迹象
全局性	6.恢复后的生态系统恰当地融入到更大的生态基质或景观中，通过非生物和生物的流动及交换，可与更大的生态基质或景观产生联系
安全性	7.周围景观对恢复后的生态系统的健康和完整的潜在威胁已尽可能消除或减少
韧性	8.恢复后的生态系统具有足够的韧性，能够承受当地环境中正常的周期性应力事件，从而维持生态系统的完整性
自维持性	9.恢复后的生态系统与参照生态系统具有相同程度的自我维持性，在现有环境条件下具有无限期持续存在的潜力

来源：笔者根据International Standards for the Practice of Ecological Restoration整理

人类为了解决目前存在的生态环境问题而采取的补救措施，而这一补救措施并不一定绝对是正确的、有效的和科学的。由于施用这些措施的人的价值观、科学技术水平的差异，完全可能使得生态修复的结果与预期的目标相悖。因此，“生态修复”作为词性或行为是中性的——即，生态修复既可能是有效的（effective），也可能是无效的（ineffective）。追求生态修复的有效性是人们自始至终都应该认真考虑的问题，这也是《国际标准》强调“有效的生态修复”的初衷与原因。

3. 生态修复的目标

任何自然生态系统的恢复都有一个共同的目标，那就是恢复自生过程[4]，即实现所谓的“自组织状态”，表现为生态系统含有足够的生物和非生物资源，可以在没有进一步的外部援助或支撑的情况下继续发展，维持自身的结构和功能。同时，也显示出对正常范围的环境压力和干扰所具有的恢复力，并能够与相邻的生态系统进行生物和非生物流

1.生态修复方法的适用范围
2.生态修复的规划设计过程（来源：根据《生态修复国际标准》绘制）

动以及文化互动[4]。

此外，国际生态修复协会于2004年发表的《SER国际生态修复入门手册》（International Standards for the Practice of Ecological Restoration）更详细地提出了生态修复完成后生态系统应具有的九个属性[4]，可以从另外一个角度说明生态修复的目标构成（表2）。

4. 生态修复的方法

生态修复的方法主要由以下三种，分别为自然再生、协助再生与重建，三种方法的比较如下（表3）。

《国际标准》指出，需要根据场地生态系统的退化情况及功能的完整程度，合理选择不同的生态修复方法。这里给出了基本的三种方法。该标准同时指出，三种方法并非截然分开，在特定的情况下三种方法的结合也是有必要的。如场地中面临着不同程度的退化现象时，就可以采取不同方法的组合形式。一般而言，在退化程度较低的地方，只需要提升管理水平以保持场地的适应能力，即通过自然修复的方法即可；而在生态系统退化程度较高的地方，则需要通过物理一化学修正或生物修正等一系列人为手段消除或减少生态退化的诱因，才能开始自然修复过程。

表3 生态修复方法的解释及适用条件

名称	解释	适用条件
自然再生	只需要消除退化因素，包括减少对原生植被破坏、适当放牧、适当捕捞、减少对水流的干预和适当的火灾制度等	退化程度相对较低的地方（或有足够的时间且附近的生物种群可以重新定居的地方）
协助修复	既需要消除退化的因素，又需要采取进一步的积极干预措施，纠正非生物损伤，并触发生物修复	中度（甚至高度）退化的地方
重建	不仅需要消除或扭转所有引发系统退化的因素，纠正所有生物和非生物的破坏，以适应已确定的本地参考生态系统（reference system），还需要尽可能重新引进其所需要的全部或大部分生物种群	退化程度高的地方

来源：根据《生态修复实践国际标准》自制

表4 生态修复目标的关键属性

关键属性	具体内容
没有威胁	过度利用和污染等威胁已经停止，入侵物种已被消灭或控制
物理条件	水文和基质条件已经恢复
物种组成	存在适宜的动植物品种，且无不适宜的动植物品种
结构多样性	地层、动物群食物网和空间生境多样性得到恢复
生态系统功能	具有适当的生长和生产力水平，营养循环的恢复、分解，生境元素、植物与动物的相互作用，正常的压力源，生态系统物种的持续繁殖和再生
外部交流	生物迁移和基因流动的联系性和连通性得到恢复，包括水文、火灾或其他景观过程在内的流动性恢复

来源：《生态修复国际标准》

表5 生态修复五星的特征表述

星级	恢复结果特征概括（以适当的本地参考生态系统为参照）
☆	避免持续恶化。基底修复（物理和化学）。存在一定程度的原生生物群;未来的补充生态位不会被生物或非生物特性所否定。基地未来所有属性的改进计划和管理安全
☆☆	邻近地区的威胁开始得到控制或减轻。该地区特有的乡土物种较少，外来有害物种对该地区的威胁较小。改善与邻近区域的连通性
☆☆☆	邻近的威胁得到管理或减缓，场地中不受欢迎的物种的威胁非常低。建立了一个适度的本地特有物种子集，并呈现了生态系统功能的一些证据。明显改善了连通性
☆☆☆☆	一个有特色的生物群的实质子集(代表所有的物种群)提供了群落结构发展和生态系统过程开始的证据。改善已建立的连通性，并管理或减轻周围区域的威胁
☆☆☆☆☆	建立一个生物群落的特征组合，使其结构和营养的复杂性可以在没有进一步干预的情况下发展；可能具有适当的跨界流动，在适度的扰动状态的影响下，系统仍然具备高水平的韧性；制定了长远的管理措施

来源：《生态修复国际标准》

5. 生态修复的过程

《国际标准》将生态修复分成：规划与设计；实施；监测、文件编制、评价和报告；实施后维护四个过程（阶段），并明确给出了各个阶段的具体工作内容。

6. 生态修复效果的评价标准

在《国际标准》中，创新性地提出了一个五星级评价框架来逐级评估恢复程度，并对恢复程度进行分级。确定了用于衡量生态修复目标实现程度的六个关键生态系统属性（表4），并根据恢复结果与事先确定的本地参考生态系统（reference system）的相似性对比，确定了不同星级的含义（表5）。《国际标准》并将关键属性表与星级表进行整合，确定了衡量项目具体指标的生态修复评价表（表6）。该评价标准针对关键属性采用具体可量化的指标，每个修复目标都必须在如下方面被清晰地表达：其一，评价的属性或子属性；其二，生态修复预期的效果（例如，增加、减少、保持）；其三，生态修复获得效果的程度(例如，植物覆盖率增加40%等）；其四，时间进度[1]。根据以上步骤，最后将项目评价的结果制成评价轮，以评估生态修复的合理性与完成进度。

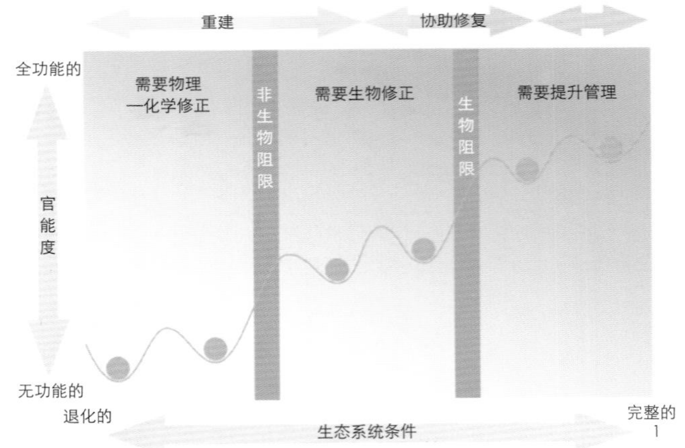

步骤1：规划与设计
· 利益相关方参与
· 外部环境评估
· 确定场地目前的生态系统及其状况
· 识别和描述本地参考生态系统
· 确定不同时期的修复目标
· 制定修复处方
· 评估场地使用期间的后期维护计划中的安全性
· 分析物流
· 审查进度安排

步骤2：实施
· 确保修复工程不会对生态环境造成进一步的或持久的损害
· 合格、熟练和有经验的工人及施工者
· 修复按照对自然过程作出反应的方式进行，并促进和保护自然恢复
· 及时纠正变化方向
· 充分遵守工作、卫生和法规
· 定期与主要利益攸关方沟通

步骤3：监测、文件编制、评估和报告
监测修复项目 → 保存监测记录 → 评价监测结果 → 编写报告

步骤4：实施后维护
· 持续监测、维修
· 继续与适当的参考生态系统进行比较

2

表6

生态修复的五星评价框架

属性	☆	☆☆	☆☆☆	☆☆☆☆	☆☆☆☆☆
无威胁	进一步恶化已停止，场地已获得使用权和管理	邻近地区的威胁开始得到控制或减轻	所有相邻的威胁都在较低程度上得到管理或缓解	所有相邻的威胁都在一定程度上得到管理或缓解	所有威胁都在很大程度上得到了控制或缓解
物理条件	严重的物理和化学问题(如污染、侵蚀、压实)开始得到治理	基质的化学和物理性质(如pH、盐度)在正常范围内趋于稳定	基质稳定在自然范围内，支持特征生物群的生长	基质安全地保持适合于特征性生物群持续生长和补充的条件	基质具有与参考生态系统高度相似的物理和化学特性，有证据表明它们可以无限期地维持物种和过程
物种组成	本地物种开始定殖（约2%来自于参考生态系统）。对再生生态位和未来演进不产生威胁	种群多样性和特有的本地物种的一小部分开始形成（约占参考生态系统的10%）。现场外来的和侵略性生物的威胁较低	重要的本地物种的子集在该地区占相当大的比例。来自不良物种的现场威胁非常低	大量的特征性生物群落(约60%的参考)存在于该地区，代表了广泛的物种群多样性。没有不良物种的威胁	站点内特征物种多样性高(如80%)，与参考生态系统相似性高;随着时间的推移，更多物种定居的潜力提高
结构多样性	相对于参考生态系统，只有一个或更少的分层存在，没有空间格局或营养复杂性	相对于参考生态系统，层次较多，但空间格局和营养复杂性较低	相对于参考生态系统，大部分层次存在，并具有一定的空间格局和营养复杂性	各阶层都存在。相对于参考生态系统，空间格局明显而丰富的营养复杂性正在发展	各层均存在，空间格局和营养复杂性高。进一步的复杂性和空间模式能够与参考生态系统高度相似，具有自组织性
生态系统功能	基质和水文只是处于基础阶段，相比于参考生态系统，预期未来能够发展类似功能	基质和水文显示出广泛的功能潜力，包括营养循环和为其他物种提供栖息地/资源	具有开始发挥作用的证据，如，营养循环、水过滤和为一系列物种提供生境资源	具有重要功能和过程运行的实质证据，包括物种的繁殖、散布和补充	相当多的证据表明，在恢复适当的扰动状态后，功能和过程朝着与参考生态系统类似的恢复能力的安全轨道发展
对外交换	可与周围景观或水生环境进行交换(如物种、基因、水、火)	通过与利益攸关方的合作和场地的配置，实现互联互通，促进积极交流(减少消极交流)	场地与外部环境之间的连通性增强，交流开始明显(例如，更多的物种、流动等)	与其他已经形成的自然区域具有较高的连通性，有害生物和不良干扰处于控制之下	有证据表明，对外交流的潜力与参考生态系统和长期综合管理安排非常相似，具有更广阔的前景和可操作性

来源：《生态修复实践国际标准》

表7

生态修复实践核心特征解析

核心特征类型	特征	特征解析
属性特征	本土性	生态修复应尽量选择本地生物物种、材料及施工工艺，使修复后的生态系统接近以往的环境特征
	阶段性	生态修复过程并非一蹴而就，需要在考虑资金、风险、社会文化目标等多种因素下，合理确定修复的优先次序和时序安排
	多学科性	生态修复是一个以生态知识为主，涉及多学科的交互性、集成性的复杂行为，生态修复实践需要生物学、生态学、社会学、化学、水文学、地质学等多种学科背景专家的密切合作
	不确定性	由于气候变化、物种入侵、生境退化等复杂外界因素的干扰，生态修复不一定能取得预先的效果。此外，对于参考生态系统的预测是基于对历史材料的分析判断而非事实，且由于当代施工条件、气候环境等不确定因素的影响，恢复后的生态系统不一定能恢复到原来的状态
目标特征	安全性	生态修复应在设计、施工、管理等各个方面保证安全，在物种选择、施工材料、修复技术方面要尤为谨慎，避免生态修复的不当行为对生态系统造成二次干扰
	经济性	生态修复应满足经济学的基本原理，在各个环节需要合理控制成本，并通过改善系统的生态服务功能、增加就业岗位数量等方式取得经济效益
	可持续性	生态修复应以恢复生态系统的自组织能力及稳定性为目标，使生态系统维持持久的生命力和健康特征
关系特征	协助性	生态修复的主体是自然环境而不是人类，生态修复的本质是让自然环境自己完成修复行为，人的作用是消除或减轻生态系统退化的诱因，协助完成生态修复行为
	区域性	生态修复应考虑与更大尺度生态系统的结构、物种组成和功能进行整合，以提升自我维持能力和韧性，并通过生物与非生物的交流与外界相互作用[14]
	参与性	保护并修复生态系统需要明确利益攸关方的期望和利益，在规划、实施和评价方面需要本地社区居民、土地所有者、设计及施工公司、科学家以及其他利益攸关方参与和合作，以确保生态系统和社会共同繁荣

来源：笔者自制

三、《生态修复实践国际标准》解析

1. 生态修复实践的核心特征

基于《国际标准》在论述生态修复实践特征方面反映出的丰富信息，笔者将生态修复实践的核心特征概括为以下几个方面（表7）。

2. 生态修复实践中参考系的选择

《国际标准》认为，生态修复实践的一个基本原则就是确定一个合适的参考生态系统（reference ecosystem），用来规划、监测和评价生态恢复工作的效果。作为生态修复工作的基本依据，参考生态系统是指能够作为生态修复基准的生物群落或非生物成分，通常代表生态系统中的非退化版本（non-degraded version），包括其植物群、动物群、非生物元素、功能、过程及其连续状态等[1]。通过梳理并归纳，笔者发现《国际标准》在参考生态系统的确定时考虑了以下三方面的因素：

第一，参考生态系统需要以场地退化前的历史条件为依据。历史条件作为生态修复设计的理想出发点[4]，参考生态系统的参考特征应来源于本地原生植物、动物、其他生物群和非生物条件的各种信息的汇集，包括多个现存的参考站点、字段指示器、历史记录和预测数据。由此产生的模型（model）有助于识别、沟通项目目标及特定生态属性的共同愿景[1]，能够科学而准确地判断场地退化前的群落结构和基本功能。生态修复协会（Society for Ecological Restoration）提出可用于描述参考资料的具体资料来源包括[4]：①破坏前项目场地的生态描述、物种名录和地图；②历史及近期航拍和地面照片，需要修复的遗址残片，显示

3.生态修复评估轮（来源：《生态修复实践国际标准》）

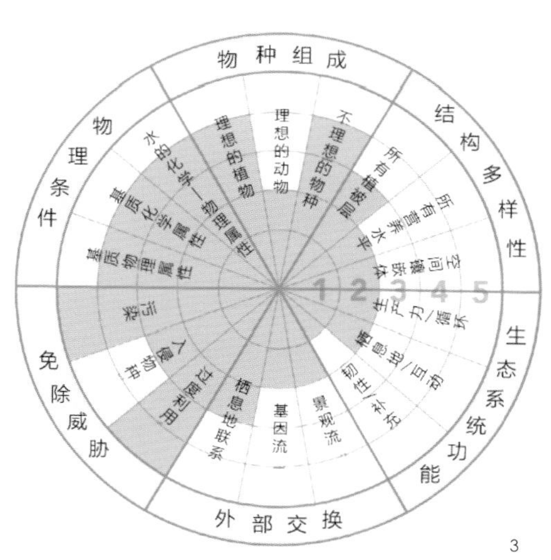

3

4.碧山宏茂桥公园内加冷河改造前效果
5.碧山宏茂桥公园内加冷河改造后效果（来源：慈海2019年摄于新加坡）
6.新加坡市中心由三大蓄水区组成的保护区公园（来源：慈海2019年摄于新加坡）
7.肯尼亚莱基皮亚为恢复牧场而清除入侵仙人掌（来源：参考文献[15]）
8.沃特科普斯(Swartkops)河口盐场的火烈鸟，曾是沃特科普斯盐场出现的众多水鸟的一种（来源：参考文献[15]）

先前的物理状况及生物群落；③表明以前的物理条件和生物群状况的待修复场地的残余物；④类似完整生态系统的生态描述和物种名录；植物标本室和博物馆标本；⑤生态破坏前熟悉工程现场的人员的历史记载和口述历史；⑥古代的生态学证据，如化石花粉、木炭、树木年轮历史、啮齿动物的居群。

第二，参考生态系统需要考虑由于时间变迁造成的各类不确定影响。生态系统总是随着时间的推移而适应并进化，以应对包括气候环境在内不断变化的环境变迁和人类压力[1]以及与之带来的各种不确定因素。生态系统的发展过程是动态的，需要充分考虑场地过去及未来预期的环境变化情况，将生态系统的历史状态与未来发展条件连接起来加以综合考虑[1]。参考生态系统是我们基于历史资料预测的结果，反映了生态系统发展过程中发生的随机事件的特殊组合[4]，生态修复所选择的参考生态系统表现为属于该生态系统历史变异范围内的许多潜在状态之一。因此，一个简单的参考生态系统不足以表达所需修复的生态系统的完整的历史变化范围，参考生态系统最好能有多种不同来源及预测情况。需要比较、分析并综合多种不同参考生态系统的结果，以组成复合参考生态系统，为修复规划提供了更现实、更准确的修复依据。

第三，选择参考生态系统的目的是提供适宜的参照，从而使生态修复能够创造积极的生态环境。生态修复并不只是简单地“让时间倒流”，以恢复基地历史上某个时间节点的状态。选择一个参考生态系统的目的是优化本地物种和通过目标明确的生态恢复行动来恢复社区潜力，并在面对变化时重新组合和进化[1]。如新加坡碧山—宏茂桥公园以历史特征为依据，将原有的硬质河道恢复为原来的软质河道，不仅极大地改善了生境，使公园内物种多样性提升了30%[6]，而且改善了河流水质，提升了对水资源的管理与利用，减少了洪涝灾害对城市的影响。需要指出，如果所选择的参考生态系统导致生态修复产生整体消极的结果，会损害现有的生物群落活力及生态结构完整性，那么这种参考生态系统是不可取的。

3. 生态修复与生物多样性及外来物种的选择

生物多样性是指生物类群的分类学和遗传多样性、现存生命形式的多样性和由此产生的群落结构以及所起的生态作用[4]。人类对生态系统的影响十分广泛，直接影响了包括83%的陆地表面及41%的海洋空间[7, 8]。人类的不当活动及城市蔓延造成了大量生物栖息地的丧失和生态系统破碎化，破坏了生物的生存空间及迁徙廊道。生物栖息地的破坏、退化和破碎化被保护和恢复，科学家和实践者认为是生物多样性和生态系统服务丧失的主要驱动力[9]，生物多样性问题作为生态修复关注的重点问题之一，不仅要消除或修改特定的干扰，从而允许生态过程带来自组织的恢复过程，也需要有意地重新引进已经消失的本地物种，并在最大的可行范围内消除或控制有害的外来入侵物种[4]。

改善生物多样性的重点不仅在于必须保护关键的（核心）栖息地，而且还要修复和恢复周围和相连地区的生态完整性[10]。首先，应加强对生物栖息地的保护。通过增加生态系统功能和结构复杂性，恢复生物原有的生境，并提高物种对未来气候变化和其他人为变化造成的干扰的适应能力[11]。其次，恢复生境和周围地区的连通性。这对于提高濒危物种适应能力和减少气候变化的有害后果具有重要价值。可通过建立分散走廊、创造踏脚石栖息地和扩大核心范围来改善景观基质的质量[12, 13]，提高生态系统的连通性。如新加坡在城市中心依托麦理芝蓄水区、贝雅士蓄水区与实里达蓄水区三大蓄水区组成保护区公园，为生物提供了良好的生境。再次，许多有限规模的保护区已不能再支持健康和有韧性的种群，如果不能及时恢复景观连通性或扩大现有范围，辅助迁移可以作为防止某些气候变化驱动和其他人为灭绝、保护物种多样性的最后机会。辅助迁移是指在人类的帮助下，将选定的动植物物种或种群迁移到它们当前或历史范围之外的适宜栖息地[12]，辅助迁移只是针对一个物种的特殊管理工具，只能在极端情况下使用，而且要非常小心。在大多数情况下，所需的资金和努力应该更好地用于减轻本土物种的压力，方法是恢复栖息地，创建分散走廊、扩大范围、加强联系，并为入侵者设置迁移障碍[12]。

此外，需要对外来物种理性思考，谨慎辨别外来物种的多种作用。外来的植物或动物物种是指被引进到一个以前没有通过相对近期的人类活动发生过的地区的植物或动物。在自然生态系统中，外来入侵物种通常与本土物种竞争并取代它们。对于恶性的外来入侵物种应予以清除，如肯尼亚的莱基皮亚（Laikipia）为恢复牧场的生态环境，对入侵仙人掌予以清除[14]。然而，并非所有外来物种都是有害的。事实上，有些物种甚至扮演了原本由当地物种（而这些物种现今已经变得稀有或灭绝）扮演的生态角色[4]。比如农作物、牲畜、草地以及与这些驯化物种共同进化的其他野生物种，在以人类为主导的文化景观中已经成为不可分割的一部分，这些外来物种在部分地域可以成为生态修复中被接受的保留物种。而对于部分用于恢复项目的某些特定目的的非本地物种，例如作为覆盖作物、看护作物或固氮剂的特殊物质，除非这些是相对短命的、非持久性或在演替过程中将被取代的物种，否则它们的最终清除应列入恢复计划。为此必须根据生物、经济和后期移植条件，为目前的每一个外来物种制定一项政策，以减少外来物种对本地物种的干扰[4]。

4. 生态修复与文化实践及与生态系统的关系

文化生态系统（Cultural Ecosystems）是指在自然过程和人为组织的共同影响下发展起来的生态系统，能够为人类开发及提供更有用的结构、组成和功能[10]。文化生态系统的修复及生态平衡的维持，有赖于人类积极的文化实践行为。

一方面，文化实践（Cultural Practice）行为并不总是意味着对生态系统的破坏，在大多数情况下文化实践行为与生态修复存在着相辅相成的互利关系。积极的文化实践有利于增强生态系统的健康和可持续性，如通过鼓励和重建有利于保护自然的传统文化价值观和实践,有助于生态、社会和文化保护区及其周边地区的可持续发展[7]。因此，在生态修复的过程中，相关的文化价值(如文化遗产价值、娱乐、审美、游客体验或精神价值)或实践可以同时恢复[7]。如南非东开普省斯沃特科普斯（Swartkops）河口于2018年废弃的一座太阳能盐场，就通过恢复人为管理的水文制度，如利用浮筒抽水或建造风车等方式，作为修复盐田的水文特征的重要途径，同时也恢复了水鸟景观的丰富性与多样性[4]。

另一方面，文化实践及文化生态系统修复可以作为生态修复的前提及重要参考标准。传统的管理手法、传统信仰与习俗、生活方式对生态修复具有重要价值，其可以被用来帮助确定和形成在恢复的主题下要进行的工作。例如，肯尼亚人认为森林是神圣的，为了恢复森林就有必要重新建立砍伐树木的禁忌[16]，而这些禁忌无疑属于文化行为的范畴。这与中国民间关于风水林的禁忌，以及对破坏风水林的行为进行严厉处置具有一致性[17]。此外，部分生态系统在工业化之前便进行了改造，状态与未修改地区的生态系统非常相似，被普遍接受为原生生态系统。如果仍然处于生态系统的自然变化范围(例如传统上由前工业化时代的人们管理的草地开口和稀树草原)内，可以被认为是本地生态系统的高质量例子，可以作为生态修复方面的合法的参考对象[1]。

5. 生态修复实践中的公众参与

生态修复涉及广泛的利益层面，集体决定的结果相比个体决定成果更具有效力及执行力[4]，利益相关者之间的合作与支持是生态修复得以成功的基础[18]，尤其是在本地居民参与生态修复的情况下。应当使所有利益相关方（如本地居民、政府机构、非政府组织、规划公司、施工公司、私人土地所有者等）都参与和生态修复相关的各类决策过程，在达成有关生态修复的统一意见后再启动项目[4]。

不可否认，公众参与会增加生态修复项目成本，推迟项目完成的时间，甚至可能致使项目面临难以及时完成的风险。然而公众参与确实能提升利益相关者对项目的理解及认可，保证修复结果的可靠性与科学性，并有利于在修复完成后，促进本地居民对修复成果的自觉维护，以有效节约修复项目的后期维护成本，并使生态修复的生命周期得以有效延长[19]。公共机构应考虑采取激励措施，促使生态修复团队将当地居民和其他利益攸关方纳入项目工作的所有阶段。一般应重点考虑以下两个问题。

其一，需要保证本土居民的积极参与。生态修复过程中，自上而下的治理结构常常导致本土居民与修复从业者、政策制定者之间产生脱节现象。本地居民通常被视为利用传统生态知识保护和恢复自然资本及生物多样性的参与者与管理者[20]。作为重要的合作伙伴和受益人，生态修复应完善自下而上的参与机制，便于本地居民对修复项目的理解、执行与管理并从中切实受益。

其二，需要充分发挥非政府组织在生态修复中的作用。非政府组织作为政府机构与本地居民之间的中间力量及利益协调者，在促进文化交流、规范行业行为、协调竞争机制、打破市场垄断等方面具有得天独厚的优势[21]，如国际生态修复组织就在生态修复领域扮演着重要角色。在生态修复过程中需要降低非政府组织参与生态修复的门槛，并赋予非政府组织更多的权力及优惠政策鼓励其积极参与，促进本地居民、政府机构与非政府组织之间的多方面合作及有效沟通。

四、结语

《生态修复实践国际标准》作为国际生态修复协会成立30年来的产物，系统阐释了生态修复与相关环境修复活动的关系及重点，并提出了生态修复的评价标准及关键要素，为不同学科和社会背景的学者、管理者、设计者、实践者参与生态修复提供了指导规范。显而易见的是，《生态修复实践国际标准》对我国的生态修复事业同样具有重要的参考或指导意义。同时，笔者也认为，有必要在充分理解《国际标准》中生态修复的原理及内涵、内容及结构、核心及关键点的基础上，结合我国城市双修的丰富的实践活动，酝酿并建构具有中国特色的生态修复标准，以更好地完善和优化我国的城市双修工作。

参考文献

[1]Society for Ecological Restoration. International standards for the practice of ecological restoration——Including principles and key concepts [R].2016.

[2]Society for Ecological Restoration. Ecological restoration for protected areas: Principles, guidelines and best practices [R].2012.

[3]Society for Ecological Restoration. International guidelines for developing and managing ecological restoration projects [R].2005.

[4]Society for Ecological Restoration. SER International primer on ecological restoration[R].2004.

[5]Society for Ecological Restoration. Ecological restoration: A means of conserving biodiversity and sustaining livelihoods [R].2006.

[6]尚林苑青年设计师成长公社. 生态公园：新加坡碧山宏茂桥公园[EB/OL]. (2018-8-5).[2019-9-25]. http://www.sohu.com/a/245367308_99929896.

[7]Madin E M P, Steneck R S, Spalding M D, et al. A global map of human impact on marine ecosystems [J]. Science, 2008, 319(5865):948-952.

[8]Sanderson E W. The human footprint and the last of the wild [J]. BioScience, 2002, 52: 891-904.

[9]Turner W R, Brandon K, Brooks T M, et al. Global conservation of biodiversity and ecosystem services[J]. BioScience, 2007, 57(10):868-873.

[10]Bennett, G. and K.J. Mulongoy. Review of experience with ecological networks, corridors, and buffer zones [R]. Montreal: CBD Technical Series, 2006.

[11]Harris, J A, R J Hobbs, E Higgs, J Aronson. Ecological restoration and global climate change [J]. Restoration Ecology, 2006, 14(2): 170-176.

[12]Society for Ecological Restoration. Investing in our ecological infrastructure: The economic rationale for restoring our degraded ecosystems [R].2012.

[13]Society for Ecological Restoration. Ecological restoration as a tool for reversing ecosystem fragmentation [R].2008.

[14]Society for Ecological Restoration. Rangeland rehabilitation through invasive species management in Laikipia, Kenya [EB/OL]. [2019-9-25]. https://www.ser-rrc.org/project/rangeland-rehabilitation-through-invasive-species-management-in-laikipia-kenya/.

[15]Society for Ecological Restoration. Restoring abandoned salt pans as a waterbird habitat [EB/OL]. [2019-9-18]. https://www.ser-rrc.org/project/restoring-abandoned-salt-pans-as-a-waterbird-habitat/.

[16]Wild R G, C McLeod. Sacred natural sites: Guidelines for protected area managers [R]. Switzerland: IUCN Best Practice Guidelines, 2008

[17]柯利思·考金斯，韦荣华. 江西村庄风水林 中国南方社区管理森林巧用自然的千年智慧[J].森林与人类，2014(12):40-49.

[18]Egan D, Evan E, Hjerpe, Abrams J. Human dimensions of ecological restoration: Integrating science, nature, and culture [J]. Ecological Restoration, 2013, 31(6):809-809.

[19]沈清基,慈海,孟海星.高品质生态实践：核心特征解析及达成路径探讨[J].国际城市规划,2019,34(03):16-29.

[20]Berkes F, Colding J, Folke C. Rediscovery of traditional ecological knowledge as adaptive management [J]. Ecological Applications,2000,10(5):1251-1262.

[21]何登辉,王克稳.我国区域合作:困境、成因及法律规制[J].城市规划,2018,42(11):64-70.

作者简介

慈　海，同济大学建筑与城市规划学院，硕士研究生；

沈清基，同济大学建筑与城市规划学院，教授，博士生导师，通讯作者。

专题案例
Subject Case
城市双修战略
Urban Double Repair Strategy

城市转型背景下的城市空间治理与提升
——以三亚市“生态修复城市修补”规划设计与实施为例

Urban Spatial Governance and Promotion in the Context of Urban Transformation —Taking the Planning, Design and Implementation of "Ecological Restoration and Urban Repair" in Sanya as an Example

谷鲁奇 范嗣斌
Gu Luqi Fan Sibin

[摘　要]　“生态修复城市修补”工作是在我国城市转型发展的宏观背景下，中央城市工作会议确定的一项重要政策。其直接目的是解决现阶段我国城市普遍高发的“城市病”，而深层目的是通过城市规划、建设、管理，实现城市综合治理能力的提升。本文结合三亚“城市双修”工作的具体实践，归纳了“城市双修”的主要工作思路和技术方法。同时，总结了三亚“城市双修”工作的三方面创新经验，即价值的综合性、目标的整体性、行动的系统性，为我国现阶段更好地开展“城市双修”工作提供借鉴。

[关键词]　生态修复；城市修补（城市双修）；三亚试点；城市治理；城市转型发展

[Abstract]　Under the background of urban transformation and development in China, the work of " ecological restoration and city betterment " is an important policy decided by the Central Urban Work Conference. Its direct purpose is to solve the current high incidence of "urban disease", and the deep purpose is through urban planning, construction, management, to enhance the ability of comprehensive urban governance. Based on the practice of "ecological restoration and city betterment" in Sanya, this paper sums up the main working ideas and technical methods. At the same time, it summarizes three aspects of innovative experience in Sanya's "ecological restoration and city betterment" work: value comprehensiveness, goal integrity and action systematicness, which provides a reference for China to better carry out the “ecological restoration and city betterment”.

[Keywords]　ecological restoration and city betterment; Sanya pilot; urban governance; urban transformation and development
[文章编号]　2020-83-P-010

一、前言

改革开放以来，我国城市经历了世界历史上规模最大、速度最快的城镇化进程。尤其是近十几年，城市建设飞速发展，城市空间急剧扩张，城市化率从2000年的36%快速提高到2015年的55.6%。但伴随着城市的快速扩张，生态受损、风貌失序、功能缺位、交通拥堵、设施欠账等“城市病”也逐渐滋生。这些城市问题严重损害城市形象，降低百姓福祉，影响可持续发展。2015年底，时隔37年再次召开中央城市工作会议。会议提出我国已经进入城市转型发展的关键时期，要从以大规模扩张为主的粗放型发展转向以品质提升为主的内涵式发展。中央城市工作会议的相关文件中指出“要加强城市设计，提倡城市修补。要加强对城市的空间立体性、平面协调性、风貌整体性、文脉延续性等方面的规划和管控”，“城市建设要以自然为美，把好山好水好风光融入城市。要大力开展生态修复，让城市再现绿水青山”。因此，“生态修复城市修补”（下文简称“城市双修”）的概念应运而生，注重城市生态环境改善、空间品质优化以及综合治理能力的提升越来越成为现阶段城市工作的重点。

二、“城市双修”的认识

“生态修复”是指着眼全局，根据各个城市的山水格局和生态系统特点，结合突出问题，选准着眼点进行修复，有计划、有步骤地修复被破坏的山地、河流、湿地、植被，逐步恢复生态功能，系统地保护好山水林田湖草生命共同体；“城市修补”同样要统筹全局、系统把握，大处着眼、小处着手，对城市功能体系、社会网络、场所空间、文化文脉、风貌形态、支撑设施等方面系统梳理，填补城市建设的各类欠账，使城市环境品质和服务水平得到全面提高，最终实现城市的长远和健康发展。

我国现阶段提出推进“城市双修”工作与我国城镇化发展的阶段性特征密切相关。将中国的城镇化进程放在世界城市化的视野下，有利于我们进一步认识今天中国城市的特征和问题。从国际经验来看，城市问题有一个从隐性阶段、显性阶段、发作阶段到康复阶段的过程，而相对应的城市化水平分别大致处于10%~30%、30%~50%、50%~70%和70%以上四个阶段。截至2017年底，中国城镇化率已达到58.5%，部分城市甚至更高一些，这正是各类“城市病”集中发作的阶段。许多欧美城市和地区，当初在城市化水平达到50%~70%时，也都面临和经历过各类城市问题。如“雾都”伦敦的空气污染和泰晤士河大恶臭事件、洛杉矶的光化学污染事件、“欧洲下水道”莱茵河的污染等。因此，不难发现以三亚为代表的我国大部分城市存在的问题，是在城镇化发展到一定阶段后的普遍问题。因此，中央城市工作会议指出，我国现阶段城市建设的主要工作是“转变城市发展方式，完善城市治理体系，提高城市治理能力，着力解决城市病等突出问题，不断提升城市环境质量、人民生活质量、城市竞争力，着力提高城市发展持续性、宜居性”。

“城市双修”与已有的城市存量更新工作类似，都是以改善城市旧区的经济、物质、社会和环境条件为目的，运用于城市存量空间的技术手

1.两河四岸景观整治修复示意

段。与中国过去的城市更新实践相比，“城市双修”的视野高度和覆盖广度不同。“城市双修”不同于旧城、城中村、旧工业区改造和环境治理等局部工作，而是站在时代视角，契合城市转型发展的要求，充分体现了多元、平衡、包容与可持续发展理念；也不仅仅是拆除重建、综合整治等方式手段的简单应用，而是在国内过去实践经验的基础上，统筹省市规划、建设、管理，通过生态修复和城市修补，提升城市综合治理能力的一项系统性工作。“城市双修”的直接目的是“补欠账、补短板”，弥补中国近些年城镇化快速发展阶段在城市建设品质上留下的诸多缺憾。“城市双修”是在国家生态文明建设背景下，促进城市发展转型，改善城市问题，建设宜居城市，实现可持续发展的有效途径。

三、三亚“城市双修”工作实践

2015年6月，国家住房和城乡建设部将三亚列为“生态修复城市修补”首个试点城市。作为“中央城市工作会议”的一次具体实践，按照国家住建部印发的《关于加强“生态修复城市修补”工作的指导意见》的相关要求，三亚“城市双修”在价值理念、组织模式、技术方法、实施策略、机制保障等方面进行了系统性的探索，为全国治理“城市病”、推动城市转型发展起到了先行先试的作用。

“城市双修”工作的直接目的是治理城市病。因此，三亚此次实践也是主要以城市问题为导向，采取“发现问题—研究问题—解决问题”的基本工作思路。针对三亚的城市问题而展开了生态修复和城市修补两部分工作。同时，“生态修复城市修补”工作还应紧紧围绕三亚建设国际热带滨海风景旅游精品城市的总目标，通过相关的修复和修补工作改善城市生态环境，完善城市空间结构，提升城市各项功能，挖掘城市文化特色，优化城市景观风貌，最终实现城市品质和治理能力的全面提升。在这个规划目标和具体思路的指引下，三亚“城市双修”的工作思路和主要内容体现在以下六个方面。

1. 梳理主要城市问题

“城市双修”工作主要以问题为导向，首先应梳理三亚现状“城市病”。通过对生态、空间、风貌、设施等各方面问题的系统性梳理，研究各个层面、各个版块问题的起源、因素以及重点和难点，明确各个环节的迫切性，选取最为突出和民生关注度最高的问题，合理安排工作重点，以达到规划设计的可操作性。通过系统梳理，三亚城市的主要问题表现为生态受损、风貌失序、功能缺位、交通拥堵、设施欠账等。

2. 明确双修主要内容

结合三亚现状主要的城市问题，明确城市双修的主要内容。三亚“城市双修”工作提出了包括生态、经济、社会、文化、空间、设施等各城市系统要素在内的修复修补总体框架。明确近期生态修复工作的重点在山、河（包括湿地）、海岸的修复，城市修补工作则以“六大战役”为抓手，包括城市空间形态修补、绿地空间修补、建筑色彩修补、夜景照明修补、广告牌匾整治、违章建筑拆除。

3. 归纳城市空间格局

运用总体城市设计的方法，总结三亚的城市空间结构，为进一步落实空间修补提供依据。《三亚市城市总体规划（2011—2020年）》确定了三亚的总体城市空间结构为“山海相连、指状生长”。北侧为山、南侧为海，山海之间通过水系、湿地、山脉等生态廊道相联系，城市建成区以组团的方式在山水本底间呈指状生长。这种人与自然相和谐的城市拓展方式，形成了三亚独有的山、海、河、城有机融合的城市空间模式，也是“城市双修”工作需要重点维持和修复的理想空间结构。

4. 确定双修重点地区

近些年，城市建设快速扩张，并且缺乏有效的

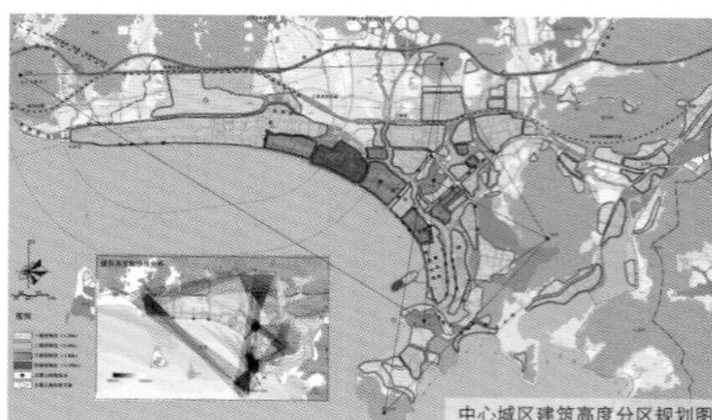

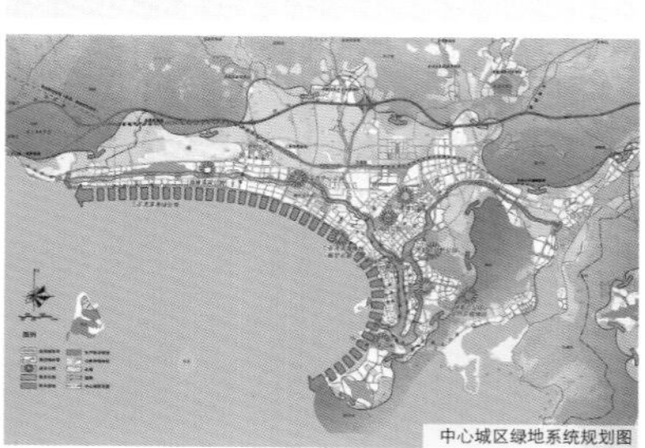

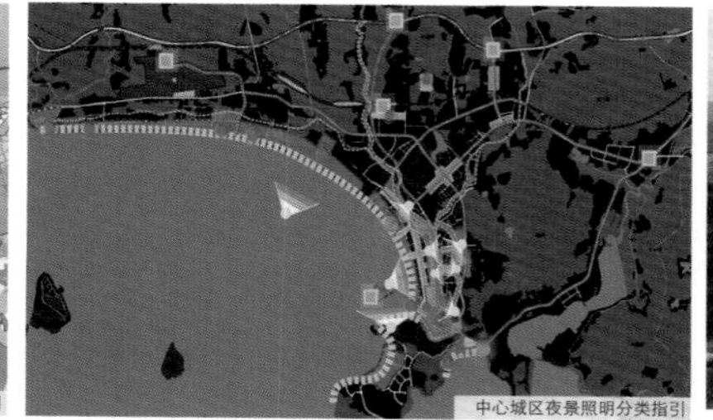

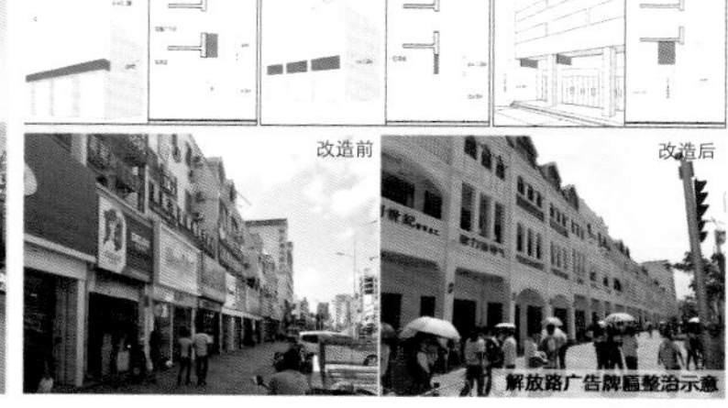

2.三亚生态修复工作主要内容
3.三亚城市修补工作主要内容

建设管控，导致三亚原有“山海相连、指状生长”的理想城市空间结构正在逐步遭到破坏，生态廊道正逐渐被侵蚀。因此基于对三亚山水空间结构修复的目的，本次规划将山、海、河、港、城等城市要素最为集中、城市问题最为突出、城市功能性最强的三亚老城区作为“城市双修”工作的重点地区。同时确定了“一湾、两河、三路”等重点的廊道、节点作为“城市双修”工作的系统性结构，进行重点的修复和修补。

5. 落实近期示范项目

“城市双修”工作具有很强的时效性，其特点是将主要规划思路落实成近期行动计划指导重点项目的实施。因此，三亚结合“城市双修”的重点地区和系统性结构，通过规划、景观、建筑、交通、市政等多专业融合，明确责任主体，制订实施计划，以点带面，推进具有示范意义的18项重点实施项目，来落实“城市双修”工作的综合要求。近期重点实施项目包括：三亚两河四岸景观整治修复工程、月川绿道网规划、三亚湾原生植被及岸滩修复工程、解放路示范段综合环境整治工程、抱坡岭山体修复工程等。

6. 完善相关制度标准

提升城市治理能力也是实现城市“内外兼修”需要重点考虑的内容，三亚“城市双修”工作从提升城市治理的角度出发，协助地方政府出台了《三亚市白鹭公园保护管理规定》《三亚市山体保护条例》《三亚市河道生态保护管理条例》3部地方性法规，《三亚市海岸带保护规定》《三亚湾滨海公园保护规定》2项政府规章，《三亚市建筑风貌管理办法》《三亚市户外广告牌匾设置技术标准》等14项部门规范性文件，为完善城市治理提供了管理依据和技术标准。

四、总结与思考

从三亚“城市双修”工作的实践可以看出，该项工作有别于过去常见的城市环境整治工作，其实质是实现“城市病”的标本兼治和城市更高质量的发展，真正推动城市转型。“城市双修”工作并不仅仅是一项规划，更是统筹城市规划、建设、管理的一项系统性工作，是中央城市工作会议精神指导下的一次全新实践。它既要科学合理地完成相关技术工作，同时也要考虑到工作组织、实施策略、保障机制并动态跟踪指导实施，推动城市物质空间和治理水平的全面提升。三亚“城市双修”工作的创新点主要体现在以下三个方面。

1. 价值的综合性

“城市双修”工作应该推动城市生态环境、经济活力、社会管理、文化自信、场所塑造、设施完善等各个维度综合、全面的提升，其价值取向是综合的，各项工作的价值理念都应体现这种综合性。因此，“城市双修”工作的实践应围绕这几个维度综合性地展开，建设和谐宜居、富有活力、各具特色的现代化城市，让老百姓更具获得感。

2. 目标的整体性

（1）“城市双修”工作是统筹城市规划、建设、管理的一项整体性工作。

其目标在于要实现城市的“内外兼修”，不仅物质空间得到改善，城市治理能力更要提升。规划从城市治理顶层设计视角出发，将技术成果向公共政策转化，完善相关的地方性法规、标准，推动城市治理长效机制的建立，提升城市综合治理能力。

（2）要从城市整体出发确立“城市双修”的切入点。

运用总体城市设计方法对城市进行整体梳理。通过对城市空间结构、人流车流空间分布、城市发展历史演变等综合解析和整体把握，确定开展“城市双修”的重点地区。同时，结合社区访谈、网络调查等全面深入了解公众所反映的突出问题，确定需要修复和修补的重点要素。进而以点带面，规划近期实施项目，融合规划、景观、建筑、交通、市政等各专业，明确责任主体，制订实施计划。

（3）从工作主体的整体性出发，充分调动政府、企业、社会、市民各主体的积极性。

“城市双修”工作的最终目的是实现对城市综合治理能力的提升。说到“治理”，在我国城市治理中，政府的作用极为重要。中央城市工作会议提出“统筹政府、社会、市民三大主体，提高各方推动城市发展的积极性”。

因此，三亚“城市双修”充分发挥政府的主导作用，由住建部和三亚市委市政府成立联合领导小组，总体统筹协调各有关部门开展工作，规划技术组全程现场服务，提供科学合理的技术支撑，共同推进“城市双修”工作。此外，积极动员企业助推“城市双修”。例如：抱坡岭山体修复就是由企业参与并代建，将昔日残破的矿山打造成可供市民休闲活动的郊野公园。同时，鼓励广大公众了解并积极参与“城市双修”，通过规划公示和互动、“小手拉大手”等各类公众活动，增强市民主人翁意识和法规意识，获得了良好的社会反响，真正实现城市的共治共管、共建共享。

3. 行动的系统性

“城市双修”工作必须尊重城市发展的客观规律，采取系统性的修复和修补行动，改善城市生态环境、提升城市空间品质。这种行动的系统性主要体现在以下四个方面：

（1）生态修复的系统性

通过对山、河、海岸等重要生态要素的系统性修复，实现三亚自然生态空间格局的构建和系统串联。例如：三亚两河四岸景观整治及生态修复，强调水系统的构建和系统修复。采取水系连通构建水系统，调整上游产业结构解决面源污染，封堵沿河300多处排污口，完善雨污管网，改善生态景观等工作。对整个三亚河流域进行系统性的修复，使得河流水质从劣五类提升到三类标准。

（2）城市修补的系统性

城市修补强调城市各项功能、空间的系统性改善。例如：解放路示范段综合环境建设项目，不只是着眼于立面风貌整治，更是从“人”的角度出发，结合区域交通整治、街道环境改善、文化特色塑造和功能业态提升等系统性工作，营造宜人的街道空间环境。最终通过城市修补将解放路建设成“宜人、宜游”的骑楼风情街，在经济活力、文化魅力和场所品质方面都得到了全面提升。

（3）空间节点的系统性策略

“城市双修”针对生态格局和空间系统中的重要节点营造提供系统性的策略。例如：丰兴隆生态公园位于两河交汇处，是城市的重要节点。“城市双修”工作通过河道生态修复、红树林保护、滨河空间整治、绿地景观修补以及海绵城市建设等系统性工作，将过去的垃圾堆场营造成了一处生态环境优越、市民喜闻乐见的绿色空间。

（4）场所空间的系统性营造

“城市双修”工作强调对城市空间场所的系统性修补。例如：城市绿道系统规划中，通过规划100余公里的绿道，将山、海、河、城各处零散的公共开敞空间进行良好串联；近期推进约10km的月川生态绿道工程，在城市核心位置“留白增绿、系统串联”，形成“美丽之环”，服务沿线居住人口约23万，使“城市双修”最大程度贴近百姓生活。

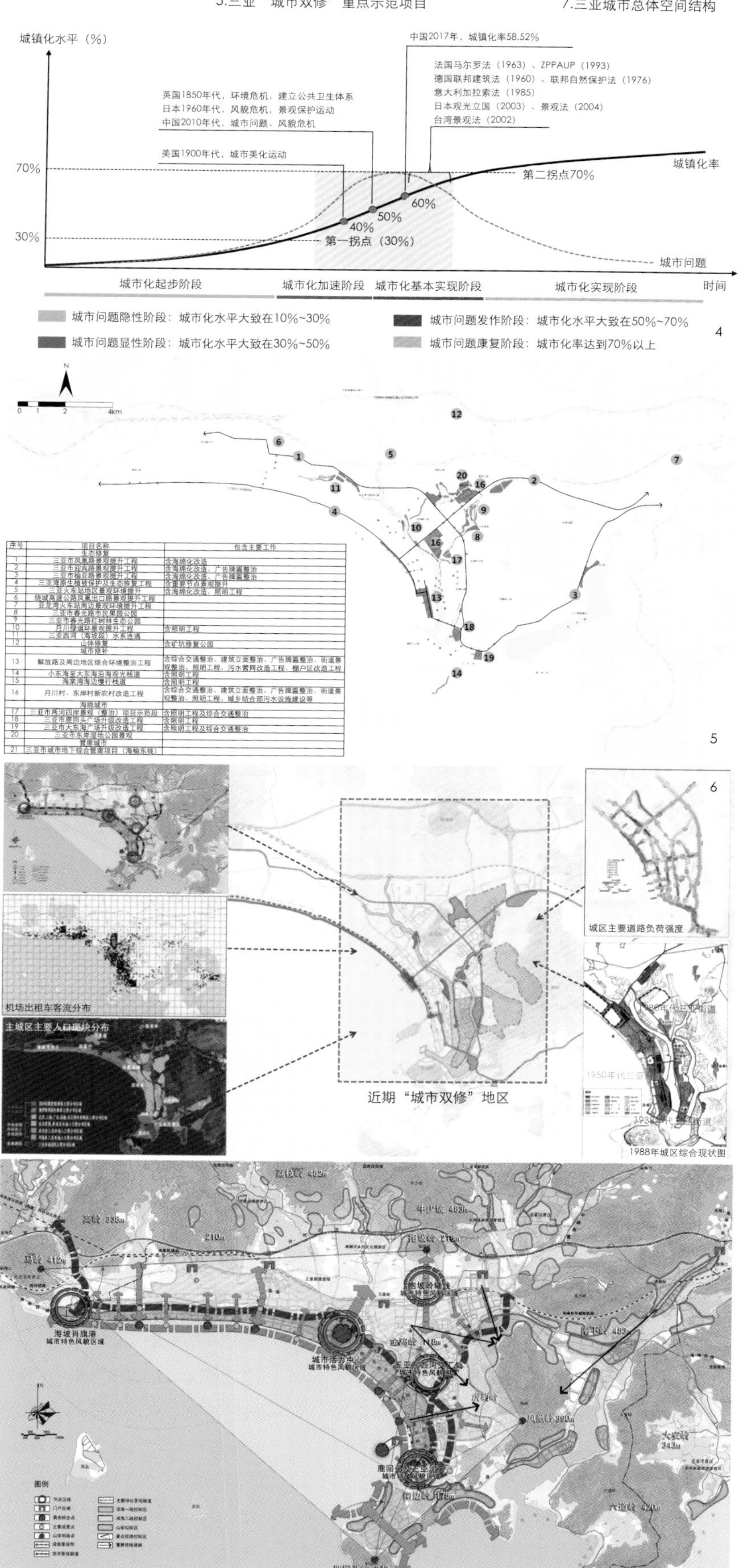

序号	项目名称	包含主要工作
	生态修复	
1	三亚市凤凰路景观提升工程	含海绵化改造
2	三亚市迎宾路景观提升工程	含海绵化改造、广告牌匾整治
3	三亚市榆亚路景观提升工程	含海绵化改造、广告牌匾整治
4	三亚湾原生植被保护及生态恢复工程	含重要节点景观提升
5	三亚火车站地区景观环境提升	含海绵化改造、照明工程
6	绕城高速公路凤凰出口路景观提升工程	
7	亚龙湾火车站周边景观环境提升工程	
8	三亚市春光路市民果园公园	
9	三亚市春光路红树林生态公园	
10	月川绿道环景观提升工程	含照明工程
11	三亚西河（海坡段）水系连通	
12	山体修复	含矿坑修复公园
	城市修补	
13	解放路及周边地区综合环境整治工程	含综合交通整治、建筑立面整治、广告牌匾整治、街道景观整治、照明工程、污水管网改造工程、棚户区改造工程
14	小东海至大东海沿海观光栈道	含照明工程
15	海棠湾海边慢行栈道	含照明工程
16	月川村、东岸村新农村改造工程	含综合交通整治、建筑立面整治、广告牌匾整治、街道景观整治、照明工程、城乡结合部污水设施建设等
	海绵城市	
17	三亚市两河四岸景观（整治）项目示范段	含照明工程及综合交通整治
18	三亚市鹿回头广场升级改造工程	含照明工程
19	三亚市大东海广场升级改造工程	含照明工程及综合交通整治
20	三亚市东岸湿地公园景观	
	管廊城市	
21	三亚市城市地下综合管廊项目（海榆东线）	

4.库兹涅兹曲线—城市问题随城镇化水平变动曲线
5.三亚“城市双修”重点示范项目
6.三亚“城市双修”重点地区
7.三亚城市总体空间结构

8.月川生态绿道鸟瞰效果图
9.月川生态绿道示范段实施后效果
10.月川生态绿道示范段实施后效果
11.丰兴隆生态公园实施后效果

五、结语

自2016年三亚“城市双修”工作开展以来，三亚“城市病”得到了有效治理，城市综合治理能力得到了显著提升，城市宜居性增强，经济活力提升，设施场所改善，形象风貌优化，文化魅力彰显，老百姓也更有获得感。“城市双修”使三亚从“面子”到“里子”都发生了显著变化。2016年底在三亚召开的“城市双修”现场会上，住建部高度肯定了三亚试点的意义。对贯彻落实创新、协调、绿色、开放、共享的发展理念，推动供给侧结构性改革，创造宜居环境和提升城市竞争力等方面起到了重要作用。多家主流媒体也陆续报道了三亚“城市双修”取得的良好成效，引起了规划行业及社会各界的广泛关注。2017年初，结合三亚试点经验，住建部印发了《关于加强生态修复、城市修补工作的指导意见》以及《三亚市生态修复、城市修补工作经验》，并相继批准了第二、三批共57个试点城市。自此，“城市双修”工作在全国全面展开，成为未来一个阶段城市建设工作的重点之一，是推动城市转型发展，改善城市问题，提升城市品质和空间治理能力的一项重要抓手。

参考文献

[1]黄艳. 促进城市转型发展，增强人民的获得感：兼论“生态修复、

城市修补”工作[J]. 城市规划, 2016增刊2: 7-11.
[2]阳建强. 西欧城市更新[M]. 南京：东南大学出版社, 2012.
[3]李晓晖, 黄海雄, 范嗣斌, 等. “生态修复、城市修补”的思辨与三亚实践[J]. 规划师, 2017(03):11-18.
[4]中国城市规划设计研究院. 催化与转型：城市修补生态修复的理论与实践[M]. 北京：中国建筑工业出版社, 2016.
[5]中国城市规划设计研究院. 三亚市“生态修复城市修补”总体规划[Z], 2015.
[6]中国城市规划设计研究院. 三亚市城市总体规划（2011-2020年）[Z], 2015.
[7]住房城乡建设部关于加强生态修复城市修补工作的指导意见 建规[2017]59号[Z], 2017.
[8]张兵. 迈向城市的整体性治理：“生态修复、城市修补”的政策意义[J]. 城市规划, 2016增刊2: 12-18.
[9]中国城市规划设计研究院. 抱坡岭山体生态修复工程[Z], 2016.
[10]中国城市规划设计研究院. 解放路（南段）综合环境建设规划[Z], 2016.
[11] 中国城市规划设计研究院. 三亚市绿道系统规划[Z], 2016.

作者简介

谷鲁奇，中国城市规划设计研究院，高级城市规划师；

范嗣斌，中国城市规划设计研究院，教授级高级城市规划师。

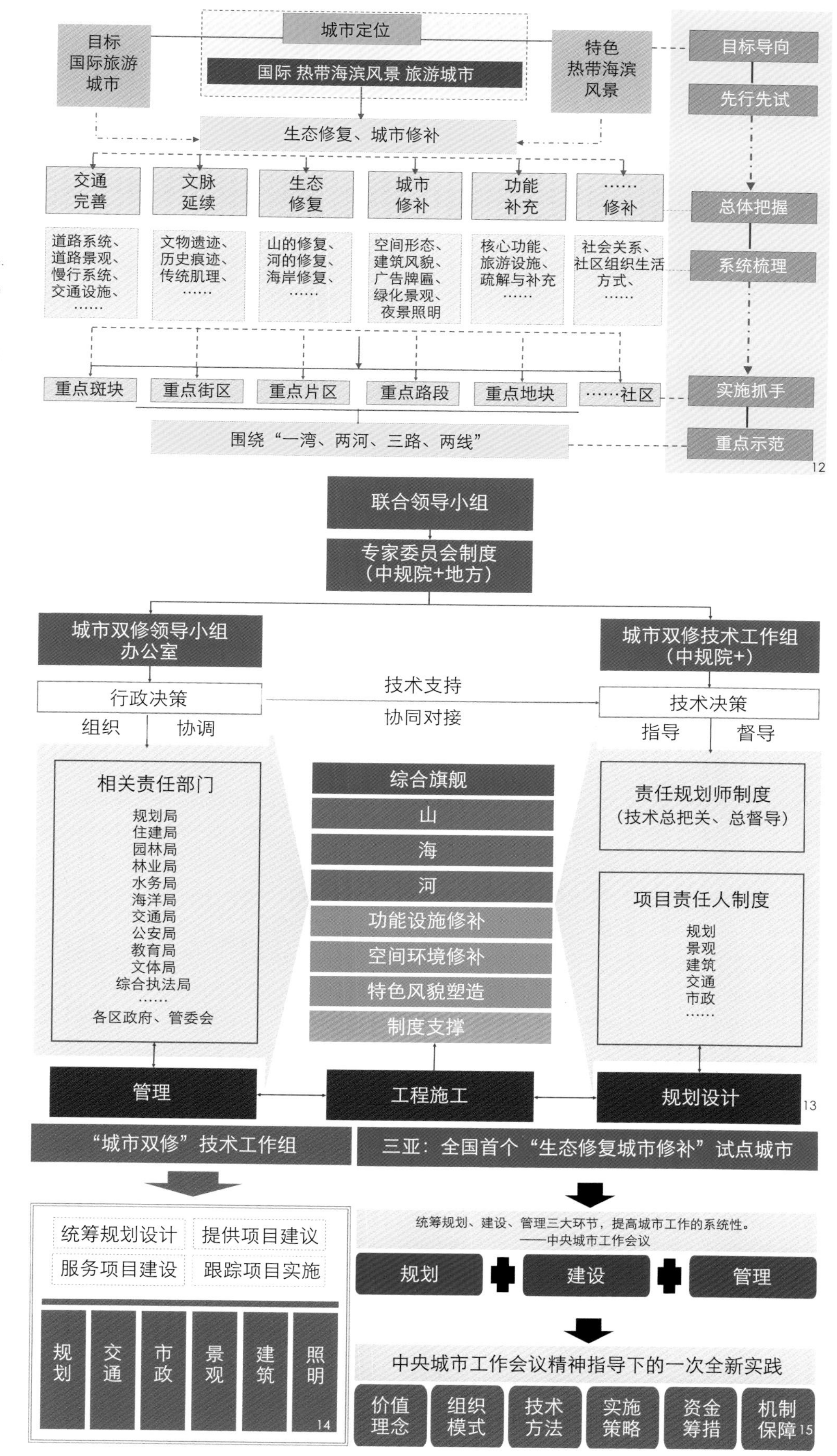

12.三亚“城市双修”技术框架
13.三亚城市双修工作组织模式
14.多专业融合的城市双修技术工作组
15.三亚“城市双修”试点工作的要求

从城市诊断到动态实施监测
——以廊坊市城市双修总体规划为例

From Urban Diagnosis to Dynamic Implementation Monitoring
—Taking the Urban Renovation and Restoration Master Plan of Langfang City as an Example

董亚涛 韩胜发
Dong Yatao Han Shengfa

[摘　要]　在以人民为中心的发展思想指导下，聚焦市民最关心的城市问题，建立从问题识别到项目库建立再到动态监测反馈的双修动态监测平台。基于110警情数据、市民热线和微信问卷等新型数据，运用空间句法、GIS、词频分析等方法，有效动态识别城市中治安风险、设施短缺、停车困难、绿地缺乏、环境破坏等城市问题，并提出了生态修复、城市修补和社会治理策略。

[关键词]　警情数据；市民热线；城市安全；空间句法

[Abstract]　Identifying the urban issues that the citizens are most concerned about, reflecting the people-centered development thought. Establishes a dynamic monitoring platform of urban Renovation and Restoration from problem identification to project library establishment to dynamic monitoring feedback. Based on new data such as alarm data, public hotline and WeChat questionnaire, using spatial syntax, GIS, word frequency analysis and other methods to effectively identify urban issues such as security risks, facilities shortages, parking difficulties, lack of Parks, environmental damage, etc. Ecological restoration, urban renovation and social governance strategies were proposed.

[Keywords]　Alarm data; Public hotline; Urban public safety; Spatial syntax
[文章编号]　2020-83-P-016

随着近年城镇化的快速发展和城市空间的不断扩张，廊坊市城市建设取得了一定的成绩，但由于快速城镇化导致了设施欠账、粗放发展、环境破坏等问题。城市双修的核心工作就是要解决城市发展过程中存在的各种生态环境和生活环境问题，廊坊由于其特殊的区位条件、历史机遇和发展阶段，其城市双修工作更为重要和紧迫。在区域维度方面，廊坊市作为唯一处于京津走廊上的地级市，将参与京津冀区域空间结构的重组，把廊坊推向了国家战略层次。在历史机遇方面，北京非首都功能疏解推进和通州副中心、大兴机场的建设，对廊坊的城市建设和环境品质提出了更高的要求；在发展阶段方面，经历了快速的城市扩张，导致了设施欠账、交通拥堵、环境品质低等问题。为融入区域发展，提升环境品质，廊坊需要有效识别和解决城市主要问题。问题可主要概括如下。

城市中心案件高发，老旧小区治安不稳。廊坊犯罪高发区，主要位于万达广场、明珠商厦、廊坊长途汽车站、廊坊火车站一带，人口流动性较大。市民关注较多的是居住区犯罪，老旧小区存在治安风险。廊坊市老旧小区规模较大又相对集中，居住环境和基础设施较差，缺乏必要的物业管理和更新改造资金，长期处于无人管理和维护的状态，导致小区内人员混杂，存在着治安不稳定的潜在风险。

社区公共设施短缺，基础设施终端维护不足。中心城区的公共设施呈现市级、区级相对完善，社区级不足的倒三角结构特征，级配体系不完善。随着公共服务资源下移配置政策的实施，加强了社区级设施的建设。但受资金、用地等因素的影响，在数量、布局、规模上仍不能满足居民对公共服务的需求。现状老旧小区给排水设施、燃气设施、供热设施等公用设施老化问题严重，老旧小区内的设施改造亟待加强。

停车设施欠缺，占道停车导致交通拥堵。廊坊市主城区现状基本车位供给缺口8.5万个，出行车位供给缺口1.6万个，从主城区车位现状供给与需求情况看，基本车位与出行车位供给缺口巨大，供需结构不合理。现状缺乏社会公共停车场，在中心商业区、人口稠密区、车流量较大的路段，停车需求无法得到满足，导致大量车辆占用人行道和车行道停放，引起交通拥堵。

城市公园绿地缺乏，环城绿带受到侵蚀。随着廊坊中心城区北部新区的拓展、安次和广阳开发区建设，廊坊城市结构突破三点组团的布局，城市绿环粗放式管理被不断侵占。主城区人均公园绿地指标不足，绿地空间分布不均，多分布于广阳区，绿地级配不合理，缺乏社区公园，存在较多公园服务盲区，绿地景观特色有待提升。

以上问题，不仅存在于廊坊市，过去几十年来，随着国家经济的不断发展和城镇化的快速推进，城镇空间扩张迅速、管理粗放，城市出现了一系列的突出问题。逐步解决几十年快速发展积累下的矛盾问题，是开展城市双修的根本目的。要坚持问题导向，通过综合调查、系统分析，从整体视角把脉问诊城市发展现状，通过比选，识别出人民群众最关心、最直接、最现实的利益问题，作为城市双修的工作重点。

一、基于110警情、市民热线和微信问卷的数据城市诊断

城市双修工作最终要以人民群众满意度作为评价标准，城市双修的要点是解决人民群众生活切实关心的问题并提出具有针对性的规划策略。本次规划在现场调研、部门调研、调查问卷等基本调研方法基础上，增加了110警情数据和市民热线数据的收集，在解决常规城市建设问题的基础上，重点关注解决城市环境问题、安全问题等。110警情数据中案件多发地威胁人民群众的生命财产安全，是城市亟须治理的空间；市长热线作为政府与市民的有效沟通平台，是政府了解群众需求的窗口，其中市民诉求内容较为集中、关注度较高的问题，是城市亟须解决的问题。让数据说话，问需于民，符合“以人民为中心”的发展思想。

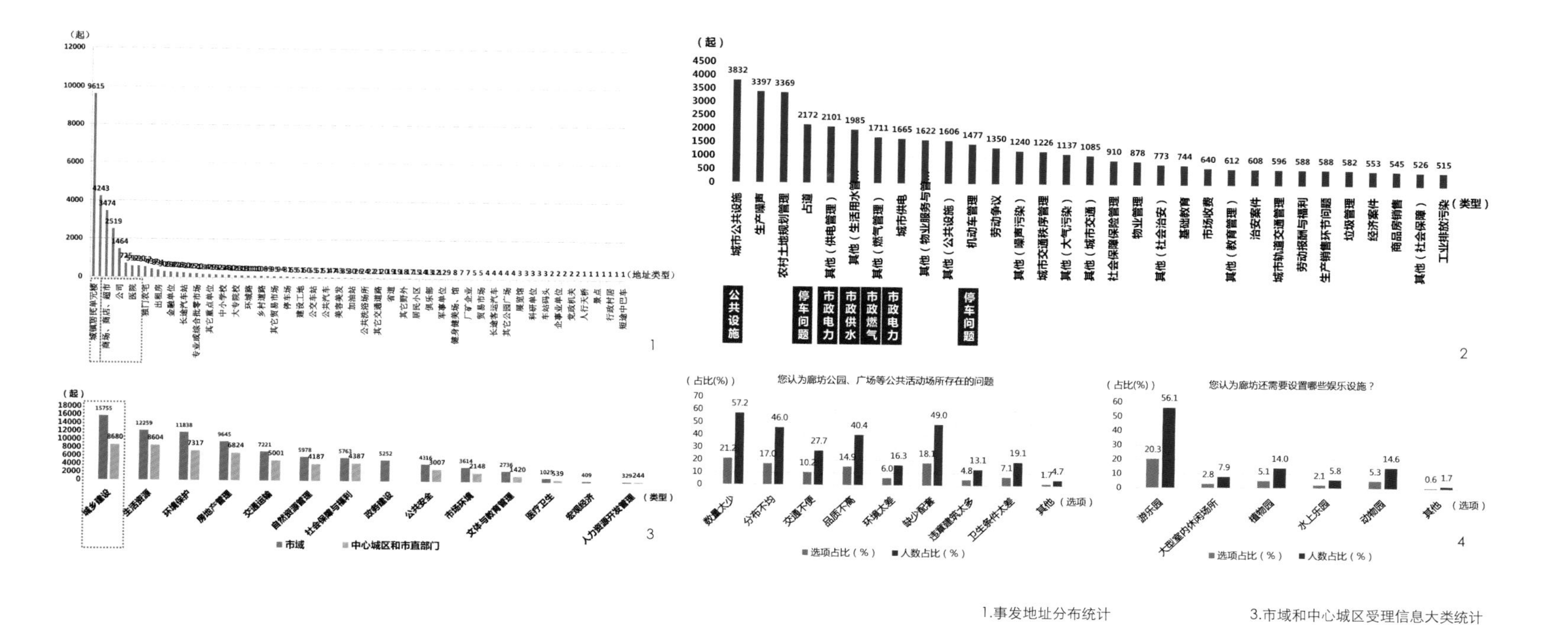

1.事发地址分布统计
2.中心城区受理信息小类统计
3.市域和中心城区受理信息大类统计
4.微信问卷公共空间类问题结果统计

1. 110警情数据：老旧小区空间失序

本规划所运用的犯罪数据为廊坊市公安局提供的2018年上半年（1月至6月）廊坊市主城区110警情数据（Excel格式），共29 183条。数据包括时间、地址类型、事发地址、报警类别、报警类型、辖区单位6项内容。110警情数据分类分析发现，治安警情最严重，其中治安纠纷和盗窃问题最突出。对地址类型进行统计分析发现，案发地址多集中于居民楼以及商场、公司、医院等公共场所，对110报警记录进行词频统计分析也验证了案件集中在住宅区内以及道路交叉口、单位门口和大型商场等地。

运用ArcGIS，将110警情案件的案发地址进行空间落位，进行核密度分析。结果显示，廊坊主城区城市犯罪空间分布整体呈现中心加十字的格局，总体特征呈现为单中心分布格局、距离衰减特点，与城市中心相吻合。高密度犯罪区位于万达广场、明珠商厦、廊坊长途汽车站、廊坊火车站一带，人口流动性较大。低密度犯罪区，位于廊坊师范学院、北华航天工业学院，以及主城区东南处的铁路廊坊站货场等区域，与大专院校、单位自身门禁和安保管理密切相关。上述分布特点，充分证明了犯罪热点地区和城市地域的商业集聚状况、交通枢纽地区和人口流动程度等因素密切相关。

运用空间句法理论分析道路连接度指数和“两抢一盗”案件空间分布的关联性，结果显示：道路连接度和犯罪率总体呈正相关；道路连接度和住宅区犯罪率呈负相关；道路连接度和道路空间犯罪率呈正相关。表明道路通达性是犯罪分子作案和逃离的重要考虑因素。案件密度分布与现状住宅高度叠合分析表明，多层住宅区总案件次数多于高层住宅区，但高层住宅区案件密度高于多层住宅区。部分老旧小区属于开放街区模式但是案发率较高，如何使开放街区与目前的人口和社会现状相适应是一个研究重点。

2. 市民热线数据：设施终端维护不足

对市民热线数据分析发现，居民反映问题以城乡建设问题最为突出，集中在公共设施、市政设施和停车三方面。对信息受理和交办部门关联分析发现，有些问题没有交办单位。规划建议实施城市网格化的管理系统，提升城市治理水平。

3. 微信问卷数据：停车难、交通堵、公园少

微信问卷分析结果反映了停车难、交通堵、公园少三大难题，其中市民对专类公园有较大需求，值得关注。调查问卷分析显示，市民普遍认为廊坊主城区绿地数量太少（占比21.1%），空间分布不均（占比17.0%），还需要设置游乐园（20.3%）、动物园（5.3%）、植物园（5.1%）等专类公园绿地。廊坊现状城市绿环粗放式管理，导致被不断侵占，绿地空间分布不均，多分布于广阳区；绿地级配不合理，缺乏社区公园；绿地景观特色不足，有待提升。

二、社会治理、城市修补、生态修复规划对策

针对廊坊现状突出的城市问题，规划形成社会治理、城市修补、生态修复三大策略，社会治理以“稳治安”“改旧区”两项措施来复兴社会文明，城市修补以“优空间”“兴文化”“塑风貌”“畅交通”“补设施”五项措施来完善城市功能，生态修复以“构格局”“亲清水”“优空间”“清空气”“降能源”五项措施来修复生态环境。

1. 社会治理：老旧小区改造、治理

针对老旧小区案发率较高的现状，本次规划以统建楼小区为例进行改造。该小区属于典型的开放街区，目前面临公共空间缺乏、停车无序、私拉电线、私搭乱建等问题，造成了社会失序和空间失序。规划从广布神经元、社区安全、社区服务、社区管理四个方面入手建设智慧安防。从交通安全、道路分级、控制入口、修复路面四个方面规范车行和人行入口及流线，将开放街区转为半开放街区，便于交通和治安管理。小区现状中心花园呈废弃状态；规划将其改造成便于儿童和中老年人群使用的疗愈花园，成为交流互助、预防犯罪的公共空间。小区现状路灯少，易于滋生犯罪；规划在车行路、宅前路和草坪绿地空间分类设置不同的照明设施，便于居民夜间活动并防止犯罪行为。

5.和平丽景小区停车规划图、共享停车管理平台示意

6.统建楼小区智慧安防、交通系统规划图

7.城市生态景观、公园绿地规划图

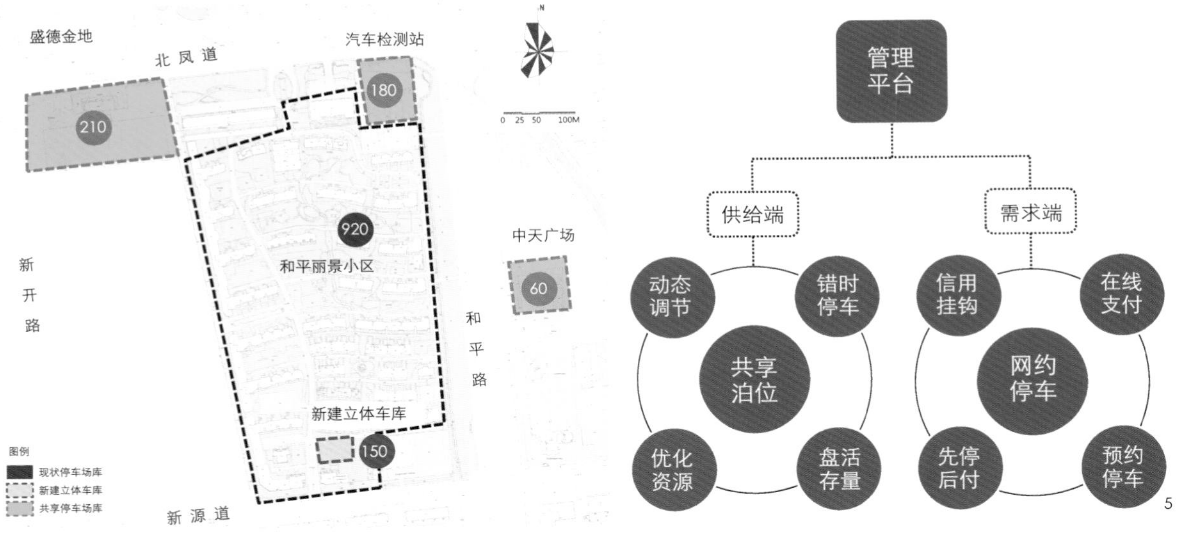

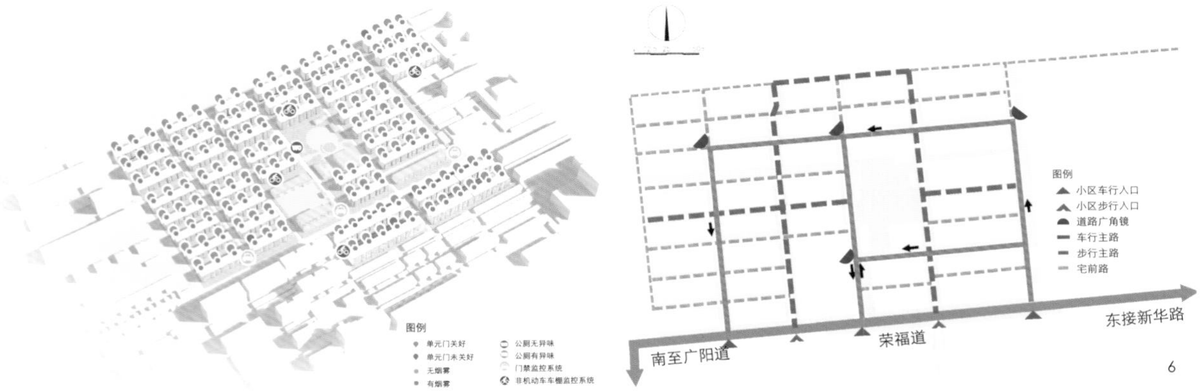

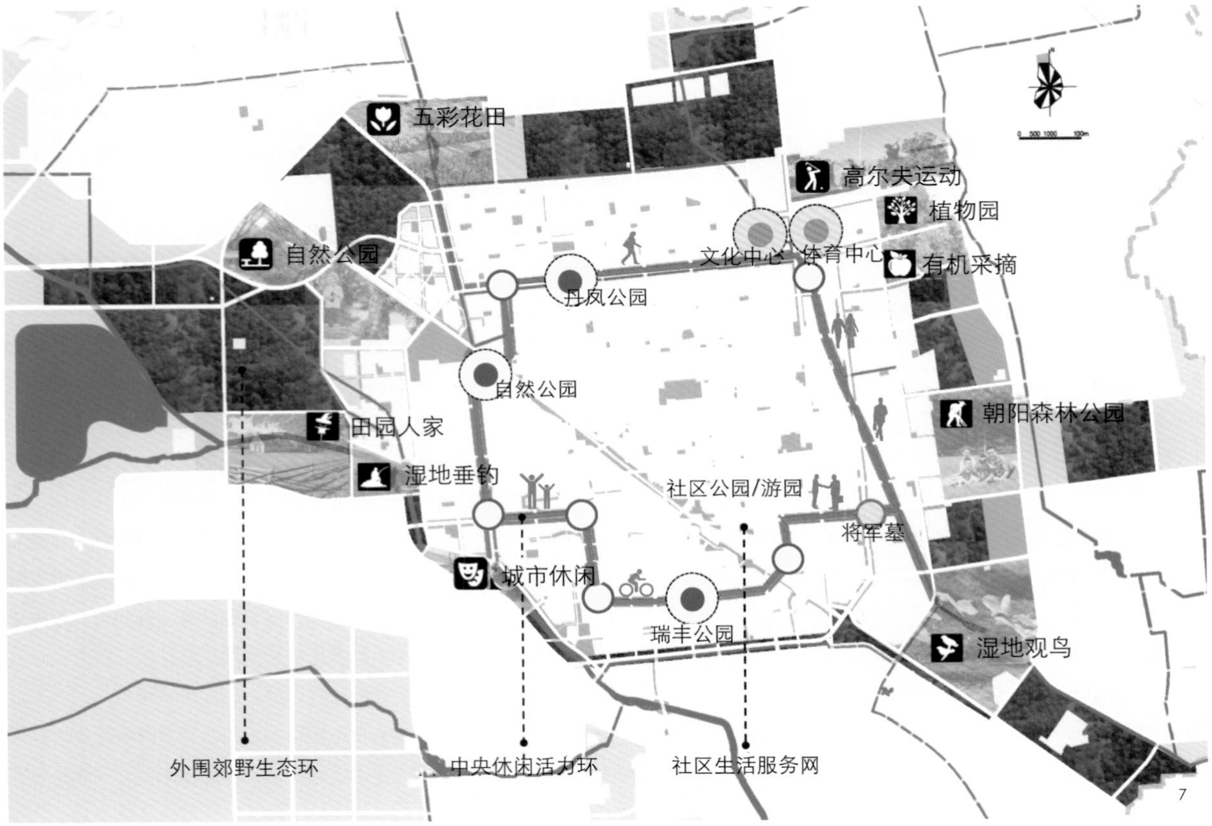

2. 城市修补：增补设施、提升使用效率

市民热线所反映的老旧小区给排水设施、燃气设施、供热设施老化问题严重，要加强老旧小区内的设施改造，注重市民使用终端维护。针对现状村庄、老旧小区供水管网故障、南水北调未充分发挥作用、路灯故障、农村煤改气燃气供暖不足等问题，规划通过加快市政设施建设，完善老旧小区、村庄的设施管线，市政管网主管网连接成环，调整优化供热用能结构等手段改善现状设施欠账（表1）。

为解决现状停车难问题，规划策略以共享、立体、错峰、治理为主要导向，增设立体停车位，建立共享停车、错峰停车和大数据管理措施，同时加强地下停车位只售不租现象的治理，避免因车位价格过高，导致停车位空置的现象。以和平丽景小区为例，小区现状地面停车位620个，地下停车位300个，停车位缺口1 200个。规划通过配建立体停车库车位150个，共享周边公建配套车位450个。共解决车位600个，缓解50%的停车位缺口。

3. 生态修复：完善绿地系统、变被动保护为主动保护利用

廊坊环城绿带生态环境基础较好，但由于快速城镇化过程中低效粗放的发展模式，城市空间扩张对环城绿带逐步侵蚀，同时中心城区产生了大量的生产生活垃圾，环城绿带成为废弃物和污染物的主要接纳地，对有限的生态空间供给造成破坏。针对市民对公园绿地，尤其是专类公园等生态休闲功能的强烈需求，本次

规划立足保护，严格限制相关开发，大力推进生态区域内低效建设用地减量化。同时，规划在环形绿带中生态相对不敏感区域，针对不同使用人群的需求，规划植入文化、休闲功能，建设一批具有地域特色的功能节点，布局若干郊野公园，变被动保护为主动保护利用，有效保护绿带不被侵蚀。规划1条外围郊野生态环，1条中央休闲活力环，1张社区服务网，串联城市公园、社区公园、重要公共设施等节点，形成网络化开放空间系统，同时利用城市拆迁腾退地、边角地，推进“见缝插绿”行动，建设口袋公园。

4. 行动工程：一网、一廊、一区、一园、一街

强调实施导向，注重工程安排，规划将城市双修近期重点工作细化为具体的工程项目，建立工程项目清单，明确项目的位置、类型、工作内容、牵头部门、完成时间和阶段性目标，合理安排建设时序和资金。规划近期重点构建1张水网体系、打造1条活力绿廊、改造1个老旧小区、建设1个郊野公园、提升1条街道的“五大战役”共计14项近期重点行动工程（表2）。

三、构建双修动态监测平台：问题识别、行动计划、监测反馈

在城市双修工作中，要以人民的获得感和满意度作为评价标准，落实新时期“以人民为中心”发展思想，提升城市治理水平。为了能快速精确地识别出市民关心的城市问题，转变为行动计划，构建实施项目库并追踪监测项目落实情况及实施绩效，以及市民满意度反馈，本次规划构建双修动态监测平台，运用RS与GIS等信息化技术手段对城乡规划监测管理业务进行创新，努力增强城乡规划监测管理的科学性和时效性。

双修动态监测平台包括问题识别及优先级判定、项目库、监测反馈3个子系统。问题识别及优先级判定系统：以110警情数据、市民热线、网络问卷等直观反映市民诉求的数据为基础，分析识别出市民关注的重点问题及关注等级。项目库系统：分析问题成因，转换为相应行动工程，结合优先级判定生成项目库，明确项目类别、工作内容、牵头部门、完成时间等具体内容。监测反馈系统：在行动工程实施过程中以及工程完成后，全程对市民诉求数据进行动态跟踪，对项目实施绩效进行评价，持续指导和修正行动工程，为城乡规划监测管理工作提供重要的数据和技术支撑。

表1　公用设施建设项目一览表

类别	序号	项目名称	规模	建设时间
给水设施	1	广阳地表水厂一期二阶段	15万m³/d	2019年
	2	老旧小区、村庄给水管网检修	——	2019年
污水设施	1	廊坊第二污水处理厂（新建）	近期规模5万m³/d	2019年
	2	廊坊市污水处理厂（扩建）	现状规模8万m³/d， 近期扩建规模6万m³/d，合计14万m³/d	2019年
	3	北凤道大皮营引渠泵站	0.15m³/s	2019年
	4	东安路泵站	0.6m³/s	2019年
	5	广阳道雨污合建泵站	0.46m³/s	2019年
	6	爱民西道污水泵站	0.2m³/s	2020年
	7	老旧小区、村庄污水管网检修	——	2019年
变电站	1	南甸110kV变电站	100MVA	2019年
	2	解放桥110kV变电站	100MVA	2019年
	3	老旧小区电线整治	——	2020年
供热设施	1	龙河区域供热站	200MW	2020年
邮政支局	1	汇源道邮政支局	永兴路和汇源道交叉口西南侧	2019年
燃气设施	1	永丰道热力调压站	新开路和永丰道交叉口西南侧	2019年
	2	北环热力调压站	新华路和纬一道交叉口东侧	2020年
	3	燃气干管成环	——	2020年

表2　近期重点行动工程一览表

项目类别	序号	项目名称	工作内容	牵头部门	完成时间
一网	1	大皮营引渠综合整治建设工程	铁路以北段，6.21km； 实施截污工程、生态修复、生态堤防、景观提升等建设	水利局	2019年
	2	六干渠生态整治工程	六干渠西段、东段，共7.5km； 实施截污工程、环境整治工程等建设	水利局	2019年
	3	六干渠西段连通工程	长度1.8km； 疏通水系、生态堤防	水利局	2019年
	4	五干渠东段连通工程	长度1.2km； 疏通水系、生态堤防	水利局	2019年
	5	五干渠生态水系工程	全长6.9km； 截污工程、生态修复和生态堤防等建设	水利局	2019年
	6	八干渠生态水系工程	祥云道以北，共8.2km； 截污工程、生态修复和生态堤防等建设	水利局	2019年
一廊	7	辛庄道西段连通工程	常甫路以西，共2.7km，道路红线宽度40m	建设局	2019年
	8	永兴路、辛庄道、新开路、解放道绿道建设工程	共8.3km。设置慢行系统，综合环境建设，确定各区段功能主题和形象定位。设置海绵城市设施	园林局	2019年
	9	廊坊市绿道景观标识系统工程	标识系统与环境相协调，统一主题，符合廊坊特色	园林局	2019年
	10	新开园绿地工程	位于新开路以东，铁路以北，面积0.93hm²	园林局	2019年
	11	北史园绿地工程	永华道以北，悦城美丽提香以西，面积0.38hm²	园林局	2019年
一区	12	统建楼小区改造提升工程	市政、公共设施、道路、停车、绿化、建设立面改造、智能化管理等方面	广阳区政府	2019年
一园	13	湿地公园景观工程	实施湿地公园水体建设和海绵城市工程建设	园林局	2020年
一街	14	建国道建筑立面改造工程	包括建筑立面、广告牌、空调机位整治以及地面铺装、街道小品、街头绿化及垂直绿化等	建设局	2019年

表3

双修动态监测平台框架

项目库						问题识别及优先级判定				监测反馈		
项目类型	项目类别	项目名称	工作内容	牵头部门	完成时间	110警情数据	市民热线	微信问卷	其他	实施情况	居民满意度	反馈
生态修复	山体修复											
	水体治理	六干渠生态整治工程	六干渠西段、六干渠东段，共7.5km。实施截污工程、环境整治工程等建设	水利局	2019				√	√	√	√
		广阳水库	建设广阳水库	水利局	2020				√			
	棕地修复											
	绿地系统完善	主要绿地海绵化改造	人民公园、广汇园、牡丹园、友谊园、龙盛园、火车站广场、龙轩园	园林局	2020		√	√				
		环形郊野公园	外围郊野生态环建设	园林局	2020			√				
城市修补	增补设施欠账	公交场站建设工程	龙河高新区场站、广阳经开区场站	综合执法局	2020	√		√				
	增加公共空间	社区公园景观工程建设	裕西园、解放园、北史园、永兴园、工业遗珠园、五干渠绿带景观等工程建设	园林局	2020		√	√				
		小微绿地景观工程建设	幸福园、廉孝园、西宁园、永顺园景观工程建设	园林局	2020			√		√	√	
	改善出行条件	公共停车场改造工程	火车站地区、人民医院、管道局医院	综合执法局	2020	√		√				
	保护历史文化	三角地地区整治修复	结合老火车站，进行历史文化展示，优化景观环境，注入新的业态，打造活力地区	建设局、自资局	2020	√				√	√	√
	塑造时代风貌	建国道建筑立面改造	包括建筑立面、广告牌、空调机位整治以及地面铺装、街道小品、街头绿化及垂直绿化等内容	建设局	2019			√	√			
社会治理	稳治安	电子监控智能化管理	统建楼小区试点、推广	公安局	2019	√		√				
		统建楼小区改造提升	市政、公共设施、道路、停车、绿化、建设立面改造、智能化管理等方面	规划局、建设局	2019		√					

城市双修是一项重要的建设行动。不仅要做好规划，更要突出行动，强化规划的落实。为保障规划的实施性与严肃性，行动工程入库后，建立“政府统筹协调、部门全力推进”的行动工程小组。廊坊市人民政府是实施行动工程的责任主体，要加强组织协调，落实部门工作责任，建立联席会议制度。市自然资源和规划局会同市发展改革委、建设局等有关部门监督和指导，推动行动工程的顺利实施。牵头部门督促各行动工程小组落实相关工作并报送工作进展报告，牵头部门定期组织各行动工程小组召开会议协调解决工作实施中出现的问题（表3）。

四、结语

城市双修工作不是一个短期行动，而是新常态下的长期行动，城市问题随着城市发展不断变化，断面式的规划不能满足双修工作和城市管理的要求。构建双修动态监测平台旨在建立一种从问题识别（决策）到项目库建立（执行）再到动态实施监测（监督），同时监督反馈可精准有效对决策进行修正的一种长效工作机制。城市双修工作不是简单的外在形象工程，而是走向内在的民生工程；不是量上的拓展建新，而是品质的营造提升；不是单一的就事论事，而是综合的系统梳理。城市双修工作不仅是项目安排、工作计划，也是有关城市发展建设法规制度的逐步完善和优化，体现的是城市综合治理能力和执行能力的提升，城市文明的发展进步。双修动态监测平台是一种在以人民为中心的思想指导下，以提升人民获得感和幸福感为根本目的，识别并解决市民关心的重点问题，保障行动计划顺利实施，并可自行动态更新维护的长效规划机制。

（廊坊市城市双修总体规划项目组成员还有吴虑、余美瑛、李潇、赵倩等）

参考文献

[1]张兵. 迈向城市的整体性治理：“生态修复、城市修补”的政策意义[J]. 城市规划. 2016（S2）：12-18.

[2]黄艳. 促进城市转型发展 增强人民的获得感：兼论“生态修复、城市修补”工作[J]. 城市规划. 2016（S2）：7-11.

[3]谷鲁奇.范嗣斌.黄海雄. 生态修复、城市修补的理论与实践探索[J]. 城乡规划.2017(03): 18-25.

[4]杜立柱. 杨韫萍. 刘喆. 等. 城市边缘区“城市双修”规划策略：以天津市李七庄街为例[J]. 规划师.2017(03): 25-30.

[5]刘易轩. 吕斌. 深圳市南头古城城市修补的场所营造路径[J]. 规划师. 2018(10): 59-65.

[6]吴凯晴.“过渡态”下的“自上而下”城市修补：以广州恩宁路永庆坊为例[J]. 城市规划学刊. 2017(04): 56-64.

作者简介

董亚涛，上海同济城市规划设计研究院有限公司，规划师；

韩胜发，上海同济城市规划设计研究院有限公司，主任规划师。

国家中心城市生态修复城市修补总体规划探索
——以郑州市为例

Exploration on the Overall Planning of Ecological Restoration and Urban Repair in National Central Cities
—Taking Zhengzhou City as an Example

曹国华 潘之潇 张仲良
Cao Guohua Pan Zhixiao Zhang Zhongliang

[摘 要] 在生态文明建设的新时期、城市转型发展的关键期开展生态修复城市修补工作，是我国城市处于当前发展阶段的必然选择。为更好地发挥规划引领作用，需要加强生态修复城市修补的规划编制工作。以郑州市为例，针对国家中心城市空间尺度大、内容要素全、涉及主体多、技术要求高等特点，在现状调查评估基础上，将市域生态格局与城市空间格局结合起来，系统修复全域山水林田湖草，分类修补城市功能、品质和风貌，对生态修复城市修补规划的内涵和实质、目标和任务、思路和方法等进行了探索。

[关键词] 生态文明建设；转型发展；生态修复；城市修补

[Abstract] In the new era of ecological civilization construction and the critical period of urban transformation and development, it is an inevitable choice for China's cities to be in the current stage of development. In order to better play the leading role of planning, it is necessary to strengthen the planning and preparation of ecological restoration of urban remediation. Taking Zhengzhou City as an example, combines the urban ecological pattern with the urban spatial pattern and systematically repairs the landscape of the whole country based on the characteristics of large spatial scale, full content elements, multiple subjects and high technical requirements. Lintian Lake grass, classified and repaired urban function, quality and style, explored the connotation and essence, objectives and tasks, ideas and methods of ecological restoration urban repair planning.

[Keywords] ecological civilization construction; transformation and development; ecological restoration; urban repair
[文章编号] 2020-83-P-021

我国目前正处于生态文明建设的新时期、城市转型发展的关键期。回首过去的三十年，我国的城市建设取得了巨大成就，但同时也面临着资源约束趋紧、生态环境恶化、基础设施短缺、公共服务滞后、城市风貌失控等诸多问题，“城市病”普遍存在，城市发展进入了问题高发期，资源环境倒逼下的存量更新与弥补短板成为未来城市工作的首要任务。在此背景下，住房和城乡建设部于2017年3月颁发《关于加强生态修复城市修补工作的指导意见》，安排部署在全国开展生态修复城市修补（以下简称城市双修）工作，至2017年7月，住房和城乡建设部公布三批城市双修试点城市，标志着城市双修工作在全国全面开展。

一、开展城市双修工作的必要性

1. 城市双修是我国城市所处发展阶段和规律的客观要求

纵观国内外城市发展历史，城市问题伴随着整个城镇化进程普遍存在。进入城镇化率达50%后的发展阶段，城市问题逐渐从隐性转为显性，之前加速阶段带来的城市问题经过累积，开始放大呈现；进入城镇化率达70%后的发展阶段，城市进入存量发展阶段，治理城市病、提升环境品质成为城市发展的重点。因此，城市发展大多经历了从粗放到精细、从雷同到特色、从形象到民生的转变过程，城市建设发展的价值观得以重塑和提升。

2. 城市双修是我国逐步进入高质量发展阶段下的重要工作

党的十九大做出“我国经济已由高速增长阶段转向高质量发展阶段”的判断，深刻揭示了新时代中国经济发展的历史方位和基本特征，具有重大现实意义和深远意义。“推动高质量发展是一场涉及发展方式、经济结构、增长动力等诸多方面的系统性重大变革。在具体工作中，就是重点推进经济发展高质量、改革开放高质量、城乡建设高质量、文化建设高质量、生态环境高质量、人民生活高质量。”在新的发展阶段下，要转变城市发展方式，更加关注生态环境、历史文化、品质特色与公共服务，对完善城市治理体系、提高城市治理能力提出了更高要求。

3. 城市双修是我国生态文明建设进入新时期的必然选择

2005年8月，时任浙江省委书记的习近平在考察浙江安吉余村时首次提出“绿水青山就是金山银山”，“两山论”成为生态文明建设和城市建设共同的遵循。2015年9月，中共中央国务院印发《关于加快推进生态文明建设的意见》，要求强化主体功能定位，优化国土空间开发格局，通过一本规划、一张蓝图以及保护和修复生态系统，来处理发展与保护的矛盾。党的十九大进一步指出，加快生态文明体制改革，建设美丽中国，未来城市须将绿色、智慧、人文作为建设目标。2018年3月，国务院机构改革方案获得通过，将生态保护修复纳入自然资源部职责，并对全域生态保护与修复提出更加系统全面的要求。至此，近年来一系列国家政策均指向全域国土空间的系统治理和综合施治，开展系统性的生态修复工作恰逢其时。

4. 城市双修是提高城市治理能力和治理水平的重要手段

2015年，中央城市工作会议指出，要以“五

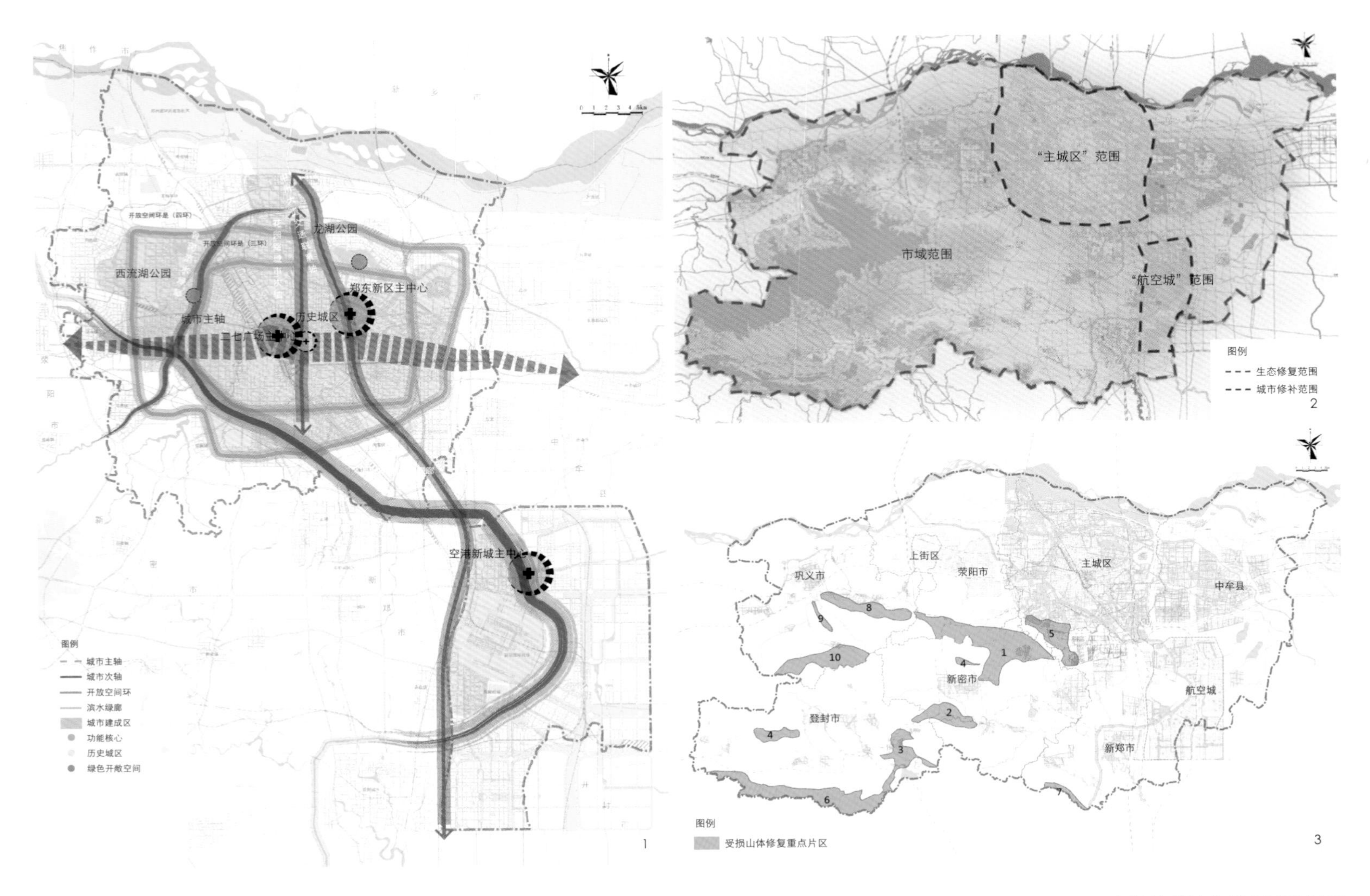

1.郑州市总体修补空间结构图
2.郑州市生态修复城市修补总体规划范围
3.郑州市受损山体重点修复片区分布图

大发展理念"转变城市发展方式，完善城市治理体系，提高城市治理能力。2018年11月，习近平总书记在上海调研时强调，要提高城市治理社会化、法治化、智能化、专业化水平，更加注重在细微处下功夫、见成效。城市双修作为面向存量的工作类型，重点关注生态环境受损区域的综合施治与城市问题突出地区的系统修补，是创新存量土地使用、既有建筑再利用、历史文化保护方式方法、完善技术标准规范、践行"共同缔造"理念的重要手段，都是提升城市治理能力的重要途径。

因此，开展城市双修是我国城市发展阶段必然选择，是高质量发展的目标所向，是生态文明建设的政策所指，是转变城市发展方式、治理"城市病"、提升城市治理能力的必然途径，是当前城市规划建设的主线。

二、准确把握城市双修规划的内涵和实质

1. 城市双修的内涵

生态修复是指按照生态系统的内在规律，综合考虑自然生态各要素及其相互关系，整体保护、系统修复、综合治理，逐步恢复生态系统功能。依靠

表1　郑州市受损山体重点修复片区所含矿产资源分布表

编号	分区名	主要矿种
1	荥阳贾峪—新密白寨修复区	铝土矿、耐火黏土、水泥用灰岩、建筑石料用灰岩
2	新密超化—平陌—登封大冶修复区	铝土矿、耐火黏土、水泥用灰岩、建筑石料用灰岩
3	登封宣化—徐庄修复区	铝土矿、建筑石料用灰岩
4	郑少高速沿线修复区	铝土矿、建筑石料用灰岩
5	二七区侯寨—新郑龙湖修复区	砖瓦黏土、水泥用灰岩、建筑石料用灰岩
6	登封市颖阳—徐庄修复区	铝土矿、水泥用灰岩、建筑石料用灰岩、花岗岩
7	新郑市观音寺—千户寨修复区	建筑石料用灰岩、建筑石料用砂岩
8	巩义东部修复区	铝土矿、耐火黏土
9	巩义中部修复区	铝土矿、耐火黏土
10	巩义南部修复区	铝土矿、耐火黏土、水泥用灰岩

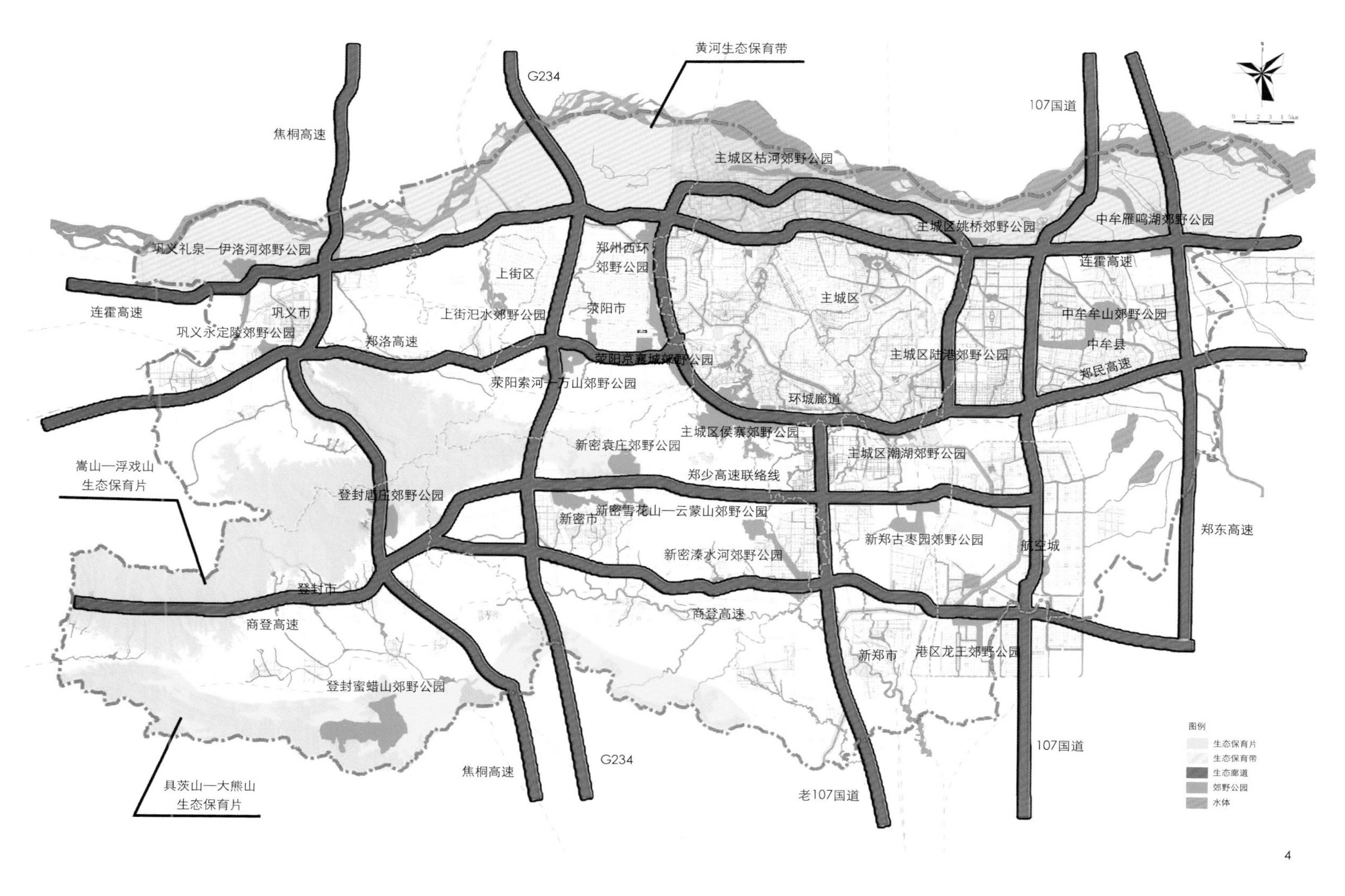

4.郑州市生态安全格局规划图

生态系统的自我调节与自我组织能力，以自然恢复为主，辅以人工措施，使受损区域的生态系统逐步恢复或使生态系统向良性循环方向发展。

城市修补是对在城市建设发展过程中城市功能、景观风貌、空间品质、服务设施等历史欠账和短板进行织补和更新。通过综合运用城市设计、环境整治、拆除违建、更新改造等手段，使得“城市病”得到治理，使城市发展方式逐步得到根本转变。

2. 城市双修规划的实质

（1）深刻认识城市双修规划作为行动规划的实质

城市双修规划是面向实施、发挥规划引领作用、服务城市双修工作的专项规划。在内容上，要围绕城市发展战略定位，紧扣存在问题，指出城市建设发展方向，强化规划引领，给出目标与路径、空间布局与项目布点，引领和推动项目实施。在要求上，应具备较强的实施性和可操作性，充分发挥规划指导项目实施的重要作用，推动城市双修工作有序开展；要把握城市处于不同发展阶段的突出问题，充分结合阶段特征，按阶段分步推进，并建立长效机制。在效果上，将城市双修作为提升城市治理能力和治理水平的重要工作，最终要看城市双修工作是否增强人民群众的满意度和获得感，这是衡量工作质量的标尺。

（2）加强城市双修规划与其他规划的衔接与协调

首先，城市双修规划应加强对全域生态格局与城市空间格局的解读，以未来国土空间格局为目标导向，近远期有机衔接，通过一系列项目的实施，有序推动国土空间格局优化；其次，城市双修规划要对城市规划体系进行系统梳理，应处理好与总体城市设计、历史文化保护规划、城市风貌规划、公共服务设施规划、综合交通规划、海绵城市规划、市政公用设施规划、综合管廊规划等专项规划的相互关系，并对城市规划体系提出修补方案；城市双修规划注重近期实施项目的安排，但也不同于以往的城市近期建设规划，城市双修规划强化问题导向和目标导向，注重转型发展要求，内容更加综合；城市双修项目实施要与控制性详细规划相协调，保证项目实施依法合规，具备实施条件。

三、城市双修规划的目标和任务

1. 生态修复规划的目标和任务

生态修复规划的目的是使受到损害的生态系统既要恢复其生态功能，保障生态安全，也要提升生态效益，改善生态服务。通过生态修复工作，有计划、有步骤地修复被破坏的山体、水体、湿地、植被等，积极推进棕地修复和再利用，治理污染土地，逐步恢

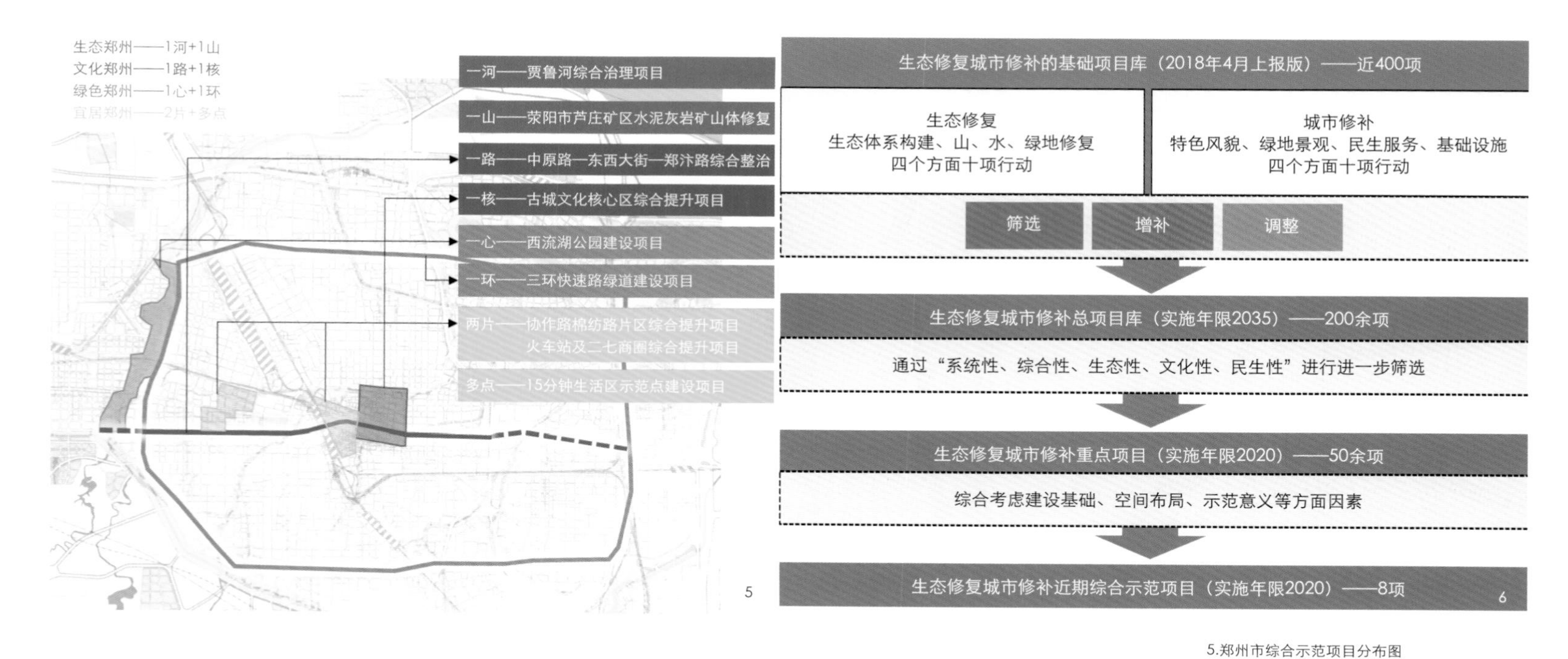

5.郑州市综合示范项目分布图

6.郑州市生态修复城市修补总体规划的项目梳理

复、重建和提升城市生态系统的自我调节功能；优化城市绿地布局，构建绿道系统，实现城市内外绿地连接贯通，将生态要素引入市区，改善生态系统功能和人居环境质量。

2. 城市修补规划的目标和任务

城市修补规划的目的既要使城市得以有机更新，也要切实提高人民群众的获得感和幸福感。通过城市修补工作，统筹城市功能和空间环境品质提升、历史文化保护和城市特色风貌塑造等相关工作。重点解决功能不完善、历史文化遗产保护措施不到位、环境品质下降等突出问题；着力完善公共服务设施、市政公用设施、交通设施及公共安全设施水平；坚持保护好历史文化名城、历史文化街区、文物保护单位、历史建筑和历史格局，延续城市文脉和风貌；促进建筑物、街道立面、天际线、色彩和环境更加协调、优美，建设宜居城市。

四、城市双修规划的思路和方法

1. 城市双修规划应加强规划统筹和技术集成

从规划统筹的角度看，城市双修规划需要更加关注项目的关联性、层次性、综合性，改变以往各部门城建计划单打独斗的情况，加强部门协同，联动实施一批示范效应强、带动作用大的综合性项目。从技术集成的角度看，城市双修规划应综合考虑自身发展阶段需求和经济发展水平，探索和积累生态修复和城市修补适宜技术，创新适用、经济、绿色、美观的技术或做法。生态修复方面重点针对不同受损区域、受损类型、受损程度，明确修复重点区域、采取适宜的修复方式和工程技术。城市修补方面重点针对城市建成环境展开系统性评估，加强对问题的分项梳理和总体把握，识别城市修补的核心问题与重点区域，有针对性地展开综合性修补工作。

2. 城市双修规划应明确规划内容和实施路径

从规划内容的角度看，城市双修规划要以系统梳理和评估现状问题为基础，准确把握双修方向，总体把控行动框架，统筹确定实施项目，起到规划引领作用。从实施路径的角度看，城市双修规划需要将城市双修工作细化为具体的工程项目，建立项目清单，明确项目的位置、类型、数量、规模和阶段性目标，合理安排建设时序和资金，落实责任主体，明确工作目标和任务，加强事前部署、事中监督，事后考核，推动城市双修工作有序开展。

3. 城市双修规划应建立实施机制和长效机制

城市双修工作应强化组织领导，要争取城市主要领导的支持，将城市双修工作列入城市人民政府的主要议事议程；探索有利于城市双修的管理制度，并形成长效机制，持续推进城市双修；鼓励公众参与，深入落实“共同缔造”理念，提升城市治理水平；规划设计单位应提供技术支撑作用，加强技术统筹和工作对接，全过程参与城市双修工作。

五、《郑州市生态修复城市修补总体规划》实践

1. 规划特点

（1）空间尺度大

生态修复范围涵盖郑州全市域，包含《郑州市城市总体规划（2017年修订）》确定的中心城区与中牟、荥阳、巩义、新郑、新密、登封六县市，总面积7 446km^2；城市修补范围为郑州中心城区“一主一城”范围，其中主城区用地面积990km^2，航空城415km^2，总面积约1 405km^2。针对大空间尺度下生态修复与城市修补的技术方法研究，是本次规划的重要工作之一。

（2）内容要素全

规划涉及郑州全域国土空间范围内山、水、林、田、湖、草的系统修复，以及中心城区空间形态、特色风貌、历史文化、公共设施、老旧小区、道路交通、公用设施等各个方面的系统修补，内容要素齐全。

（3）涉及主体多

作为一项以实施项目为抓手的规划类型，需要协调郑州市域各县（市、区）、开发区人民政府，以及国土、水利、林业、环保、发改、教育、文物、城建、民政等各个职能部门近期工作安排，尤其结合郑

州目前正在推进河南省百城建设提质工程工作的建设背景，更需要加强部门对接与统筹协调，推动城市双修工作的有序开展。

（4）技术要求高

郑州目前肩负着建设国家中心城市、引领中原经济区发展、促进中部崛起的重要使命，需要以更高的标准和更全面的视野去审查生态修复与城市修补工作，对城市双修规划的技术内容和成果形式等各个方面均提出了更高的要求。

2. 技术路线

（1）坚持问题导向和目标导向相结合

以问题的系统治理作为出发点。生态修复以城市生态环境评估为基础，对城市山、水、林、田、湖、草等自然资源和生态空间开展摸底调查，找出生态问题突出、亟需修复的区域；城市修补以城市建设和公共服务的现状调查评估为基础，梳理城市基础设施、公共服务、历史文化保护以及城市风貌方面存在的问题和不足，明确城市修补的重点。同步开展公众参与调查，与现状评估相结合，厘清各项问题的层次性和关联性，抓住主要矛盾和矛盾的主要方面，并排列出重要和紧迫程度，将问题聚焦，为修复和修补工作奠定基础。

以建设国家中心城市为总体目标，规划构建开敞型区域与紧凑型城市并存的全域国土空间格局，提出“建设美丽、宜居、可持续的生态文明建设典范”的生态修复目标与“建设高质量发展的国家中心城市”的城市修补目标。准确把握城市双修的工作方向，建设“生态郑州、文化郑州、绿色郑州、宜居郑州”，城市双修的“方向性”体现了未来城市建设发展的社会价值，谋求更加全面、更加整体的发展。

（2）坚持生态修复和城市修补相结合

生态修复和城市修补涉及内容要素众多，应突出规划的统筹引领作用，强化修复和修补工作的综合施策与系统治理，尤其针对问题突出的重点区域，应明确各个实施主体的工作任务和职责范畴，提升城市综合治理能力。

郑州城市双修围绕“生态郑州、文化郑州、绿色郑州、宜居郑州”四个目标，划定城市双修的重点区域，提出“一山、一河、一路、一核、一心、一环、两片、多点”八项需要系统性治理的综合示范项目。在空间范围、规划目标和总体思路上突出修复和修补的综合性特征，加强项目的总体把控；在工作内容、工作职责、实施主体等方面则针对修复和修补的各个方面进行项目分解，分项设置，加强子项目的统筹协调，并在充分对接实施主体意愿的前提下，合理制定各个子项目的完成期限，形成近远期相结合的实施计划，推动城市双修工作有序开展。

（3）坚持规划统领和项目优选相结合

建立“问题—目标—行动—工程—项目”的总体框架，即以问题为导向，围绕建设国家中心城市的总体目标，以目标谋篇布局，将城市双修的工作任务落实到各个行动计划，再将行动计划分解到各个工程，以项目为抓手，通过工程指导项目建设，强化行动计划指导项目实施的重要作用。

在实施项目的选择上，按照《郑州市生态修复城市修补工作实施方案》的要求，在百城建设提质工程项目库的基础上进行系统性梳理，通过各项生态修复和城市修补的行动计划，同时结合正在推进的城建重点工作，采用近远期相结合的办法，分阶段制订项目实施计划。

3. 规划借鉴意义

（1）规划统筹

在规划框架上突出统筹协调、系统梳理的重要特点，通过合理的框架体系有效组织生态修复和城市修补的各个方面，并通过行动计划构成问题、目标与实施项目的统一整体；同时充分发挥城市双修规划在部门与工作协调方面的重要作用，将落实到同一空间主体、具有内在联系的各个项目进行协调组织，充分发挥综合示范项目的引领带动作用。

（2）突出重点

考虑城市双修工作是一项需要在近期谋篇全局的项目类型，时间紧、任务重，因此本次规划进一步强化问题评估、突出规划重点，将生态郑州、文化郑州、绿色郑州、宜居郑州四大规划目标针对性地落实到具体实施项目上，并在空间上形成有机联系，尤其强化对城市骨架空间体系的系统性修复和修补。

（3）强化示范

充分考虑城市双修造福民生的最终主旨，在公共服务方面突出普惠民生、均衡布局的重要特点，充分发挥各区（开发区）实施主体的重要作用，强化项目示范，广覆盖、微更新、补内涵，提升公共服务能力。

六、结语

城市双修不仅是外在的品质和形象工程，更是内在的民生工程和系统的综合治理，通过城市双修，让城市再现绿水青山，还景于民，让群众望得见山、看得见水，有更多的幸福感和获得感，让城市变得更加美好。

参考文献

[1]中华人民共和国住房和城乡建设部. 住房城乡建设部关于加强生态修复城市修补工作的指导意见.(建规[2017]59 号) [EB/OL]. [2017-3-6]. http://www.mohurd.gov.cn/wjfb/201703/t20170309_230930.html.

[2]娄勤俭. 推动江苏高质量发展走在前列[J]. 求是, 2018(07).

[3]中华人民共和国住房和城乡建设部：全面部署“城市双修”2020年可有效治理“城市病”[J]. 城市住宅，2017，24(4)：91.

[4]中华人民共和国住房和城乡建设部. 生态修复城市修补技术导则（报批稿）.

作者简介

曹国华，博士，江苏省城市规划设计研究院，副院长，教授级高级工程师，注册城乡规划师；

潘之潇，江苏省城市规划设计研究院，规划师；

张仲良，江苏省城市规划设计研究院，工程师。

“机动车减量化”在城市双修中的探索与实践
——以武汉市为例

Exploration and Practice of Car Usage Reduction in "Urban Renovation and Restoration" —Take Wuhan City as an Example

何 梅 郑 猛 佘世英
He Mei Zheng Meng She Shiying

[摘 要] 城市双修，定会涉及秉承何种交通发展模式与理念的问题。长期以来，我国城市一直在“机动化”的道路上迅猛发展，机动车在提供便利的同时也侵蚀了大量的城市空间，陷入“交通拥堵—治理（扩充道路）—再拥堵”的怪圈。“机动车减量化”核心思路就是尽可能减少道路设施的供给，缩减城市空间和路权对机动车的分配，使得城市发展与人居环境重新回归以人为本的价值体系。然而，在城市交通做了几十年加法的情况下，如何做减法，在什么时候、将多少道路、哪些类型道路还路于何种目的的出行的居民，还能保证交通系统的正常运转，正是新时期城市交通发展面临的新课题和新使命。以城市双修为切入点，剖析了机动车减量化的内涵及可行性，并结合武汉市两个典型案例和实践，做了初步研究与探索。

[关键词] 机动车减量化；去机动化；城市双修；中山大道；东湖绿道

[Abstract] "Double Repair" will relate to the problems of transportation development mode and concept. For a long time, China's cities have been developing rapidly on the "motorized" road. While providing convenience, vehicles have also eroded a large number of urban space, falling into the "traffic congestion - governance (expansion of roads) - re-congestion" circle. The core idea of "vehicle reduction" is to reduce the supply of road facilities, reduce the distribution of space and road rights to vehicles, encourage people-oriented. However, under the condition that urban traffic has been Strengthened for several decades, how to subtract, when, how many roads will be taken, what types of roads will be returned to the residents for what purpose, and how to ensure the normal operation of the traffic system, are very Important proposition. Taking the urban double repair as the breakthrough point, analyzes the connotation and feasibility of vehicle reduction, and makes a preliminary study and exploration combining with two typical cases and practice in Wuhan.

[Keywords] car usage reduction; vehicle reduction; double repair; Zhongshan road; Donghu greenway
[文章编号] 2020-83-P-026

一、引言

据统计，中国汽车销量已经连续9年全球第一，全国有23座城市汽车保有量超过了200万辆，其中6座超过300万辆。除了北京、深圳、广州等少数城市采取机动车限购、限外和限行等遏制性措施之外，大部分城市仍放任式发展。与此形成鲜明对比的是，2017年共享单车爆发式增长后，先后有多座城市迅速采取了总量控制和减量化政策，通过政策干预削减负面影响。然而，对于私人小汽车的非理性增长，多数城市在城市基础设施建设、公共空间与路权分配等方面，仍是漠视、倾斜甚至抱薪救火。从国际看，“机动车减量化”举措已经屡见不鲜。2004年，作为伦敦市中心25年来建造的第一栋摩天大楼和地标性建筑，“小黄瓜大厦”竟然没有配建机动车泊位。首尔清溪川在改造过程中，将“汽车化”时代最具代表性的高架桥拆掉，恢复自然河道和水系景观，实现了机动车道数量和车流量的大幅度压缩。伦敦特拉法加广场、纽约百老汇大街、东京银座等也先后实施了街道步行化改造等，在世界范围内也都产生了积极影响。城市双修作为一种对过去非理性发展模式的反思和行动，更多地体现在存量优化和微观治理层面，与国际上盛行的机动车“减量化”甚至“去汽车化”运动可谓不谋而合。本文以武汉市为例，结合中山大道改造和东湖绿道两个具体的实践案例，对“机动车减量化”在城市双修中的应用进行了探索分析。研究表明：为减少城市拥堵，传统策略是增加交通设施供给，而通过减少小汽车主体道路设施的供给，同样能够达到优化交通结构、促进城市复兴和繁荣的目的。

二、机动车减量化的内涵及可行性

1. 机动车减量化的内涵

机动化最直接的表现就是社会对小汽车的广泛使用和依赖性，城市也随之越来越趋向于一种“汽车化空间和环境”，这种环境反过来又会进一步强化和固化对小汽车的依赖，进而引发交通拥堵、公共空间的侵蚀、职住分离的加剧、城市边界的蔓延以及生态环境的破坏等一系列不良后果。而机动车减量化的根本宗旨，就是在城市空间设施资源和路权分配等方面，扭转“以车为本”的倾向，压缩机动车空间，扩大慢行和公共交通比例，创造一种少依赖汽车也可以良好运转的城市。重新恢复交通系统的多样性和生态性，提升街道和社区活力，进而实现经济繁荣、城市空间与环境再生、交通体系优化等多重目的。从国内外已经开展的“机动车减量化”举措来看，主要体现在以下方面：

（1）基于政策和需求管理层面，包括机动车限购、限行、牌照拍卖，交通拥堵收费，提高停车收费等，以政策和经济措施为主。最典型的莫过于伦敦，除了最早实施区域交通拥堵收费，其在《2018伦敦市长交通战略》中更明确提出致力于建设成为对小汽车交通不友好的城市。伦敦CAZ规划导则提出的未来愿景为一个慢行畅通无阻、小汽车寸步难行的活力街区，金融城内部与内伦敦、外伦敦以及伦敦以外地区2041年的小汽车出行比例分别降至5%、1%、1%以及10%。除此之外，多伦多未来之城也提出努力规划一座 “短距离出行”的“无车之城”。均显示出了机动车减量化方面的决心和魄力。

（2）基于空间塑造层面，核心是减少汽车的路权分配和对空间的过度占用。如施划公交专用道，压缩机动车道或取消路内停车以增加慢行空间，建设绿道、步行道体系，减少交叉口转弯半径以降低机动车速和缩短行人过街距离，降低机动车停车配建指标等。如本文开篇提到的首尔的清溪川改造就是城市双修这样一种空间治理尺度和模式。

（3）基于出行模式层面，核心是寻求小汽车交通的替代性。比如大力发展轨道交通、建设地面有轨电车等，但需要仔细甄别的是，如果在此过程中没有同步实施小汽车出行限制举措，如建设地铁的同时又进行了道路拓宽改造，反而会扩大私人机动化；再比如建设有轨电车时实施“占一还一”，也不能称其为“机动车减量化”。

2. 机动车减量化的可行性

（1）一是机动化过度发展导致交通系统内生反制性力量增强，所谓反者道之动。经过多年持续高强度道路基础设施建设，大部分城市主干路网系统已经基本实施完毕，后续增量空间不足或者拆迁、建设实施难度加大；而交通拥堵和空间质量不断恶化，商业凋敝、城市活力减弱、职住分离加剧、通勤时耗增加、停车矛盾加剧而供应难以有效扩大等。

（2）二是轨道交通跨越式发展推动了城市地下空间的综合利用，构建了能够在一定程度上替代私人小汽车生活模式的全新交通体系。但只有当城市轨道交通线网形成一定的规模、地铁出入口周边具象空间的塑造足以支撑市民大部分生活和交通出行需求时，才使得在特定区域内实施“机动车减量化”具有可能性。

（3）三是共享交通方式以及互联网、无人驾驶等新兴技术的出现，推动了传统汽车化生活模式的自我革命。如共享单车的出现推动了非机动车交通的强势回归，倒逼城市路权和公共空间的重新分配。“共享汽车”以及“无人驾驶”等互联网出行模式和新技术，亦可能推动机动车所有权和使用权的分离，用更低的机动车总量和空间资源来满足同样多甚至更多的机动化出行成为一种可能。

（4）四是全社会对低碳环保、健康生活以及城市可持续发展的关注和重视等。如创建公交都市、绿道系统建设、步行和自行车示范城市建设、世界“无车日”等，国务院关于加强城市基础设施建设的意见中也明确提出“切实转变过度依赖小汽车出行的交通发展模式”。人们自发使用更多的绿色出行方式从而达到机动车减量化的目的。

三、武汉市机动车减量化两个典型案例的剖析

1. 武汉中山大道改造——城市修复过程中的机动车减量化实践

武汉市中山大道是中国最早以“中山”命名的道路，位于城市核心区，是武汉市老城区平行长江、汉江贯通性最好的一条交通性干道之一、百年商业老街。中山大道与南北向江汉路步行街十字交汇处，是武汉市人流最为密集的商圈之一。全线以双向4~6车道为主，过境性交通占42%左右，大部分为到发性交通。除了道路拥堵之外，该区域公交线路较密集且重复系数高，公交站点排长龙和路段公交自身拥堵也是一大顽疾，最大断面集中了22条公交线路。另外，由于商业步行空间局促，局部区域不足

1.武汉市中山大道交通区位图
2.中山大道改造前道路流量及公交线路分布图
3.中山大道全封闭施工范围图
4.沿线主要道路断面空间改造前后对比

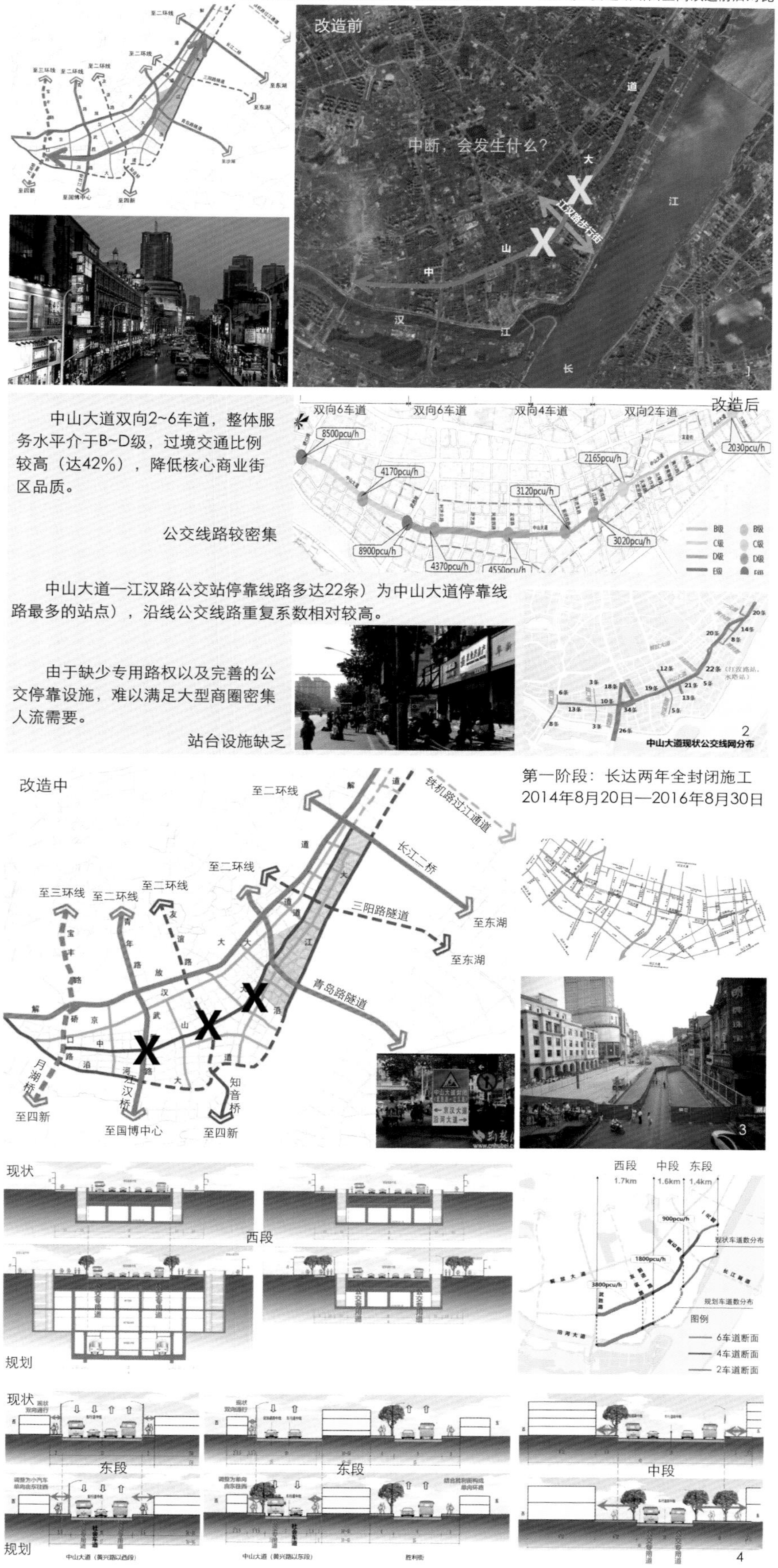

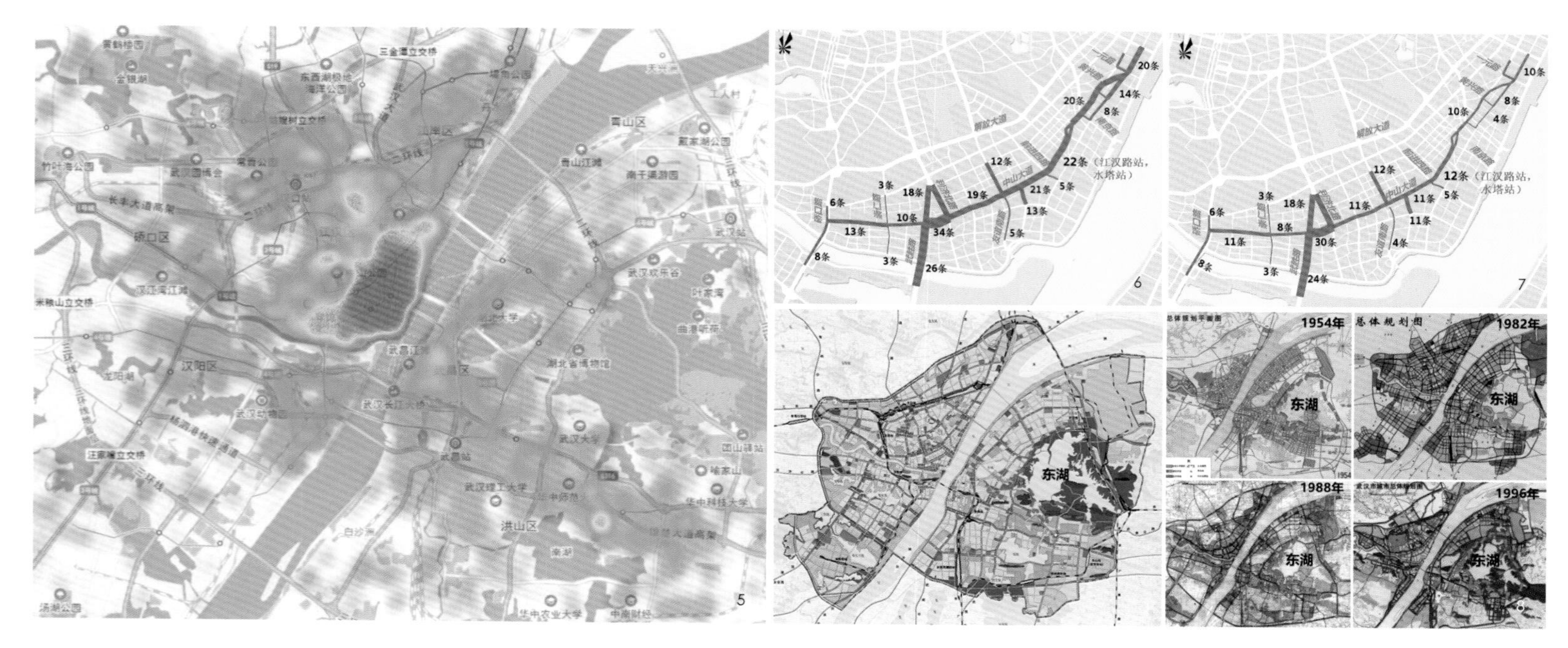

5.中山大道“机动车减量化”改造后客流吸引范围图
6-7.改造前后公交线网布局对比
8.东湖在武汉市例轮总规中的定位

2m，步行环境较差，再加上停车设施匮乏，交通市政设施不完善，也一度影响了街区环境品质和出行体验等。

中山大道改造最终选择了机动车减量化的路径：变以车为本为以人为本，变交通性干道为商业街道，通过公交优先、步行主导、系统分流的规划策略，将中山大道改造为尺度宜人、交通有序、设施完备的商业老街。主要举措包括以下四个方面：

（1）基于商业老街的定位，体现以人为本，实施步行空间倍增。在道路断面最为紧张的东段，单侧慢行道宽度由不足1m提升为3m以上。

（2）基于商业自身机动性与可达性需求——树立公交优先理念，建立地铁+地面公交复合体系。实现市民出行公交化、公交出行地下化（地铁）。在整个通道范围内，自西向东结合交通功能需求依次采取公交专用道、公交专用街和公交主路三种灵活的布局形式，优先确保公共交通出行空间。

（3）基于“道路空间资源集约化利用”的角度——实施机动车减量化，最核心的1.6km区域完全禁止社会机动车通行，只允许公交车和出租车通行；与此同时，为适应地铁新线路开通，出于“治公交堵”的目的，通道内常规公交也进行了大刀阔斧的优化重组，线路条数整体上减少了1/2，体现了公共交通自身的“减量化”。

（4）基于出行体验的角度——对历史建筑进行整体修葺更新、优化提升街道立面和环境品质，增设行人座椅，打造与历史街区风格相协调的公交车站、街头小品和绿化等，彰显历史人文底蕴（表1）。

表1　中山大道沿线慢行空间规划前后对比

分段	现状单侧步行空间	规划单侧步行空间
西段	5.5m	≥ 8m
中段	3～5m（大洋百货段除外）	≥ 8m
东段	1～3m	≥ 3m

从改造前后对比来看，根据2017年4月份基于互联网位置大数据的监测结果显示，江汉路商圈每日吸引客流约为17.6万人次，整体增长15%以上，约13.1%的客流来自湖北省内及以外的区域，商业活力及区域辐射力进一步增强。公共交通出行比例达到70.1%，上升了5个百分点。其中轨道交通上升了21个百分点，进站客流增长了近2倍。私人机动化比例由16.4%下降至9.9%。区域高峰交通运行指数由8.5下降为6.3。平均车速为25.6km/h，较之前的18.9km/h亦有大幅度提高。

2. 武汉东湖绿道——生态修复过程中的机动车减量化实践

东湖是国内城市主城区中面积最大的城中湖，水域面积33km^2，是杭州西湖的5倍。由于空间尺度太大，在过去几十年的历史改造过程中，始终围绕如何提升机动化水平而展开，但收效甚微：堤不能拓宽，湖不能填，极其有限的道路空间难以满足过境性交通穿越和游客游赏多重需求，安全体验性较差；内外部道路存在多处瓶颈，由于对私人小汽车的依赖性，高峰期时常处于拥堵状态。

尽管东湖现状交通模式广受诟病，但内部完全禁止机动车通行的改造方案还是引发了激烈的争论，其中一个焦点是：整个东湖半径约7km，在如此大的空间尺度下，完全禁止社会机动车通行是否可行？最终采取的方案是：过境性交通通过修建穿湖隧道解决和屏蔽，完全与到发性交通分离；驾车出行的游客，则通过外围公共停车场实现截流和停车换乘。东湖内部完全禁止机动车通行，以步行和自行车交通方式为主导，以绿道为主要交通载体，辅以电瓶车和游船为补充，最大程度实施“机动车减量化”。

经过1年的改造，整个东湖已经建成了“百里环水、一心三带”总长102km的绿道休闲体系，打造成了一个慢行交通的天堂。从客流统计来看，工作日平均6万人次，周末平均17万人次，大型节假日平均23万人次，最高峰30万人次，整体客流是改造前的3倍。从市民到达东湖的交通方式来看，常规公交和轨道交通占比47%，较开通前增长了7个百分点，自行车出行比例增长了5个百分点，内外部绿色交通出行比例均实现了大幅增长。由于采取多个出入口分散布局的交通组织模式，机动车到发交通由积聚转而分散，外围城市道路系统交通运行也总体平稳可控。

四、结论及启示

（1）无论是位于城市核心区的城市修补，还是

改造后——慢行主导交通模式

彻底去小汽车化

2015年12月，东湖绿道开工建设

2016年12月，一期工程28.7km开通运营

2017年12月，二期工程73.3km开通运营

4条绿道主干线69.8km	62%
8条绿道次干线15.4km	14%
若干条绿道支线26.8km	24%
东湖绿道总长度共计：112km	

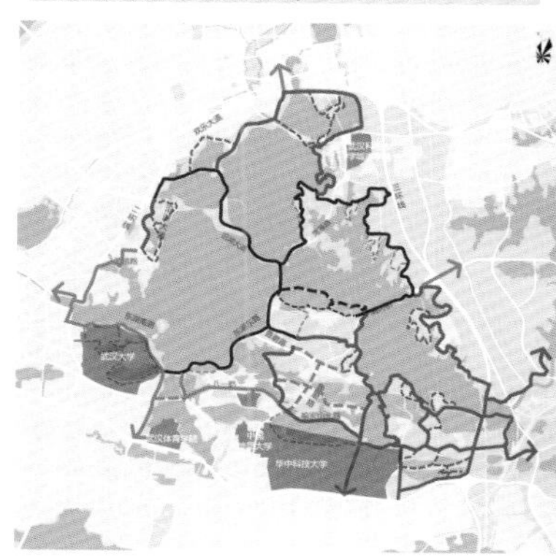

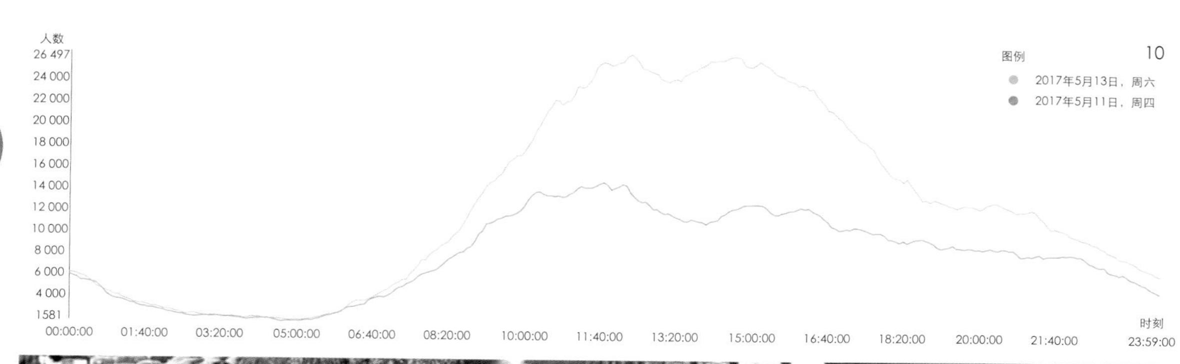

9

9.东湖绿道布局及“机动车减量化”改造方案

10.东湖梨园片区游客出行时间分布（工作日与周末对比）

11.东湖内部道路改造前后交通模式对比

位于城市边缘地区的生态修复，实施“机动车减量化”都是可行的，而且取得了非常显著的成效。因此，私人机动化并非不可触动的奶酪，没有不可逾越的障碍，要敢于打破思维定式。但同时也应注意到，中山大道之所以成功，得益于其区域本身窄路幅、密路网的良好基础以及强化地铁公交的充分供给，因此机动车道适度减量，仍然能保证整个系统的正常运转。就像民间游戏“栋梁拆”，明拆“私人小汽车”这个栋，暗拆的是“以车为本”这个梁，却不损害整体的运行。而东湖在通过穿湖隧道分流了过境性交通压力后，通过绿道实现景区的贯通和串联，实际上是把出行本身融入了休闲旅游，通过移步换景达到交通的目的。

（2）城市双修为贯彻“机动车减量化”策略提供了极佳的载体。在过去10余年中，部分城市虽然实施了机动车限购政策，但只是减缓了机动车增长节奏，机动车总量仍然在不断增加，加上原有的巨大存量，城市动、静态交通运行仍然面临着巨大的压力。而城市双修过程中的“机动车减量化”更偏重于从道路资源分配的角度压缩私人机动化空间，更能在局部范围内取得实效，发挥以点带面的示范效应。因此，在城市双修过程中倡导“机动车减量化”不仅是一种思想的改良，更具有广泛的可操作性和可推广性。

（3）城市交通体系是一个动态平衡的系统，当城市交通体系发展到一定阶段，尤其是轨道交通和公共交通相对发达，且道路网络密度足够的时候，城市交通出行体系便有了足够的韧性和可塑性。此时，城市规划建设决策应该更多地从车的视角转向人本的视角，坚定实施“机动车减量化”的信心和决心，使城市重新回归为人民和群众服务的本质上来，而非一味地迁就私人小汽车的发展诉求。当然，关于“机动车减量化”的命题，尤其是在城市交通做了几十年加法的情况下，如何做减法，在什么时候、将多少道路、哪些类型道路还路于何种目的出行的居民，还能保证交通系统的正常运转，仍是一个系统性的研究课题，需要大胆设想，更需要谨慎求证，本文仅仅是抛砖引玉，有待更深入地探讨。

参考文献

[1]陈永森.“汽车化”还是“去汽车化”基于城市空间的思考[J].黑龙江社会科学，2016(2):1-6.

[2]武汉市规划院.武汉市交通发展战略研究院等.武汉市中山大道改造规划[R].2016.8.

[3]武汉市交通发展战略研究院.武汉市中山大道改造交通组织[R].2016. 5.

[4]武汉市地空中心、武汉市交通发展战略研究院等.武汉市东湖绿道规划[R].2016.6.

[5]武汉市交通发展战略研究院.武汉市东湖绿道一期运行后评估[R].2017.6.

[6]武汉市交通发展战略研究院.武汉市中山大道运行后评估[R].2017.6.

作者简介

何　梅，武汉市交通发展战略研究院，院长，教授级高级规划师，注册城乡规划师，中国城市规划学会，理事，湖北省有突出贡献中青年专家；

郑　猛，武汉市交通发展战略研究院，交通研究室，主任，高级规划师，注册城乡规划师，注册咨询工程师；

佘世英，北京工业大学，博士研究生，武汉市交通发展战略研究院，轨道交通室，主任工程师，高级规划师，注册咨询工程师。

城市双修工作的战略组织
——内蒙古自治区双修规划探索

The Strategic Organization of the Urban Renovation and Restoration —Exploration of the Urban Renovation and Restoration in Inner Mongolia

张海明 杨永胜
Zhang Haiming Yang Yongsheng

[摘　要]　近年来，中国城镇化发展逐渐由粗放化转向精细化，由增量扩张转向存量更新，城市品质提升和人民生活改善成为新时期城市规划与建设关注的新焦点。内蒙古自治区将开展“城市双修”作为近期重要工作任务，确定工作领导小组，制定工作方案，落实试点城市，开展课题研究，制订实施导则，有效助推自治区城市规划建设管理工作不断取得新的成绩。通过各试点城市的“城市双修”工作实践，从修复城市生态功能、提升城市公共空间数量及品质、改善城市交通出行、延续城市历史文脉、填补社区公共服务设施、塑造城市特色风貌和提升城市老旧住区品质等7个方面提出修复修补策略及方法，以期为内蒙古自治区各城市在“城市双修”工作中提供一些思路，发挥后发城市的发展优势。

[关键词]　生态修复；城市修补；内蒙古

[Abstract]　In recent years, the development of urbanization in China has gradually shifted from coarse to refined, from incremental expansion to inventory renewal, and the improvement of urban quality and people's lives has become a new focus of urban planning and construction in the new period. The Inner Mongolia Autonomous Region will carry out “Urban Renovation and Restoration” as an important work task in the near future. It will determine the working leading group, formulate work programs, implement pilot cities, carry out research projects, and formulate implementation guidelines, effectively boosting the urban planning and construction management of the autonomous region and continuously achieving new results. Repairs from 7 aspects through the " Urban Renovation and Restoration " work practice in each pilot city, including repairing urban ecological functions, increasing the number and quality of urban public space, improving urban mobility, continuing the history of the city, filling community public service facilities, shaping urban features, and upgrading the quality of old settlements in cities, with a view to providing some ideas for the “Urban Renovation and Restoration” work for the cities of the Inner Mongolia Autonomous Region, and to give play to the development advantages of the late-coming cities.

[Keywords]　ecological restoration; urban restoration; Inner Mongolia
[文章编号]　2020-83-P-030

近年来，内蒙古自治区为全面贯彻中央城市工作会议精神，落实中共中央国务院《关于进一步加强城市规划建设管理的若干意见》、住房城乡建设部《关于加强生态修复城市修补工作的指导意见》和全国生态修复城市修补工作现场会的工作要求，结合自治区实际，积极开展了生态修复与城市修补工作。

一、自上而下，建立联合领导小组

内蒙古自治区住建厅于2017年成立了由厅主要负责同志任组长的“城市双修”工作领导小组，负责对自治区“城市双修”工作的组织领导、统筹协调和监督指导，研究解决工作中遇到的重大问题。各试点城市也相继成立了市工作领导小组，如乌兰浩特市成立了市委、市政府主要领导担任组长和常务副组长的“城市双修”工作领导小组，形成了主要领导亲自抓、各部门分工负责的工作框架格局，有效提升工作效率。

二、明确工作方案，落实试点城市

内蒙古自治区于2017年1月制定《城市修补生态修复工作推进方案》，明确了开展“城市双修”工作的指导思想、主要任务、工作目标和保障措施等要求。2017年9月5日，自治区生态修复城市修补工作现场会在乌兰浩特市召开，为自治区各地区提供学习交流平台，对未来自治区“城市双修”工作做了进一步部署。目前，自治区各城市、旗县陆续制订了自身的“城市双修”工作计划，建立“城市双修”项目库。

内蒙古自治区认真开展城市“双修”试点工作，鼓励有条件、基础好的地区先行先试，确定了呼和浩特市中心城区等14个城市为自治区级试点地区，其中包头市等4个城市成为全国试点。

三、课题研究先行，确定工作重点

为进一步增强“城市双修”工作的科学性和可操作性，内蒙古自治区住建厅委托内蒙古城市规划市政设计研究院开展《内蒙古自治区生态修复与城市修补课题研究》，对自治区设市城市及重点旗、县开展调查评估，为自治区各地开展“城市双修”工作提供强有力的技术支撑。

1. 提出工作技术路线

自治区各城市在整体定位和城市发展目标的指导下，结合城市建设现状，优先确定城市生态安全格局，运用总体城市设计的方法，总体把握，系统梳理，明确城市生态修复与城市修补重点片区及地段，确定其重点修复及修补内容，分步分期制订各城市实施计划。

2. 梳理现实问题

从2001年到2015年，内蒙古自治区的城镇化率从43.13%提高到60.3%，中西部盟市城镇化率高于东部区盟市。快速的城镇化进程促进了自治区城镇经济增长、物质生活改善和消费水平提高，但也伴随着城市公共空间量少质低、住区衰败、基础设施不完善、文化缺失、公共服务不便捷、交通出行不畅等问题，严重影响了自治区城镇居民的生活品质。

内蒙古地域广阔，东中西地区城市差异较大。通过编制《内蒙古自治区生态修复与城市修补课题研究》，对东部、中部、西部21个城市进行现状摸底调查，分析总结出各城市在生态修复和城市修补方面存在的主要共性及个性问题，以规划理论和成功案例经验为指导，结合自治区实际情况，提出现状问题解决策略及技术指引。

3. 明确各城市工作重点

“十三五”时期，自治区各城市转型发展秉持“以人为本、生态优先”的发展原则，尊重城市生态基础设施，重塑城市自然生态安全格局将成为自治区各“城市双修”工作重点，城市修补方面，各城市根据自身定位及职能类型而有所侧重（表1）。

四、制订城市双修导则，明确具体要求

1. 生态修复方面

生态修复范围原则上与城市规划区一致，兼顾市域范围内山体、水体、森林、农田、沙漠和草原等自然生态要素的完整性，优先开展城市建成区及近郊区的生态保护和修复工作（表2）。

表2　生态修复内容及重点

类型	修复与修补重点
一、整体生态环境修复	1.构建城市生态空间体系
	2.增加生物多样性
	3.提高城市大气环境质量
	4.降低城市噪声影响
二、山体修复	1.保障山体安全性，增加山体绿化面积
	2.塑造山体人文景观
三、水体修复	1.恢复城市水体自然形态
	2.合理确定城市水体面积
	3.改善城市水体水质
	4.丰富城市水体人文景观
	5.合理利用水资源
	6.保护城市地下水资源
四、棕地修复治理	1.修复治理棕地
	2.扩大棕地修复再利用
五、绿地修复	1.增加城市绿化面积
	2.均衡布局城市公园绿地
	3.增加城市林荫路
	4.提升绿地综合服务功能

表1　自治区重点城市的“城市双修”侧重内容

城市类型	城市	城市双修重点
综合型城市	呼和浩特市、包头市、鄂尔多斯市、赤峰市、通辽市、乌兰察布市、乌兰浩特市	城市生态环境、城市历史文脉、城市公共空间、城市交通出行、城市基础设施、城市特色风貌
旅游型城市	呼伦贝尔市、额尔古纳市、阿尔山市、扎兰屯市、锡林浩特市、巴彦浩特	城市生态环境、城市历史文脉、城市特色风貌
门户型城市	满洲里市、二连浩特市	城市生态环境、城市特色风貌、城市基础设施
工业型城市	乌海市、霍林郭勒市、丰镇市	城市生态环境、城市公共空间
农林业型城市	巴彦淖尔市、牙克石市、根河市	城市生态环境

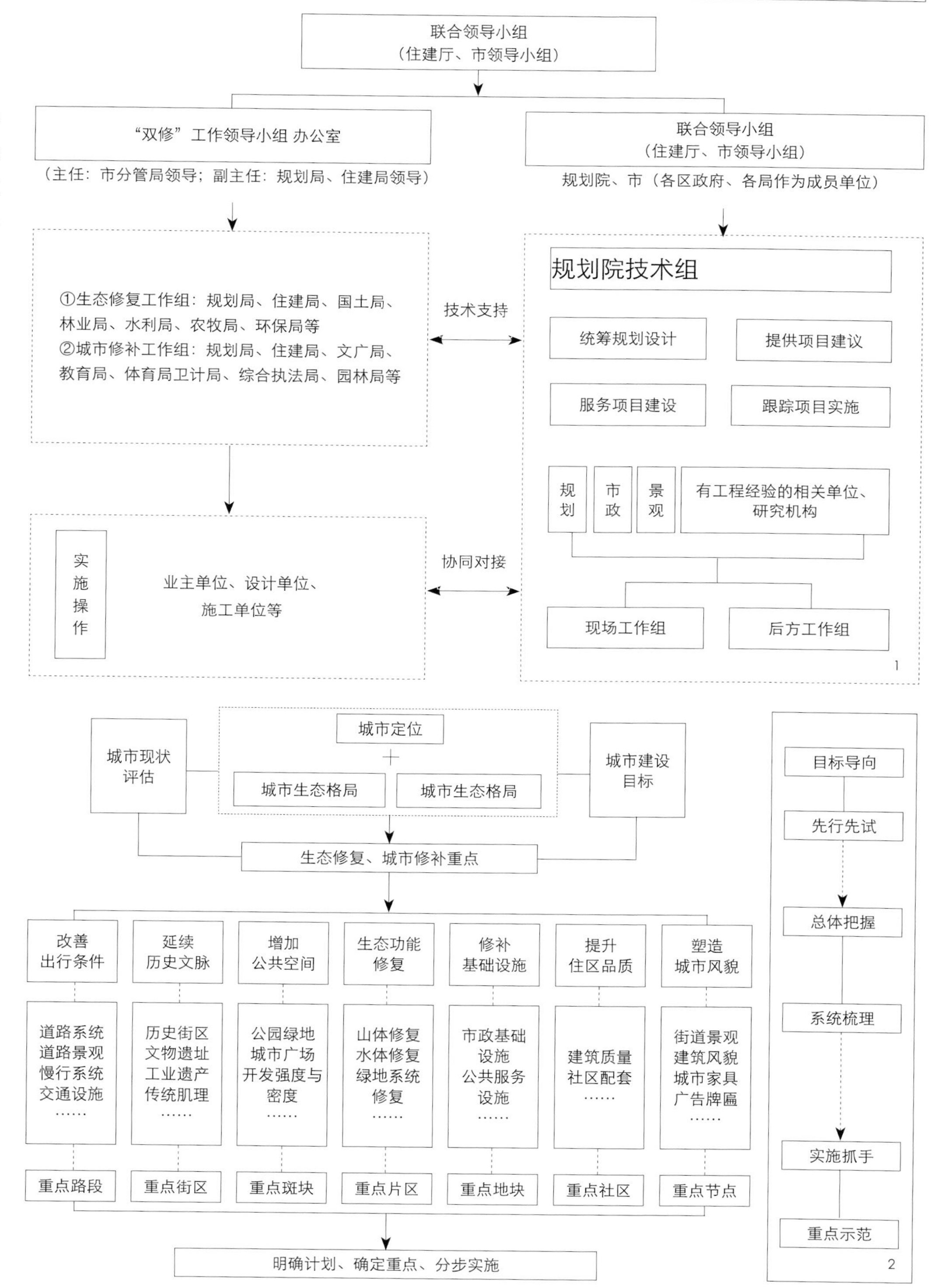

1.内蒙古“城市双修”工作组织框架
2.“城市双修”工作技术路线

3.包头市万亩赛罕塔拉城中草原
4.呼和浩特市大青山前坡生态修复
5.乌兰浩特市洮儿河生态修复
6.霍林郭勒市矿山修复前后对比

表3　城市修补内容及重点

类型	修复与修补重点
一、重视城市安全应急系统	提升城市安全管理水平，加强城市安全应对能力建设，保障城市安全运行
二、城市违法建设治理	建立城市违法建设数据库，坚决遏制新增违法建设，维护社会公平正义
三、城市存量用地整理与利用	建立城市存量用地和低效建设用地数据库，依据规划合理利用城市存量用地和低效建设用地
四、塑造城市特色风貌	1.建立城市特色风貌体系
	2.城市街道景观整治
	3.提升夜景照明系统
	4.城市廊道、天际线规划
五、提升城市公共空间	1.完善城市公共空间体系
	2.增加公共空间的数量
	3.提高公共空间品质
六、改建老旧住区	1.改建老旧住区建筑楼体
	2.整体改善住区出行环境
	3.补充和完善社区公共设施
	4.提升住区绿化景观环境
	5.改造安全应急设施
	6.平房区有机更新
七、保护城市历史文化	1.构建城市历史文化体系
	2.历史街区保护与修补
	3.文保单位、历史建筑保护与修补
	4.老旧城区有机更新
	5.老旧工业区保护利用
	6.非物质文化传承
	7.古树名木保护
八、提高城市公共服务	1.完善城市公共服务设施体系
	2.重点完善与居民生活密切相关的社区公共服务
九、改善城市交通出行	1.优化城市路网系统
	2.鼓励城市绿色出行
	3.提升城市公共交通服务水平
	4.改善城市停车环境
	5.推广汽车充电设施
十、提升城市市政服务	1.修补升级城市给水设施，提高供水安全
	2.修补完善城市排水设施，加大管网覆盖面
	3.完善城市再生水设施，提高再生水利用率
	4.完善城市防洪防涝设施，建设海绵城市
	5.完善城市供热设施，提高新能源供热比例
	6.完善城市燃气设施，提高城区燃气普及率
	7.完善城市电力设施，推进城市电网智能化发展
	8.完善城市通信设施，鼓励各电信运营商共享基站、机房和通信管道等相关基础设施，节约用地
	9.合理建设综合管廊，科学确定城市综合管廊的建设规模及建设时序
	10.修补完善城市环卫设施，推进城市垃圾的分类回收和综合利用
十一、加强公众参与	提高广大市民群众对城市生活、城市品质的满意度，增强人民生活幸福感、获得感和归属感

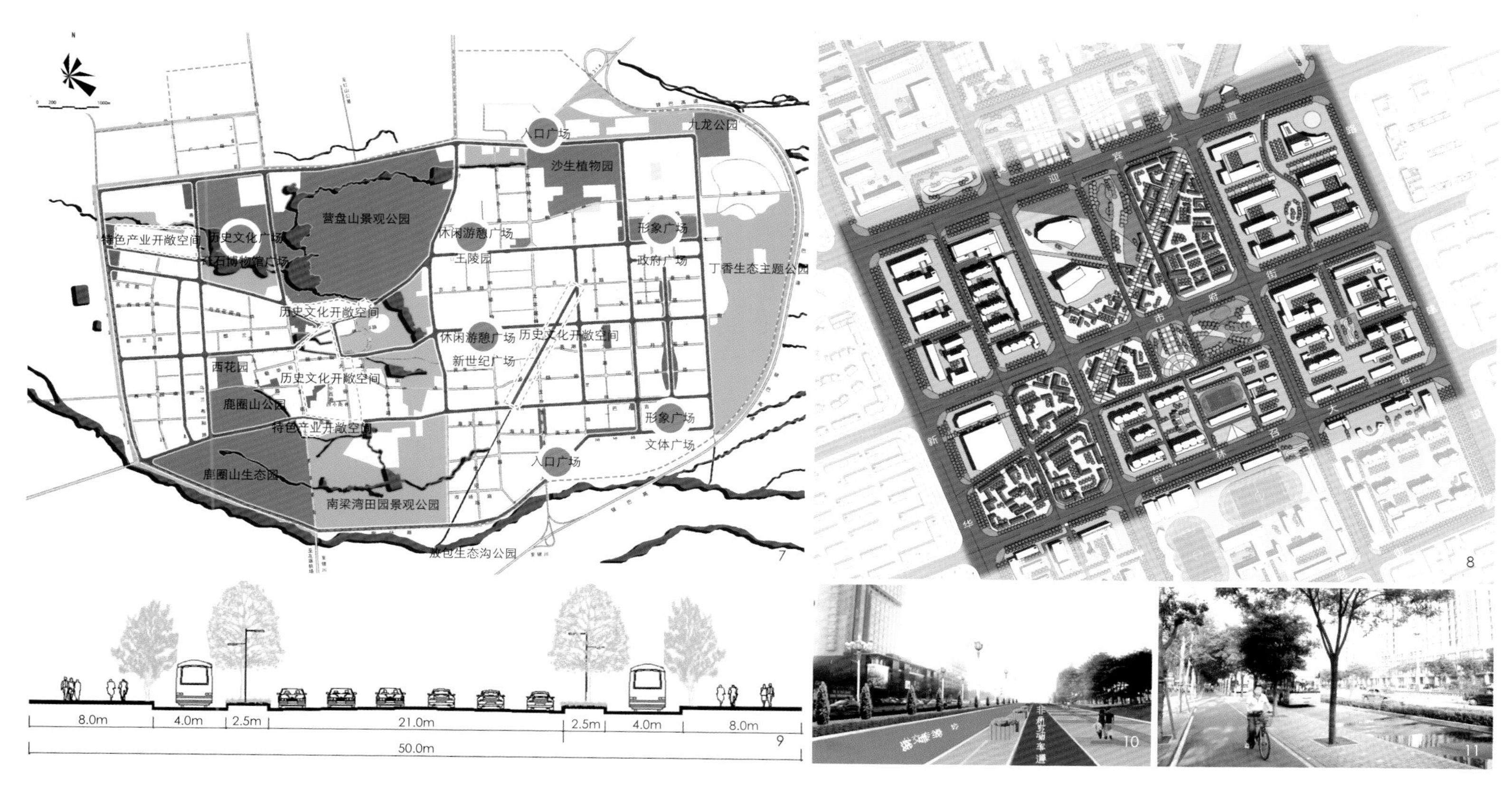

7.巴彦浩特公共空间体系规划
8.鄂尔多斯市达拉特旗中心城区城市设计
9.包头钢铁大街改断面设计
10.绿色出行断面设计
11.改造后实景照片

2. 城市修补方面

在城市建成区内划定城市特色地区，确定重点项目，分区、分期、分重点开展城市修补工作（表3）。

五、内蒙古“城市双修”实践

内蒙古自治区认真开展“城市双修”试点工作，鼓励有条件、基础好的地区先行先试，确定了呼和浩特市中心城区等14个城市为第一批自治区级试点地区。

1. 修复城市生态功能

构建“生态功能区—生态廊道—生态节点”多层级城市生态体系，明确城市生态控制线，修复山体、河岸、湿地、被隔断的生态绿地和天然行洪通道，保护城市绿色生态基底。

山体修复：保障山体安全性，增加山体绿化面积，塑造山体人文景观。例如2017年呼和浩特市投资约100亿元，实施面积10万亩的大青山前坡生态修复工程，形成5万亩森林公园、万亩草场为主的城市生态保护带。

水体修复：恢复城市水体自然形态，合理确定城市水体面积，改善城市水体水质，丰富城市水体人文景观，提高水资源综合利用水平，保护城市地下水资源。例如，近年来乌兰浩特市持续推进洮儿河生态休闲公园建设，该工程北起省际通道八里八大桥，南至环城南路城南大桥，南北总长8km，平均宽940m，规划总面积755hm^2。该项目秉承“激活水脉、传承文脉、装扮绿脉”的建设理念，完善沿河生态休闲、纳凉避暑、休闲散步、运动健身等功能。

棕地修复：提高城市规划区内城市棕地土壤污染治理率。提高城市规划区内城市棕地生态修复与再利用率。例如，霍林郭勒市作为自治区资源型城市，认真贯彻落实绿色发展理念，大力实施绿色矿山综合整治工程，加大对矿山生态环境的保护和治理力度。

绿地修复：增加城市绿化面积，提高城市建成区公园绿地服务半径覆盖率。提升城市建成区城市林荫路推广率。提高城市公园绿地的可达性与实用性，加强老旧公园改造力度，培育可供休闲的绿地。例如包头市投入20多亿元，将赛罕塔拉城中草原周边占地2 800余亩的村庄整体拆迁，全部用于绿地建设，形成了如今的万亩城中草原。

2. 提升公共空间数量及品质

利用存量及低效建设用地增加城市公共空间。尊重人的行为需求，对尺度过大、硬化过多的公园广场进行精细化改造，创造宜人的休憩和交往空间。例如巴彦浩特从城市发展和居民需求出发，统筹规划城市节点、廊道和面域三类城市公共空间，实现公共空间品质、数量和特色全面提升。

3. 改善城市交通出行

加强城市道路交通规划设计，优化路网结构，加强支路建设，缩减街区尺度，提高路网密度，逐步消除城市断头路和不合理的交叉口，改善交通微循环，提高通行效率。合理设计城市道路断面形式，倡导路权平等，促进绿色交通发展，实现出行方式多样化。例如包头钢铁大街改造设计提出“增绿、拓路、提速、扮靓”的改造策略，改造后实现小汽车、公交车、非机动车和行人各行其道，增强了城市交通出行效率和安全。

4. 延续城市历史文脉

树立城市文化自信，充分保护城市历史文化遗存，深入挖掘城市文化内涵，构建完善的城市文化空间保护展示体系，传承城市记忆，延续城市文脉。例如，乌海市加快推动老旧工业区的产业调整和功能置换，对满足环保要求的老旧工业区进行老工业建筑改造再利用，将占地面积约72.6亩废旧硅铁厂园区改造

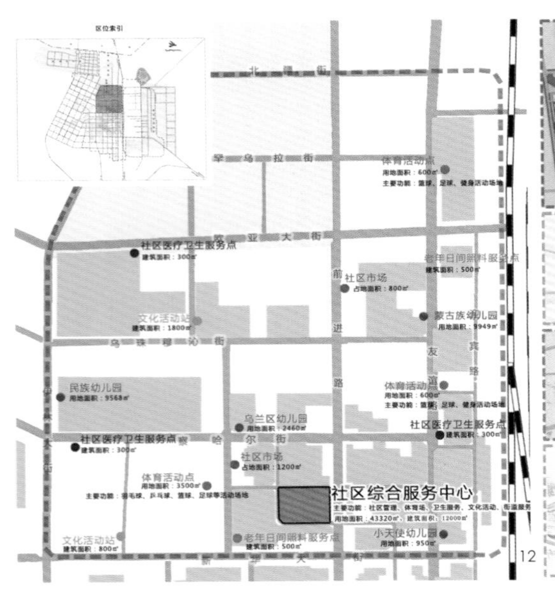

12.二连浩特市旧城北片区15分钟服务组团规划
13.巴彦浩特中央生态核心区城市风貌设计
14.乌海青少年文化创意中心
15.改造前照片
16.改造后实景
17.呼和浩特某老旧小区改造工程

成为青少年创意产业园，为青少年提供一个充满个性和艺术气氛的交流活动空间。

重视非物质文化元素挖掘与应用，将历史街区、老旧城区和平房区作为传承非物质文化的空间载体，使城市更新与文化创意、旅游等产业结合发展，提升城市软实力。例如，鄂尔多斯市达拉特旗中心城区城市设计中延续长胜老街肌理，保留街道两侧老百货大楼、树林召医院及部分平房等老旧建筑，塑造城市中心区步行街，延续达拉特人历史记忆。

5. 填补社区公共服务设施

充分利用城市空闲地、旧厂房、老旧商业设施等闲置资源，填补社区公共服务设施，建构城市“15分钟社区生活圈”，完善便捷可达的社区服务。例如，二连浩特市利用存量用地分片区填补社区公共服务设施，构建完善的“15分钟社区生活圈”。

6. 塑造城市特色风貌

以建设亮丽城市为目标，加强总体城市设计，建立城市景观框架，塑造具有地方特色的城市风貌，提高城市可识别性与群众认同性。加强重要街道、城市广场和滨水岸线等重要地区及节点的城市设计。例如，巴彦浩特中央生态核心区中从南至北划分为生态风貌区、文化风貌区、教育科普区和田园休闲区，成为巴彦浩特城市活力核心。

7. 提升老旧住区品质

修缮改建老旧住区建筑楼体，整体提升住区居住环境。例如，截止到2018年呼和浩特市完成全市284个，总建筑面积466万m^{2}的老旧小区综合整治改造工程，极大地改善了市民居住环境。

六、结语

“城市双修” 是中央提出的今后很长一段时期城市规划工作的主线和主导方向，是中国城镇化和城市发展转型的重要标志，是外延扩张粗放式发展转向内涵集约高效发展的重要阶段，是“优化存量”和补齐短板的重要方法，是促进城市规划建设“以人为本”“生态为先”的主要舞台。新时期，内蒙古自治区城市建设将以新时代中国特色社会主义思想为指导，以“城市双修”为抓手，打造健康、舒适、宜居且独具魅力的地方特色城市，实现人民美好生活目标，建设亮丽内蒙古。

参考文献

[1]李晓晖, 黄海雄, 范嗣斌, 等. “生态修复、城市修补”的思辨与三亚实践[J]. 规划师, 2017(3):11-18.

[2]张磊. “新常态”下城市更新治理模式比较与转型路径[J]. 城市发展研究, 2015(12):111-120.

[3]罗小龙, 许璐. 城市品质：城市规划的新焦点与新探索[J]. 规划师, 2017(11):5-9.

作者简介

张海明，内蒙古城市规划市政设计研究院有限公司，城市双修研究中心主任，注册城乡规划师；

杨永胜，内蒙古城市规划市政设计研究院有限公司，院长，教授级高级工程师，注册城乡规划师。

不同类型条件下城市双修设计的多维度应变

Merging Design For Urban Renovation and Restoration in Historic Cities

杨 彬 巨利芹
Yang Bin Ju Liqin

[摘　要]　城市双修的整体概念已十分清晰，针对城市功能的修补和城市生态的修复既有的相关文件已规定和涵盖的考量内容与设计范畴虽然十分全面，但特定地域条件下或者某些具有突出特点的城市，其自身对于城市双修的需求却具有强烈的专有属性。如何针对不同的城市条件做出有针对性的分类和设计应变，如何根据不同的限制与约束条件进行定性和定量的分析，从而建立科学合理的双修设计模型，保障设计的针对性和可实施性，是本文所关注和期望解决的问题。

[关键词]　城市条件；设计应变；设计模型

[Abstract]　The overall concept of Urban Double Repair has been very clear. Although the contents and design categories of urban functional repair and urban ecological restoration have been stipulated and covered in relevant documents, the demand for urban in particular geographical conditions has its own characteristics. How to make a targeted classification and design response according to different urban conditions, how to carry out qualitative and quantitative analysis according to different constraints and constraints to establish a scientific and reasonable design model, and then to ensure the pertinence and implement ability of the design, is the problem that this paper is concerned about and expected to solve.

[Keywords]　urban conditions; design strain; contingency model

[文章编号]　2020-83-P-035

一、城市双修的组成体系与设计范畴

城市双修工作是针对过去发展过程中片面追求眼前利益、忽视长远发展诉求所进行的反思与纠正。对城市双修工作的探讨不应该仅仅停留在技术层面，而应该深入探讨发展的导向、认知和对策，彻底改变过去的发展模式，尊重历史、尊重自然，用大的历史观、自然观，来看待人类的发展，建设美好的人居环境。

城市双修的载体是城市可以提供的用于功能修补和生态修复的城市物质本体与空间范围（表1）。

城市双修包含两大组成体系11个设计范畴，其中功能修补包括六大设计范畴，生态修复包括五大设计范畴。

二、城市双修的工作任务详解

以问题为导向的解决范式的前提是首先明确城市双修的详细的工作任务组成或者内容，也就是城市双修所能涵盖的所有任务目标，在此基础上结合城市自身的特点找出对应城市的专有或侧重的版块，有针对性地做出设计应变，建立设计模型（表2）。

三、城市双修的多维度反思

对于城市规划设计而言，城市双修是在有限资源里综合全盘筹划的工作，需要在工作方法上有灵活多变的应对方式：首先，现状评估环节的研究时间加长，深度逐步加深，内容快速扩展；第二，双修设计方法上应关注系统思维和内在逻辑，操作上要强调实施落地；第三，判断一个对象是否需要修复或修补，必须在看重整体价值的基础上进行甄别，不能一概而论；第四，要通过灵活实用的工程成果输出制定规矩，起到立竿见影的效果；第五，建立长效机制，提供滚动性的管控指导。

城市双修的提出其真正输出的是城市发展思路的导向，是对未来城市建设价值观的重建。对于各个城市而言，是发现问题和梳理工作路径的机会，不能当作短时期任务来对待。

1. 双修视角下的生态修复多样性

每一个城市的生态基底都有其独特的属性，尤其在中国这样广阔的面积上，城市的生态架构可谓多种多样。当前城市双修中的生态修复建设出现的部分地域环境，都以海南山体、水体的修复治理为蓝本，需要我们进行反思。是否所谓的美好人居环境与生态环境就仅仅指的是“青山绿水”？每个城市的地域植被是不同的土壤、气候条件综合作用下的结果。在多雨的江南、滨海的

表1　城市双修的组成体系与设计范畴

组成体系	设计范畴	物质本体	空间范围
城市功能修补	填补基础设施	市政设施及管线； 公共服务设施网点	——
	增加公共空间	公园绿地、城市广场、废弃地	城市公共活动空间
	改善出行条件	道路系统、交通换乘站点、停车场库与设施	街道空间、站场
	改造老旧小区	房屋、道路、绿化	小区公共活动场地
	保护历史文化	历史名城、街区、建筑	城市传统格局和肌理
	塑造城市时代风貌	山、水； 城市重要街道、广场、滨水岸线、建筑体量、风格、色彩、材质； 街道家具、广告牌匾等	自然地理空间 重要城市节点
城市生态修复	开展山体、水体治理和修复	山川、江河、湖泊、湿地等	山体、水域
	修复利用废弃地	废弃、闲置、边角用地	——
	完善绿地系统	城市绿地	——
	改善出行条件	道路绿化、城市步道	街道空间、步行空间
	改造老旧小区	小区绿化	——

表2 城市双修任务分解

任务分项				任务内容	牵头部门
总则				规划总则	城乡规划
（一）调研评估报告	1.生态系统评估	自然条件	水系	评估城市水体水质、水文情况，明确污染水体位置、区域、面积、主要污染物和污染物来源	住建
			湿地	总结城市湿地资源现状，包括湿地位置、规模、类型、保护恢复情况、建设现状等，提出湿地重点修复区域	林业
			城市绿地生物多样性	分析城市生态系统的现状情况，找到生态系统不完整、破碎化的位置、规模，通过绿廊、绿环、绿楔、绿心等绿地建设，构建完整连贯的城乡绿地系统	城管、城乡规划
			基本农田	明确市区范围内基本农田情况及国家基本农田保护线情况	农业
		历史沿革		分析城市建设空间及城市发展历程，城市发展概况等，明确城市发展面临的问题和所处的阶段	城乡规划
		发展状况			
		划定生态修复区域		分析城市建设空间和自然生态空间的演化关系，找出生态问题突出、亟须修复的区域	城乡规划
	2.城市建设评估	市政基础设施修补		总结市政基础设施、公共服务设施、现状建设情况，对比国家建设标准和同类城市建设标准，梳理建设不足和亟需修复的问题	住建
		公共空间品质提升		分析城市绿地系统建设现状，对比国家建设标准和同类城市建设标准，梳理城市建设不足和亟需修复的问题	城管、城乡规划
		出行条件改善		梳理城市交通现状情况，明确拥堵路段及拥堵时间，分析拥堵原因，确定交通瓶颈区及关键点	住建
		老旧小区整改		梳理城市老旧小区位置、规模，进行现状情况评估	住建
		历史文化保护		总结城市历史文化保护工作现状情况，对比国家建设标准和同类城市建设标准，梳理城市建设不足和亟需改进的问题	城乡规划
		城市风貌塑造		明确城市风貌现状特色，提出城市风貌的转变历史及现在亟需解决的问题	城乡规划
		划定城市修补区域		根据城市建设综合评估结果，找出城市建设突出问题，划定城市修补重点区域	城乡规划
（二）专题研究	1.生态修复部分	水体修复		结合城市水体评估结论，提出修复目标和考核指标，明确修复项目的工程内容和建设任务，制订修复实施计划，明确近期建设重点和实施项目库	住建
		绿地提升		结合海绵城市建设、公园体系等专项规划新要求，优化城市生态绿地建设布局，提出城市拓展绿色空间的实施策略和实施方法，明确城市增绿的位置、规模及建设手段。制订实施计划，明确近期建设重点和实施项目库，确定项目的位置、类型、数量、规模、完成时间、阶段性目标、建设时序、资金来源和建设主体	城管、城乡规划
	2.城市修补部分	市政基础设施修补		结合综合管廊试点城市建设、海绵城市建设、养老性设施建设等政策要求提出市政基础设施及公共服务设施的建设目标和考核指标，明确建设项目的工程内容和建设任务，制定实施计划，明确近期建设重点和实施项目库，确定项目的位置、类型、数量、规模、完成时间、阶段性目标、建设时序、资金来源和建设主体	住建
		公共空间品质提升		确定建设目标和考核指标，划定重点环境整治区域及整治措施，提出沿街、沿路和各类公园绿地、城市广场周边地区的建设管控要求。提出城市绿地制备选择的优化方案。明确近期建设重点和实施项目库，确定项目的位置、类型、数量、规模、完成时间、阶段性目标、建设时序、资金来源和建设主体	城管、城乡规划
		出行条件改善		结合“城市双修”片区，提出交通综合整改方案。结合城市风貌，选定城市景观道路及建设特色。提出区域内交通换乘优化方案。提出停车设施建设目标及建设项目。明确近期建设重点项目的位置、类型、数量、规模、完成时间、阶段性目标、建设时序、资金来源和建设主体	住建
		老旧小区整改		根据片区内实际情况和居民主要要求、提出老旧小区改造措施。明确近期建设重点和实施项目库，确定项目的位置、类型、数量、规模、完成时间、阶段性目标、建设时序、资金来源和建设主体	住建
		历史文化保护		划定片区内历史文化风貌区、历史文化街区、历史建筑，明确保护措施和利用方式。提出片区内更新改造老旧城区的改造范围及改造时序，提出老旧工业区的产业调整和功能置换内容与形式。明确近期建设重点和实施项目库，确定项目的位置、类型、数量、规模、完成时间、阶段性目标、建设时序、资金来源和建设主体	城乡规划
		城市风貌塑造		确定片区城市风貌特色，划定城市设计重点控制区，制定片区内的景观体系与公共空间体系，并明确纳入控详规划和规划条件的城市设计内容要求。明确近期建设重点和实施项目库，确定项目的位置、类型、数量、规模、完成时间、阶段性目标、建设时序、资金来源和建设主体	城乡规划

珠三角、干旱的西北，都以“城绿”的植被景观是否是合理的？

在我国的大西北，城市生态又是另一番景象，可以说是迥然不同。某些城市内陆绿洲是城市重要的生态特征，其自身具有内在的形成与演变过程。那么就理应遵循沙漠绿洲形成的自然规律来修复河流、控制蒸发、整治驳岸，扭转无视干旱气候凭空造湖的“诧异建设”。

在内陆滨湖或滨江类城市，大江大河是其最突出的生态要素，那么这一类城市生态的演变，理应置于时间与空间的双重维度下，通过生态演变来辨析生态格局的特征，以生态格局和特征进一步作为标尺，用生态系统观来发现生态问题，建立城市大生态观的概念。

这种基于大生态观的理念，遵循“生态演变、生态格局、生态特征、生态问题、生态策略”为双修主线、以地域特色空间为重点的生态修复方法，可使生态修复工作既有一定的科学性，又能体现地域特色。

2. 双修视角下的城市更新多样性

国内城市更新或者旧城改造是当前城市经常面临的“难题”。双修设计应以战略性的眼光，使城市更新实践从单一价值到多元价值、从短期价值到长期价值、从局部价值到整体价值进行优化和提升。可以尝试将低收入群体视为城市宝贵的资源，挖掘棚户区的保障房作用，将短期的急功近利性的拆除计划变为长期的渐进性的更新改造，规划若干保障房与廉租房区域，促使政府将外来人口纳入整体的安置补偿政策，间接保护持久的邻里关系与地域风俗。

在近期的一些案例实践中，如北京地区提出了若干“去房地产化”的投资新模式，以20年为开发周期尝试集体土地的改造模式，通过减少产权流转并导入产业资源、改善生态环境，有益于土地指标减量、产业升级、治理成本下降、生态环境提升、公共服务水平提升、居住环境改善等各个方面，实现地区综合价值最大化和多方共赢。可以尝试构筑宏观、中观、微观多层次的研究方法，宏观以目标统一思想，中观梳理优化系统，微观解决问题，寻找最佳的更新方案。

3. 双修视角下的基础设施应对多样性

城市逐步由“增量扩张时代”进入“存量优化时代”，基础设施规划工作的关注点也开始由“重点设施的布局、选址”转变为“设施和管网系统的

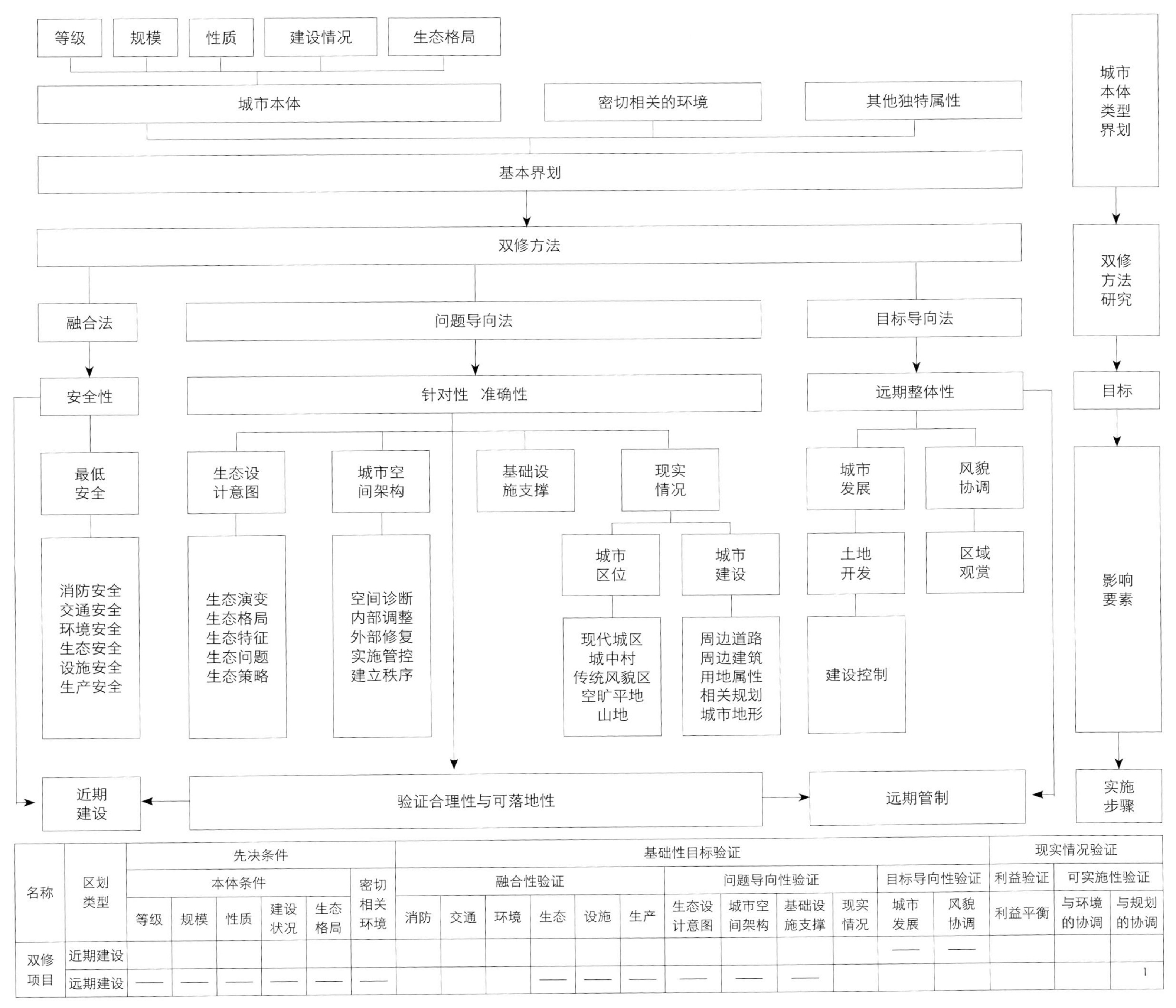

名称	区划类型	先决条件						基础性目标验证												现实情况验证		
		本体条件					密切相关环境	融合性验证						问题导向性验证				目标导向性验证		利益验证	可实施性验证	
		等级	规模	性质	建设状况	生态格局		消防	交通	环境	生态	设施	生产	生态设计意图	城市空间架构	基础设施支撑	现实情况	城市发展	风貌协调	利益平衡	与环境的协调	与规划的协调
双修项目	近期建设																	—	—			
	远期建设	—	—	—	—	—	—				—	—	—	—	—	—						

1.应变模型框架图

修补提升”。经历了多年的快速建设，基础设施的遗留问题开始逐步凸显，比如内涝、水体黑臭、地下管网和空气污染等。传统的“命题作文”已经无法解决越来越复杂的综合问题。如针对城市内涝整治，在排水系统与河道水系耦合的思路下，形成从内涝风险评估、淹没风险分析到具体整治策略的系统解决方案；针对城市黑臭水体整治，在部门协作、专业融合的思路下，形成了从水力水质模拟、污染风险评估到黑臭水体PPP绩效考核及整治总体系的综合解决方案；针对城市地下管网，在建设趋于集约化、智能化，管理趋于综合化、一体化的基础上，形成了集地下管网规划、投资、建设、运营和管理咨询于一体的全链条解决方案。以上种种均需要在全局的把控基础上综合各个专业与部门才能形成合力，进而全盘升级优化基础设施系统。

四、城市双修设计的多维度应变模型

1. 应变模型

（1）城市本体类型界划

城市的本体属性包含了等级、规模、性质、建设状况和生态格局五个基本方面，密切相关的环境是城市的基底特质如靠近名山大川或者居于内陆沙漠等，其他独特属性如临近大型航空航海港口、突出的资源型城市等。城市的基本界划是城市双修的起点，只有在明确了双修所在的城市载体的特征后，双修的方向和项目选择才具有针对性。

（2）双修方法研究

双修设计的常用方法主要有融合法、目标导向法和问题导向法。这三个方法不是分开使用独立存在的，往往在某一领域交叉叠合使用。

融合法是基于最低安全或者说满足最基本的使用与安全需求为出发点，解决的是最紧迫和最明确的近期建设任务。包含了消防安全、交通安全、环境安全、生态安全、设施安全、生产安全六个方面。这一方法在特殊类型城市中使用得较为频繁，如历史文化名城或者特殊的旅游或产业城市。

目标导向法是基于远期整体性的要求，从城市的最理想状态或者远期发展目标出发，与城市的现状进行比较从而在城市发展和风貌协调两大领域找到空缺或不足，进而确定双修的各项目标和项目建设。目标导向法较为适用于城市新区或者城市建设更新较为迅速的城市类型和区域。

问题导向法是实用性最多的一种方法。从“补欠账”到“城市双修”，是以更为综合的名称提出了问题导向下的解决范式；“摸清现状、找准问题、理清思路、提出策略”将是基本的核心思路。对问题导向下的新范式，需要明晰四点：一是必须尽全力理清现状并透过现象发现问题的本质；二是要建立问题导向下的解决思路和方法；三是大量应用案例的积累会推动既有技术薄弱环节不断完善；四是不着急形成新的编制办法、导则等，更重要的是建立问题导向下解决问题的思维。基于对城市问题的正确判断，有针对性地确定各项解决方案与建设计划。同时问题导向法也是对前两种方法进行合理性验证的常用方法，基于生态设计意图、城市空间架构、基础设施支撑与现实情况的比较验证，动态调整各项建设工程。

（3）实施步骤

双修设计是一个长期性、动态性的系统工程。近期建设应首先基于安全性的考量，解决城市最紧迫最明显的问题。远期管制应基于整体性目标的设定，在土地开发、建设控制等方面保障双修最终的建成效果。在滚动开发与建设的过程中，应注意验证各项工程的合理性和可落地性，使各项工程跟随城市的发展动态调整逐步完善和优化。

2. 评价模型

双修的项目库是双修设计得以实现的最终保障。在每一个项目实施前应对其进行评价和验证，以确保其可实施可落地。

（1）目标：验证双修项目库单项工程的可实施度。

（2）评价方法：可实施度评价体系包含先决条件、基础性目标验证、现实情况验证3个子系统，而各个子系统下面，又包含若干详细评价验证指标。

（3）先决条件：是城市的属性条件，只有个体工程与城市的各项属性条件相一致的条件下，先决条件才能满足。先决条件具备后则对余下两项目标进行验证观察。

（4）基础性目标验证：是工程需要满足的最基本的目标条件。分为融合性验证、问题导向性验证和目标导向性验证。

（5）现实情况验证：是拟定工程可落地的必要条件。分为利益验证和可实施性验证。利益验证用于确定利益相关个体在权属、使用、维护修缮等方面是否达成一致。可实施性验证用于优化和调整工程的各项指标，结合环境条件与城市规划目标保障区划的落地。

五、结语

2015年中央城市工作会议后颁布《中共中央国务院关于进一步加强城市规划建设管理工作的若干意见》，给出了美好城市愿景标尺的关键词：以人为本、尊重自然、塑造特色风貌等。城市双修不是短期的热点，而是基于对城市治理的长期引导，应对生态、文化、社会经济、日常生活的修补设置科学的标尺。

对于城市双修思路的导向，每一个城市应根据自身的特征灵活应变，生态修复的思路导向应强调对传统生态格局价值认知的重视、积极治理工业污染用地、因地制宜对症下药的生态修复策略、新区规划尊重自然基底这几个方面。而城市修补的思路导向，虽然重点包括了修复文化，修补社会经济，修补涵盖基础设施、服务设施、交通设施、住区等方面的支撑体系，但并不是平均着力而应择优择重。如老旧工厂修补带动工业区修补，旧城更新重塑城市内核，对城中村进行改造、引入低层高密度住宅等措施来实现“城市毒瘤”的切除。

中国当前时期的城市发展观已由“外部拓展”转向“内部优化”。如果详细对照我国城市发展的三个不同阶段，传统社会时期—建国以前生态与人居环境相互和谐，中华人民共和国成立后经济相对短缺的30年，再到改革开放至今快速发展的40年，城市所处的发展阶段不同，不同类型城市的发展目标和价值观也不尽相同，各个城市评价的标尺和导向也因时因地而变。因此，价值观是评价标尺制定的最终影响者，而只有明确了标尺与方向，才能明确具体修复的内容。

参考文献

[1]王鲁民，韦丰著.基于交通发展的郑州城市空间变迁研究.

[2]王鲁民，吕诗佳.空间的故事——丽江聚落景观形式意义读本[M].

[3]王鲁民,乔迅翔.营造的智慧：深圳大鹏半岛滨海传统村落研究[M].南京:东南大学出版社,2008.

[4]巨利芹.地方政府的职掌转变与现代城市观念的植入[D].深圳：深圳大学,2009.

[5]杨彬.惠州近代（1840—1949）城市景观构架变迁研究[D].深圳：深圳大学,2010.

[6]杨彬.结合城市公共空间的南山区公共停车场布局与重点区域停车场建设研究[D].深圳：深圳大学,2014.

[7]巨利芹，杨彬.城市双修与历史文化名城保护规划的融合设计.

作者简介

杨　彬，深圳大学建筑设计研究院，主任工程师，工作室负责人，注册城乡规划师；

巨利芹，深圳大学城市规划设计研究院，主任规划师，工作室负责人，注册城乡规划师。

城市双修工作的战略组织
——双修助推资源枯竭型城市转型

The Theory Study and Planning Practice of "Urban Renovation and Restoration" —Urban Renovation and Restoration Boosts the Transformation of Resource-exhausted Cities

汤 鹏
Tang Peng

[摘　要]　近几十年我国城市发展迅速成绩斐然，但也出现了各种城市问题，欠下生态账、配套账和民生账。陈政高部长在考察三亚城市规划建设时，首次提出“生态修复、城市修补”的城市问题解决方案并在三亚进行试点。通过内涵阐释和试点经验表明笔者对“城市双修”的认识，以安徽淮北为例，探索“城市双修”助推资源枯竭型城市转型。分析淮北城市转型发展历程，划分双修助推淮北城市转型的阶段，制订双修技术路线，明确双修工作内容。

[关键词]　生态修复；城市修补；资源枯竭型城市转型

[Abstract]　The urbanization of China has developed rapidly in recent decades and it caused a variety of problems, brought the losses of the ecology, urban facilities and the people's livelihood. Minister Chen proposed the idea to solve urban problems and set up a pilot program in Sanya in the investigating of urban planning and construction of Sanya. The author showed his owe understanding of through the interpretation of the connotation and the experience of the pilot. This paper explored how the "ecological restoration, urban repair" can promote the transformation of resource-exhausted cities in Huaibei. This paper analyzes the development process of city transformation, divides the "ecological restoration, urban repair" to promote the urban transformation stage, and develops the technical route and clarifies the work content of "ecological restoration, urban repair" in Huaibei.

[Keywords]　ecological restoration; urban repair; the transformation of resource-exhausted cities

[文章编号]　2020-83-P-039

一、城市双修的内涵

1. 概念释义

2016年12月，住房和城乡建设部发布的《关于加强生态修复城市修补工作的指导意见（征求意见稿）》中明确定义“城市双修”。用再生态的理念，修复城市中被破坏的自然环境和地形地貌，改善生态环境质量（生态修复）；用更新织补的理念，拆除违章建筑，修复城市设施、空间环境、景观风貌，提升城市特色和活力（城市修补）。

2. 两阶段目标

2017年，各城市制定“城市双修”实施计划，开展生态环境和城市建设调查评估，完成“城市双修”重要地区的城市设计，推进一批有实效、有影响、可示范的“城市双修”项目。

2020年，“城市双修”工作初见成效，被破坏的生态环境得到有效修复，“城市病”得到有效治理，城市基础设施和公共服务设施条件明显改善，环境质量明显提升，城市特色风貌初显。

3. 三项流程

（1）开展调查评估

开展城市生态环境评估，对城市山体、水系、湿地、绿地等自然资源和生态空间开展摸底调查，找出生态问题突出、亟须修复的区域。

开展城市建设调查评估和规划实施评估，梳理城市基础设施、公共服务、历史文化保护以及城市风貌方面存在的问题和不足，明确城市修补的重点。

（2）编制专项规划

根据城市总体规划、相关规划和评估结果，确定开展“城市双修”的地区和范围。编制城市生态修复专项规划，统筹协调城市绿地系统、水系统、海绵城市等专项规划。编制城市修补专项规划，完善城市道路交通和基础设施、公共服务设施规划，明确城市环境整治、老建筑维修加固、旧厂房改造利用、历史文化遗产保护等要求。开展“城市双修”重要地区城市设计，延续城市文脉，协调景观风貌，促进城市建筑、街道立面、天际线、色彩与环境更加协调。

（3）制定实施计划

制定“城市双修”实施计划，明确工作目标和任务，并将“城市双修”工作细化为具体的工程项目；建立工程项目清单，明确项目的位置、类型、数量、规模、完成时间等；合理安排建设时序和资金，落实实施主体。要加强实施计划的论证和评估，增强实施计划的科学性、针对性和可操作性。

4. 四大特性

（1）系统性

明确“城市双修”工作流程，分“开展调查评估、编制专项规划、制定实施计划”三项流程，由生态、交通、市政公用、公共服务、历史文化以及城市风貌等子系统构成“城市双修”母系统。

（2）全面性

涵盖总体规划、详细规划和城市设计等阶段的多项内容，如总体规划层面的水文水系、道路交通、基础设施和公共服务设施，城市设计层面的城市文脉、城市立面、天际线和景观风貌。

（3）综合性

编制“城市双修”规划需要统筹协调城市各系统的专项规划，完善城市道路交通和基础设施、公共服务设施规划，明确城市环境整治、老建筑维修加固、旧厂房改造利用、历史文化遗产保护等要求。

（4）历时性

“城市双修”的成效需要一定时间才能显现，因此双修工作不是一个短期行为而是一项长期行动，不能一蹴而就，应分段、分期实施。三亚开展的“城市双修”试点工作，分为近期治乱增绿、中期更新提升和远景增光添彩三个阶段。

5. 技术路线

由基础工作阶段和工程建设阶段构成。基础工作阶段由双修评估、专项研究和统筹项目三部分组成，工程建设阶段涵盖工程设计、建设施工和竣工验收等过程。

（1）基础工作阶段

双修评估从生态本底、交通系统、市政公用设施、公共服务设施和历史文化等方面开展评估，确定是否需要进行“城市双修”；专项规划基于双修评估

1.三亚“城市双修”工作的历时性

的结论，在有“城市双修”需求的子系统展开专项研究；明确空间落位和双修具体内容，整理双修项目库和项目要求，制定分期实施计划。

（2）工程建设阶段

按照实施计划和相关地方法规要求有序推进双修工程，涵盖初步设计、技术设计、施工图设计、建设施工和竣工验收等全过程。

二、城市双修试点经验梳理——三亚市

作为全国唯一“双修”“双城”试点，建设一年多以来，三亚城乡面貌焕然一新。生态修复方面，修复抱坡岭、亚龙湾路口等8处受损山体，山体覆绿面积达23.7万m^2。城市修补方面，三亚新增绿地面积287万m^2，建设东岸湿地公园、红树林生态公园等7个街心公园；升级改造三亚湾路、凤凰路等8条主干道沿线建筑楼体夜景灯光。

已开工18个“双修”“双城”项目中，红树林生态公园、市民果园、中水回用改造及修复工程项目等12项工程已全部完工；东岸湿地公园、海棠湾滨海慢行栈道、月川生态绿道等3个项目示范段，凤凰路、迎宾路及榆亚路景观提升工程的红线内绿化工作已完成。

1. 城市双修有范围

“城市双修”系统性强、覆盖面广、综合性高、历时性长，短期内大范围开展对政府财政会造成较大压力。根据规划，三亚“双修”“双城”三年试点建设区域总面积20.3km^2，计划投入60亿元，建设156个试点项目。

2. 准备工作很重要

收集地形地貌、水文水系、植被土壤以及历年生态环境演变等基础数据，结合生态要素解析明确区域生态格局和生态敏感地带，完成生态评估、确定生态修复的重点内容。收集相关规划并组织深度的调研，完成对交通设施、市政公用设施、公共服务设施、历史文化和城市风貌等方面的评价，确立城市修补的需求和修补工作的重点内容。

3. 生态修复易开展

“城市双修”明确提出之前，各地针对自身的突出城市问题也采取了一系列治理措施，处于“头疼治头、脚痛治脚”的阶段。系统性缺乏、效果不理想，但并不代表都是做了无用功。如某河道水环境治理，过于关注技术选型、忽略了污染源控制和水循环的影响，从而造成治理效果不理想。

笔者认为，较城市修补工作而言，生态修复工作更容易开展。其一，目前生态修复工程在城市环境治理中已大规模展开，只是缺乏系统性指导；其二，生态修复工作开展过程涉及的行政管理部门相对较少，操作起来相对容易。

4. 后续工作更繁重

结合城市的发展规律，笔者认识到：“城市双修”不是一个短期行为、而是一个长期过程，应当分期、分阶段建设实施。按照“近期治乱增绿、中期更新提升、远景增光添彩”的时序，将动态推进、渐近实施的工作方法融入实践。2015年度三亚开展的“六大战役”（城市空间形态及天际线、建筑风貌及城市色彩修补、广告牌匾修补与整治、城市绿地修补、城市照明修补、违建拆除和清理）处于近期阶段，中期还需进一步关注生态环境提升、城市功能的完善和城市文脉的延续，远期结合三亚地域文化特色、力争打造更多城市活力点。

生态修复方面的后续工作包含：有关山、河、海的修复继续推进，结合相关研究推进（自然资产负债表应用研究，基于遥感信息解译），已开展的工作如何进行持续跟踪、评价和管理，等等。

城市修补方面的后续工作包含：重点街道综合环境整治、城市交通修补和交通管理、核心区功能修补（城市单元更新规划）、城市文脉延续和修补（历史街区、历史文化名村、美丽乡村试点）。

三、城市双修助推城市转型——以淮北市为例

淮北是我国第二批资源枯竭型城市，经济增长势头放缓，经济转型提质压力增大，转型之路任重道远。煤炭资源和石灰岩资源的长期开采，在市区形成了近120km^2的采煤塌陷区和总面积约1 670hm^2的112处采石宕口（群）。

淮北市一直在探索资源枯竭型城市转型发展的新出路，目前生态修复工程初见成效。已获“国家采煤塌陷区复垦治理示范区、国家园林城市、国家气候适

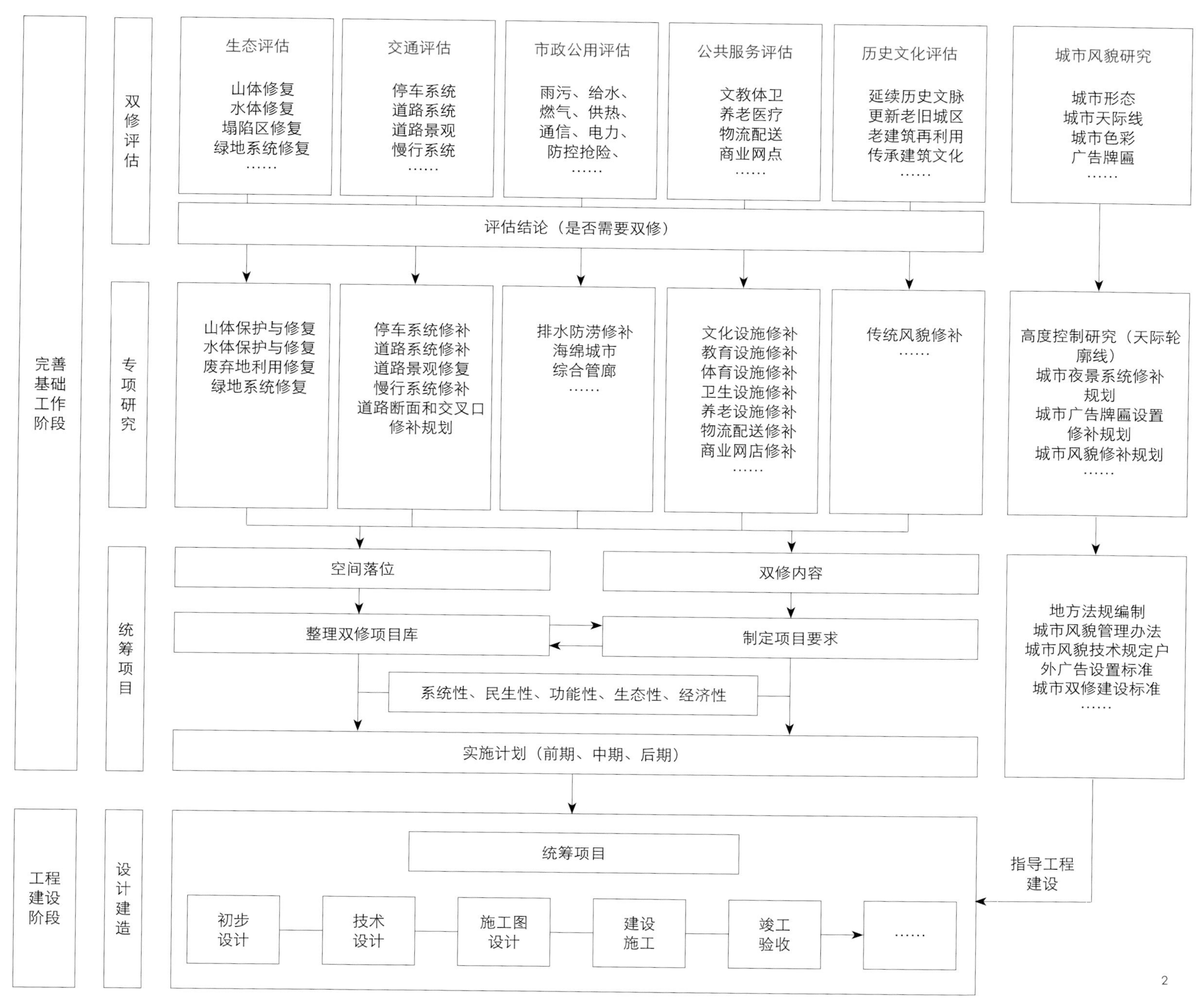

2.城市双修技术路线（标准版，自绘）

宜型城市试点市、安徽省水生态文明建设试点市”等荣誉称号，2017年度还将继续加大生态建设力度，申报“国家森林城市”和“国家城市湿地公园”。

1. 淮北城市转型发展历程

从20世纪末开始，淮北对生态修复开展了持续不懈的探索。先后整治了50余处山体宕口群，对东山、化家山、泉山、凤凰山等3万亩石质山体进行人工绿化；修复采煤塌陷区地质环境，建设了桓谭公园、南湖公园、东湖公园等公园绿地；整治了老濉河、岱河、龙河、雷河等河道以及相阳沟、跃进沟等黑臭水体。

截至目前，淮北市森林覆盖率达20.7%、林木绿化率达24.49%、城市建成区绿化覆盖率达44.8%、绿地率达40.9%、人均公园绿地面积达15.4m^2，初步完成了生态的重塑，煤城的蝶变。

淮北转型发展的探索与“城市双修”思想不谋而合，淮北“城市双修”一直在路上。试将淮北城市转型发展历程分为三个阶段：

①摸索阶段，生态环境促城市转型（2008年之前）；

②再工业化、精致淮北理念促城市转型（2009—2016年）；

③城市双修助推淮北城市转型阶段（2017年以后）。

（1）摸索阶段，生态环境促城市转型（2008年之前）

以生态修复工作为主，主要包含“山、水、林、田、湖”的治理和塌陷区土地修复再利用，治理矿产资源开发后遗症。

加快山体修复。严禁在生态敏感区开山采石、破山修路、劈山造城，根据受损情况，因地制宜地采取科学的工程措施消除安全隐患、恢复自然形态。保护山体原有植被，对石质山体进行人工绿化，重建其植

3.淮北城市双修阶段目标
4.淮北城市双修工作路线（标准简化版，自绘）
5.淮北城市中部塌陷形成的湖泊
6.相关政策与规划文件的时间节点

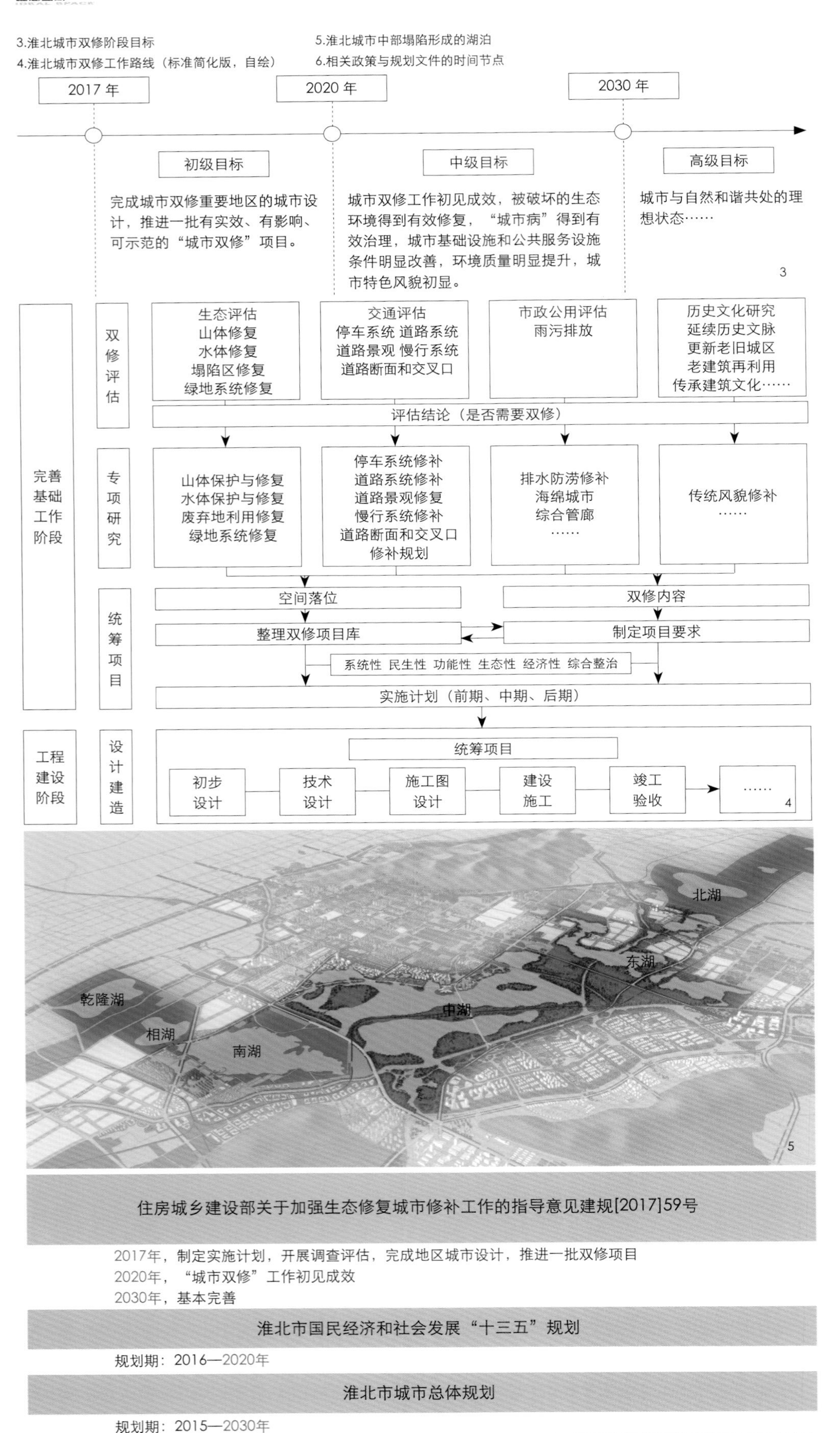

被群落。

开展水体治理。综合整治黑臭水体，全面实施控源截污，强化排水口、管道和检查井的系统治理，科学开展水体清淤，恢复和保持河湖水系的自然连通和流动性。

修复塌陷区域。选择种植适应性强的本地植物，恢复植被群落，重建自然生态；对评估达到相关标准要求的塌陷区，根据城市总体规划合理安排利用。

（2）再工业化阶段，精致淮北理念促城市转型（2009—2016年）

以城市修补为主，主要进行城市环境整治（老城区功能提升、烈山城区环境综合整治、濉溪县城环境综合整治）、老城道路升级改造以及城市中部塌陷形成湖泊的保护恢复。

（3）城市双修理念助推淮北城市转型（2017年以后）

①中心湖区生态修复促新城发展

城市“双修”理念与淮北城市转型相结合，提出“朔西湖联动高铁新城、东湖建设绿金科技城、两湖助推东部新城”的发展策略。

②城市修补与产业园区升级转型相结合

推进矿山集组团（矿山集+龙湖工业园）、凤凰山组团（凤凰山+黄里）向城市综合功能区转型，实现从矿产资源型（煤炭）城市向“绿金淮北”的转型。

2. 淮北城市双修阶段目标

“城市双修”时间节点应与城市发展战略、城市规划紧密结合。综合《住房城乡建设部关于加强生态修复城市修补工作的指导意见》、淮北市国民经济和社会发展“十三五”规划（2016—2020年）、淮北市城市总体规划（2015—2030年）和淮北市政府工作报告（2017年度）等文件，制定淮北“城市双修”时间计划与阶段目标。

（1）初级阶段（2017—2020年）

完成城市双修重要地区的城市设计，推进一批有实效、有影响、可示范的“城市双修”项目。

（2）中级阶段（2020—2030年）

城市双修工作初见成效，被破坏的生态环境得到有效修复，“城市病”得到有效治理，城市基础设施和公共服务设施条件明显改善，环境质量明显提升，城市特色风貌初显。

（3）高级阶段（2030年以后）

达到城市与自然和谐共处的理想状态。

3. 淮北城市双修技术路线

综合考虑淮北显著的城市问题和双修项目建设资金

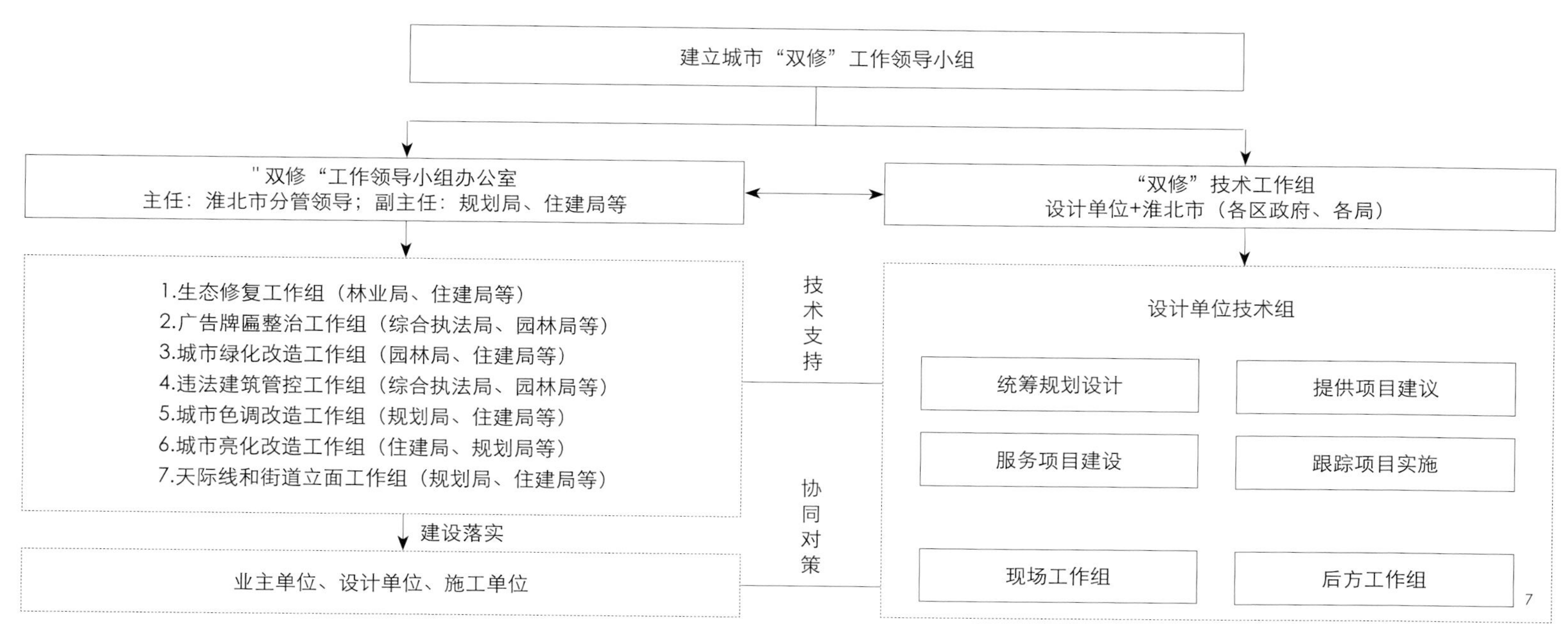

7.淮北城市双修工作领导小组（自绘）

来源等因素，淮北“城市双修”从生态评价、交通系统、市政公用设施和历史文化四大子系统展开。

4. 淮北城市双修工作内容

（1）开展调查评估

开展淮北市城市生态环境评估，综合运用3S技术、遥感技术、大数据分析等新技术对城市山体、水系、湿地、绿地以及采矿塌陷区等自然资源和生态空间开展摸底调查，找出生态问题突出、亟须修复的区域。

开展淮北市城市建设调查评估和规划实施评估，梳理城市基础设施、公共服务、历史文化以及城市风貌方面存在的问题。以问题为导向，弥补基础设施和公共服务等欠账，明确城市修补的重点。

（2）编制专项规划

根据城市总体规划和相关规划，确定淮北开展“城市双修”的地区和范围（生态修复同淮北总体规划，城市修补同城市建成区）。编制《淮北市生态修复专项规划》《淮北市城市修补专项规划》，开展淮北市“城市双修”重要地区的城市设计。

（3）制定实施计划

制定淮北市“城市双修”实施计划，明确各阶段工作目标和工作任务；将“城市双修”工作细化为具体的工程项目，建立工程项目清单。

（4）谋划重点项目

拟定淮北市“城市双修”建设工程项目库，科学谋划并实施项目。以近期重点建设项目为主，明确项目的位置、类型、数量、规模和完成时间，合理安排建设时序和资金，落实实施主体。

（5）出台法规办法

制定淮北相关地方法规和管理办法用以指导并保障淮北“城市双修”工作的顺利开展，覆盖生态保护修复和城市建设修补的方方面面。

（6）创新管理机制

研究建立推动“城市双修”的长效机制。尊重自然生态和城市发展规律，充分认识“城市双修”的复杂性和长期性，研究建立长效机制，持续推进“城市双修”工作。创新管理模式，成立淮北“城市双修”工作领导小组，要求由淮北市长担任“城市双修”工作领导小组组长。

探索“城市双修”的资金筹措和使用方式。争取中央和淮北地方财政资金支持，发挥政府资金的引导作用；推广政府和社会资本合作（PPP）模式，吸引民间资本助推“城市双修”；鼓励“城市双修”项目打包，提高资金使用效益。

四、小结

本文基于相关政策和项目实践，阐明笔者对“城市双修”的理论认知：两段目标、三项流程、四个特性和一条路线；结合全国第一座“城市双修”试点城市的经验，阐明双修工作特点：城市双修有范围、准备工作很重要、生态修复易开展、后续工作很重要；最后以安徽淮北市为例，探索“城市双修”如何助推资源枯竭型城市转型。包括：梳理淮北市城市转型发展的历程，按照住房和城乡建设部《关于加强生态修复城市修补工作的指导意见》的要求，提出淮北双修阶段目标，制定淮北双修技术路线，明确淮北双修的工作内容。

文末申明：城市双修的理论认识是笔者对相关政策文件和文献论述的总结和提炼，如果不妥敬请批评指正；淮北市双修实践源于项目研究，尚未正式启动双修规划的编制，此稿仅供交流之用。

项目负责人：敬东

主要参编人员：官江，汤鹏

参考文献

[1]中国城市规划设计研究院. 催化与转型：“城市修补、生态修复”的理论与实践[M]. 北京：中国建筑工业出版社, 2016.

[2]建文. 三亚“双修”“双城”综合试点的实践与成效[J]. 城乡建设, 2016(06): 57-58.

[3]俞孔坚, 王欣, 林双盈. 城市设计需要一场“大脚革命”：三亚的城市“双修”实践[J]. 城乡建设, 2016(09): 56-59.

[4]张舰, 李昕阳. “城市双修”的思考[J]. 城乡建设, 2016(12): 16-17.

[5]高盈盈. 三亚“双修”建设的发展现状及对策分析[J]. 中外企业家, 2016(31): 28-30.

[6]住房城乡建设部. 关于加强生态修复城市修补工作的指导意见（建规[2017]59号）[Z]. http://www.mohurd.gov.cn/wjfb/201703/t20170309_230930.html, 2017(03).

作者简介

汤　鹏，上海复旦规划建筑设计研究院，生态研究室，主任，高级生态规划师。

专题案例
Subject Case
城市街区整治规划
Urban Block Rectification Plan

“城市双修”语境下的城市边缘区步行系统规划
——以宁波市蛟川街道为例

Pedestrian System Planning in Urban Fringe Under Context of Urban Renovation and Restoration —A Case of Ningbo Jiaochuan Area

朱子龙
Zhu Zilong

[摘　要]　城市边缘区位于城乡结合部，往往同时面临城市修补和生态修复两大课题。本文从城市边缘区的步行系统规划切入，旨在探索“城市双修”在城市边缘区的实践范式。本文探讨了城市边缘区步行系统规划的研究内容、规划特征及实施路径。以宁波蛟川街道为例，基于城市建设、居民出行和步行系统的现状特征分析与研究，从步行分区、步行通廊、步行道路三个维度着手，给出相应的织补主出行链、修复次出行链和重塑支出行链三大核心策略。

[关键词]　城市双修；步行系统；城市边缘区；公共活动场所；宁波市

[Abstract]　Urban fringe is located at the junction of urban and rural areas, which often faces two major issues of urban betterment and ecological restoration. Based on the planning of pedestrian system in urban fringe, this paper aims to explore the practical model of "Urban Betterment and Ecological Restoration" in urban fringe. This paper discusses the content, characteristics and implementation path of pedestrian system. Based on current characteristics of urban construction, resident travel and pedestrian system. Moreover, this paper puts forward corresponding restored strategies from the three dimensions of pedestrian zoning, pedestrian corridor and pedestrian road, and chooses Jiaochuan in Ningbo as a case to expand detailed instructions.

[Keywords]　urban betterment and ecological restoration; pedestrian system; urban fringe; public activity space; Ningbo city.

[文章编号]　2020-83-P-044

一、引言

新型城镇化时期，我国城市发展模式逐渐由增量增长的外延型向存量优化的质量型、内涵型转变，追求城市发展品质将是城镇化的趋势和工作重点。近年来，“城市双修”成为当下实现城市发展模式和治理方式转型的重要手段。

蛟川街道地处宁波市东北部，南临甬江、东接镇海老城。蛟川的发展经历了几个阶段：1970年代以前的城关外围集镇，1970—1990年代的城郊型工业基地，1990—2000年左右的宁波东部现代工业基地，2000年以后，蛟川逐步沦为城市边缘区的价值“洼地”，低端工业充斥、生活配套不完善、城市风貌不佳，成为宁波老城、镇海新城之间的“夹心饼”。2015年以来，宁波市提出“一主两副多中心、三江三湾大花园”的发展战略，包括甬江科创大走廊建设行动、三江提质行动、郊野绿环行动等。在宁波2049城市发展战略中，蛟川的定位和重要性进一步凸显，成为宁波对接舟山、迈向海洋时代的窗口。据此，蛟川街道以“城市修补、生态修复”为规划手段，组织编制本次城市设计，探索城市边缘区“城市双修”的规划实践范式。其中，步行系统规划作为该项目的重要组成部分得以启动和实施。

二、研究内容、规划特征及实施路径

1. “城市双修”型步行系统研究内容

随着城镇化进程的进一步深入，国内外对步行系统的研究成果也愈加丰富，主要视角包括步行指标、步行环境、步行网络、步行与公共交通及步行系统与城市功能互动等。既有文献多集中在城市中心区，涉及城市边缘区的文献相对较少。

本文所述的城市边缘区，主要基于美国的形态条例（Form-Based Codes）中对城乡空间的分区，包括T3郊区（SUB-URBAN）和T4一般城市区（GENERAL URBAN）两个部分。城市边缘区位于城乡结合部，往往同时面临城市修补和生态修复两大课题。一方面，城市边缘区位于城市核心区外围，城市建设水平不高，用地功能混杂割裂，市政基础设施和公共服务设施服务水平较低，城市功能需要修补。另一方面，城市边缘区与城市外围的耕地和生态绿地接壤，水电油气各类管廊穿插往来，生态本底需要修复。本文基于“城市双修”的视角，探讨城市边缘区步行系统规划的方法。

本文研究的步行系统指的是各类步行道路和过街设施，其中步行道路可分为步行道、步行专用路两类。

2. “城市双修”型步行系统规划特征

从步行系统规划的功能及目标角度，“城市双修”型步行系统规划具有如下几个方面值得重视的特征。

（1）织补步行网络系统

城市边缘区的路网建设往往具有无序性、片段性和建设项目导向性，缺乏整体性和系统性。“城市双修”型的步行系统规划一般针对城市边缘区内，涉及城市修补和生态修复的地区。这些地区的步行系统，往往呈现支离破碎、衔接不畅的特征。据此，规划将基于现状步行特征，采取以时间换空间的规划策略，以渐进式的更新手法，织补城市步行网络，使之具有较好的整体性。

（2）缝合城市公共空间

城市公共活动区是步行出行聚集度较高的区域，但城市边缘区各类功能的公共活动区之间往往彼此独立、各自为政，缺乏行之有效的路径将这些区域衔接起来。步行系统是串联城市公共活动空间的良好的“粘合剂”，通过步行系统将功能不同、空间各异的城市公共活动连点成线、结线成网，可使城市公共活动空间发挥更好的效能。

（3）打造活力宜人场所

丹麦城市规划学者杨·盖尔（Jan Gehl）教授把出行活动分为必要性活动、自发性活动和社会性活动[18]，每类活动对步行设施和环境的要求各有差异，并共同为打造活力、宜人、适配的活动场所产生积极的作用。与以往传统的以机动车为核心的交通规划相比，新时期的规划更关注以人民为中心，以满足市民多样性的交通需求代替仅满足机动车单一交通需求。本次步行系统规划以地区人群的特征和使用需求出发，构建面向人群活动的活力场所。

3.“城市双修”型步行系统规划实施路径

从宏观、中观、微观三个层级落实步行系统规划：宏观层面，依据适宜步行的出行距离划分步行分区，基于城市规划设计确定的城市生态廊道构建结构性的步行通廊，依托城市道路网重塑城市步行道路系统。中观层面，需要针对各类公共活动中心提出相应的步行策略与指标，对不同类型的步行通廊赋予主题功能，最后依据必要性的出行活动组织完善步行道系统。微观层面，通过优化步行道路，提高区域可步行性，精细化步行环境品质，提升宜步行性。

三、现状概况

1.蛟川地区的城市建设概况

本次蛟川地区规划所涉及的范围，北至雄镇路、南临甬江、西接清水浦村、东到隧道北路，总面积12.85km^2。蛟川地区位于宁波主城区与镇海老城区的城乡结合部，面临城市边缘区普遍存在的共性问题，即土地利用复杂化、破碎化，工业、居住、村庄和农田错杂，公共服务设施能级不高、形象不显，滨

1.迈阿密的城乡断面图（资料来源：City of Miami Planning Department. Miami 21 Code [Z]. 2010）

2.“城市双修”型步行系统规划路径（资料来源：笔者自绘）

3-4.蛟川地区航拍图及用地现状图（资料来源：笔者自绘）

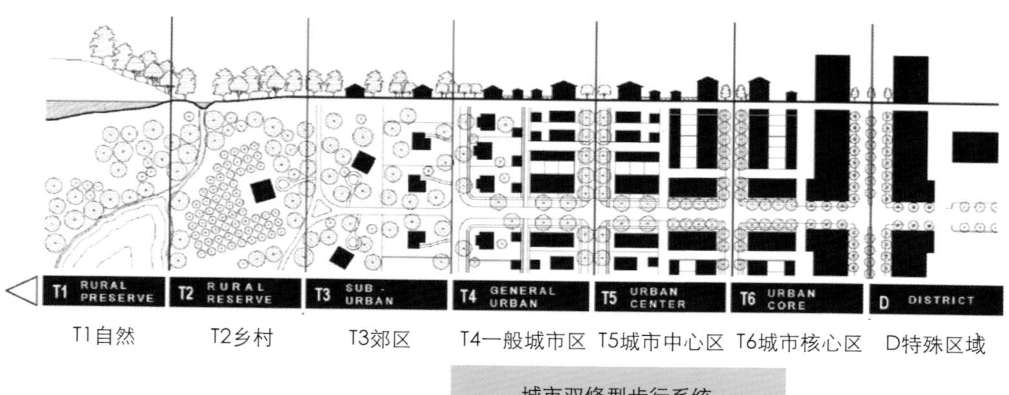

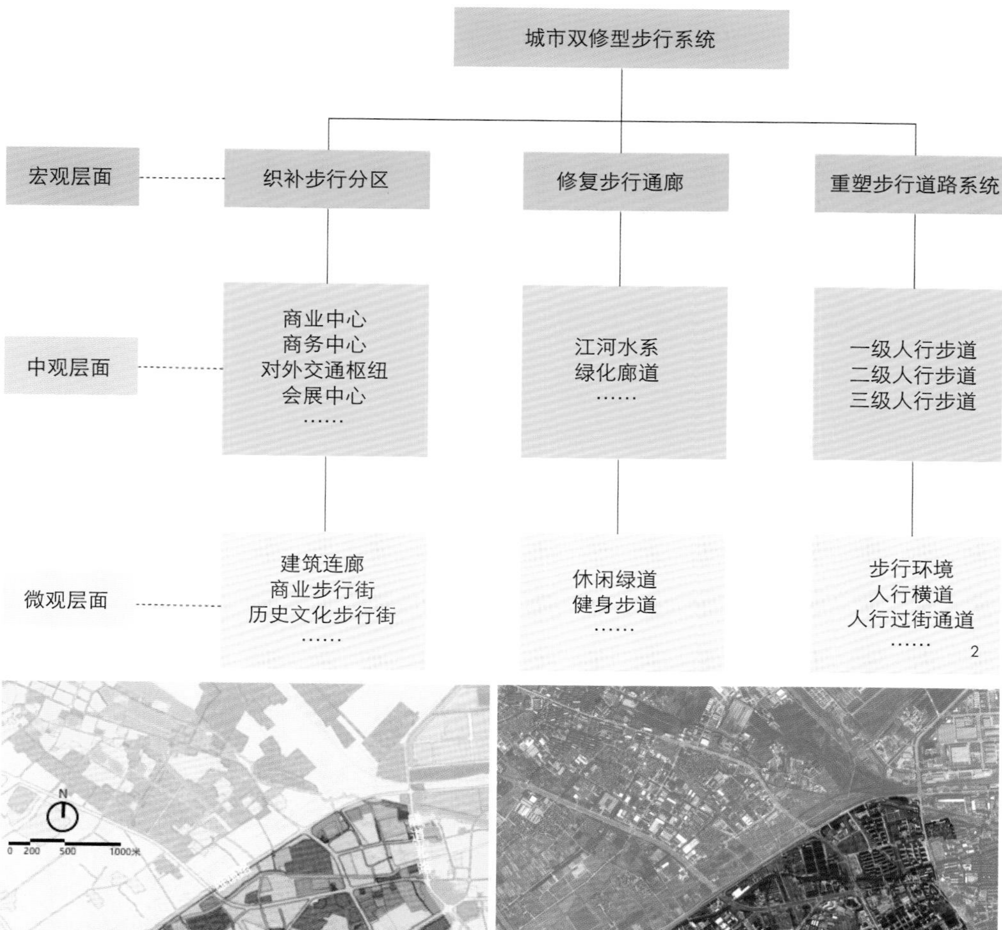

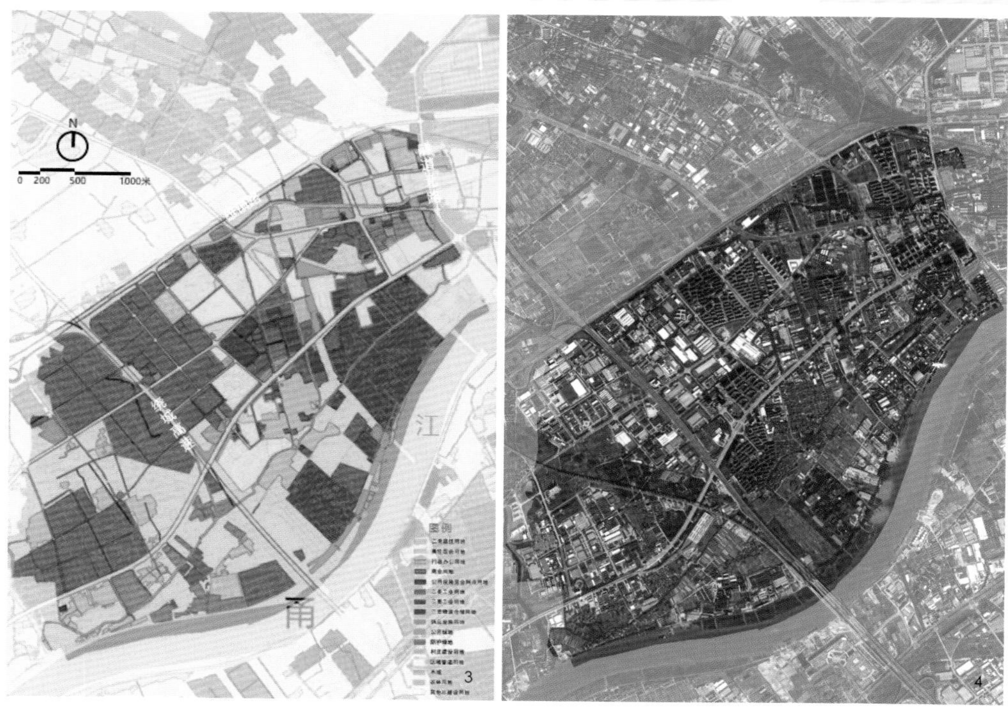

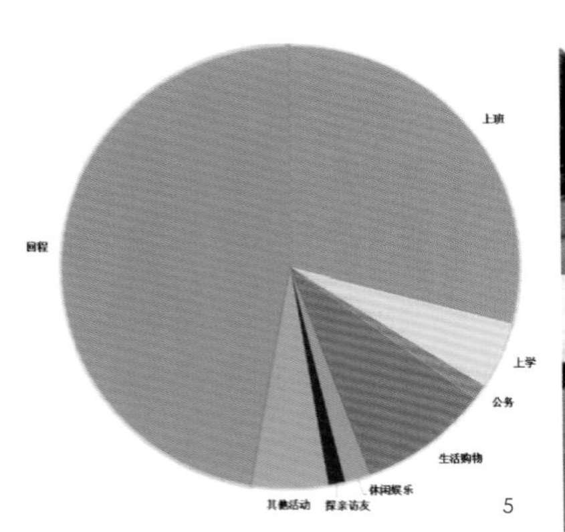

表2　蛟川地区居民出行结构（2018）

	步行	非机动车	轨道交通	公共汽（电）车	私人小汽车	出租车	其他
占比（%）	25.8	29.1	4.5	23.3	11.2	2.4	3.7

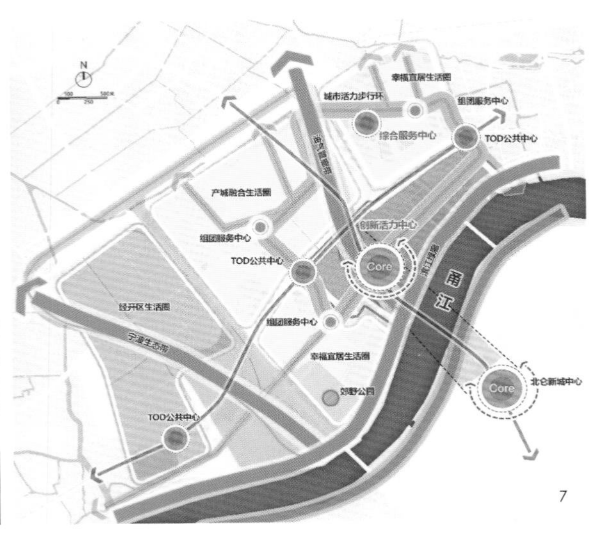

5. 蛟川地区居民出行目的（资料来源：笔者自绘）
6.蛟川地区典型道路现场照片（资料来源：笔者拍摄）

7.蛟川功能分区与优势步行分区统筹图（资料来源：笔者自绘）

江空间充斥生产功能，区域性市政管线和交通线路对城市空间产生割裂，线路两侧形成了带状的消极空间等。

其中，交通设施建设方面，现状路网密度较低，尚未达到国家标准下限要求（表1）。交通结构不完善，可达性较差，存在大量断头路。轨道交通线路对两侧用地使用具有一定的负面影响，轨道站点周边用地挖潜不够。步行环境不亲人、不友好，人行道环境品质不佳，尚未达到绿美亮净序的要求等。

表1　国标与现状道路密度对比表

	国家标准	蛟川现状
路网密度	5~6.6	2.42
干路密度	2~2.6	1.07
支路密度	3~4	1.35

单位：km/km^2

2. 蛟川地区的居民出行特征及需求

人口方面，蛟川地区常驻人口近年来总体上呈缓慢增长。2017年常驻人口6万，主要集中在炼化生活区、清水浦村及镇海电厂生活区附近，其中石化三建社区的人口最多。近年来，各行政村、社区的户籍人口数基本保持稳定。

产业方面，传统产业占主体地位，涉及20多个产业大类。集中度较高，形成化工行业为龙头，机械和精密电子并驾齐驱，液压马达、轴承紧跟的产业格局。

根据调查，蛟川地区就业岗位较多，职住较为平衡。出行以中短距离为主，居民平均出行时耗为25.8分钟。对外交通需求上，以西部的宁波主城区为主要方向，东部的镇海老城为次要方向。据项目组调研，蛟川街道通勤出行占出行总量的34.2%，休闲娱乐出行仅占总量的1.8%。

除量化的调研之外，项目组还采取问卷形式就居民出行意愿与需求展开调研，近57%的受访者对于现有的出行环境不满意，约62%的受访者希望规划增加休闲游憩空间。

3. 蛟川地区的步行系统现状特征

（1）步行设施短缺，供不应求

一方面，步行出行需求旺盛。据项目组调研采集，蛟川地区居民人均出行次数为2.52次/日，全日步行出行总量为5.21万人次，出行结构中，步行占全方式出行比例约为26%（表2），步行出行需求量大。

另一方面，步行设施供给不足。城市道路系统中存在，有的没有设置单独的人行道、有的缺乏人行横道，还有的非机动车宽度不足等问题。蛟川地区建成使用的市政道路中，缺乏人行道的路段占比21%，人行道有效宽度不足2米的路段占比35%。居民日益增长的步行出行需求与现状步行设施供给不足的矛盾日益凸显。

（2）步行系统零散、不成网络

与大多数城市边缘区相同的是，蛟川地区的步行交通依附于机动车交通。支路层面往往不设置单独的人行道，交通性主干路又常延续城郊公路断面，其道路红线动辄50m以上，行人过街困难，对沿线造成一定的分割。在城市功能逐渐转型的情境下，这种缺乏对步行交通考虑的道路形式难以适配居民的使用需求。例如宁镇路是连接宁波中心城区与镇海老城的重要客运通道，道路红线60m，轨道交通2号线在该段架空敷设，地区被宁镇路切成南北两块，行人过街极为困难。与此同时，支路存在较多的断头路，种种现状因素造成步行网络碎化。

（3）步行环境较差，缺乏品质

以简·雅各布斯（Jacobs, Jane）为代表的规划学者和20世纪80年代的“新城市主义”（New Urbanism）研究者，都注重步行的环境品质。蛟川地区存在着人行道狭窄、人行道被占用等设施问题和街道两侧功能单一、活力不足等环境问题，致使该地区的步行环境品质受到了一定程度的负面影响。

具体而言，陈家港路和古塘路步行空间，行道树欠缺或不足。中意路人行道缺乏盲道等无障碍设施。石塘下路垫层外露，缺少人行道铺装。从硬质铺装到软性绿化蛟川地区的步行系统还有很大的提升空间。

四、基于“城市双修”的蛟川地区步行系统规划实践

1. 步行分区——主出行链的织补

（1）以优势步行出行范围打造功能复合的生活圈

步行个体的出行范围存在着极限，相关研究表明，1 600m是优势出行的分界线。蛟川地区统筹考虑城市功能组团和优势出行分区，打造5个功能复合的生活圈。每个生活圈规划若干公共服务节点，生活

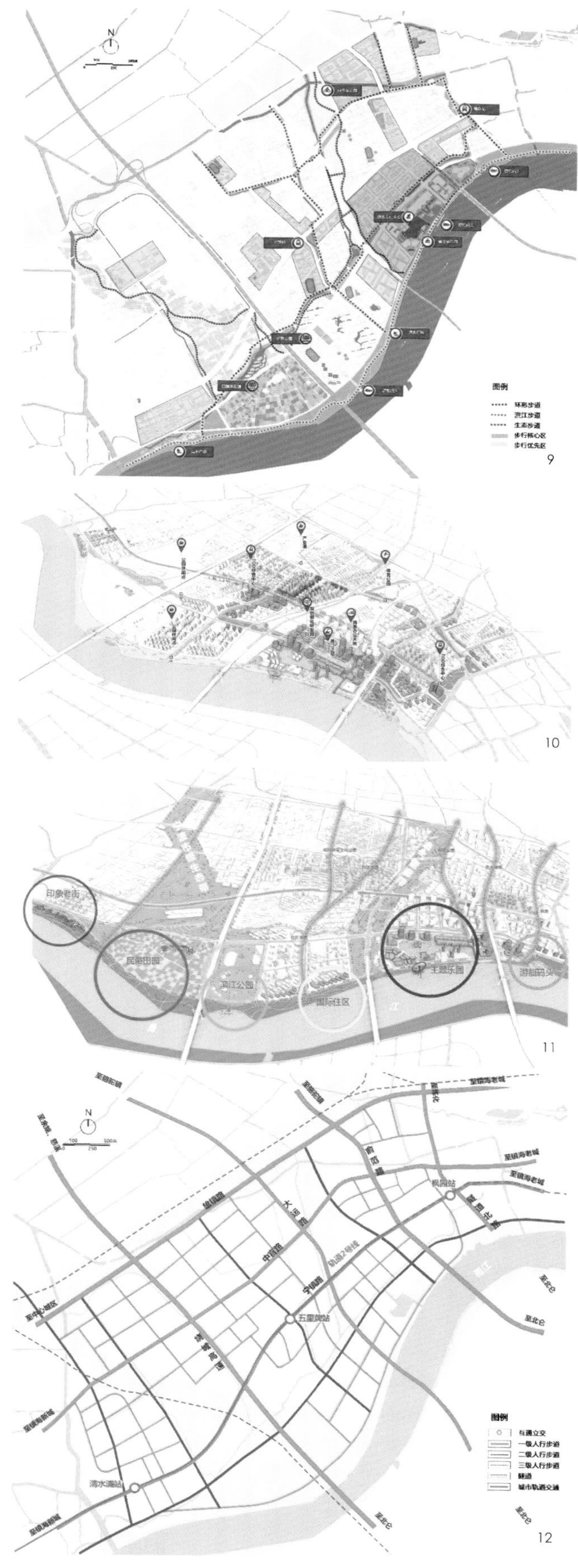

8.油气管廊带的线型公园激活分段图（资料来源：笔者自绘）
9.城市步行专用路系统规划图（资料来源：笔者自绘）
10.一环六脉步行系统规划图（资料来源：笔者自绘）
11.滨江步行空间分析图（资料来源：笔者自绘）
12.人行步道系统规划图（资料来源：笔者自绘）

圈内强调功能体系与步行系统互动。

（2）以休闲步道线性激活城市消极空间

规划范围内南北向有一条区域市政管线形成的生态廊道和市级管控的生态廊道，两条廊道割裂了功能组团之间的联系。规划借鉴美国高线公园线性激活的成功经验，在两条生态廊道内植入休闲健身功能的绿道，并对接区域步行网络，强化各功能组团的联系，激活生态廊道两侧的用地，进而消解原有生态控制在空间上的消极作用。

2. 步行通廊——次出行链的修复

（1）开放空间的步行专用路系统链接城市公共活动区

城市公共活动区是城市空间的重要组成部分，同时也是步行系统的主要载体之一。规划通过“步行+”的理念，利用步行专用路串联公园绿地、滨水空间、商业商务区、交通枢纽区等公共活动区，形成“三廊、一环、一核（中心区）、多点”的步行体系。

三廊即两条南北向的市级生态廊道和一条东西向的滨水廊道；一环即链接各个公共服务节点的城市活力环形步道；一核即蛟川地区的中央活动区步行核；多点即城市活力环路径上的点状公园和公共服务节点。

基于现有的生态廊道和环状的城市滨水绿地，形成“一环六脉”的城市活力步行环，围绕环上的斑块状公园和公共服务中心，布局步行服务节点，包括：生态公园休闲中心、体育公园休闲中心、TOD综合服务中心、商务办公服务中心、产业服务中心、孵化研发服务中心等。

（2）主题式步行专用路激活滨江岸线

蛟川地区在宁波既往的发展中，扮演着城市边缘区、重工业配套生活服务区的角色，现有滨江空间为生产岸线，滨江不达江。随着宁波构建世界级大湾区、活力智城等战略的实施，蛟川地区功能和定位在区域层面都发生着深刻的变化。规划以步行网络修复和功能修复为抓手，通过主题式步行系统激活滨江岸线，着重解决滨江可达性和滨江功能的活化问题。

①步行网络的修复：横向方面，将原规划的交通性的滨江道路改为适宜步行的生活性道路，交通功能后置到兴众路，以提升步行系统的可达性。纵向方面，通过生态绿道、滨水漫步

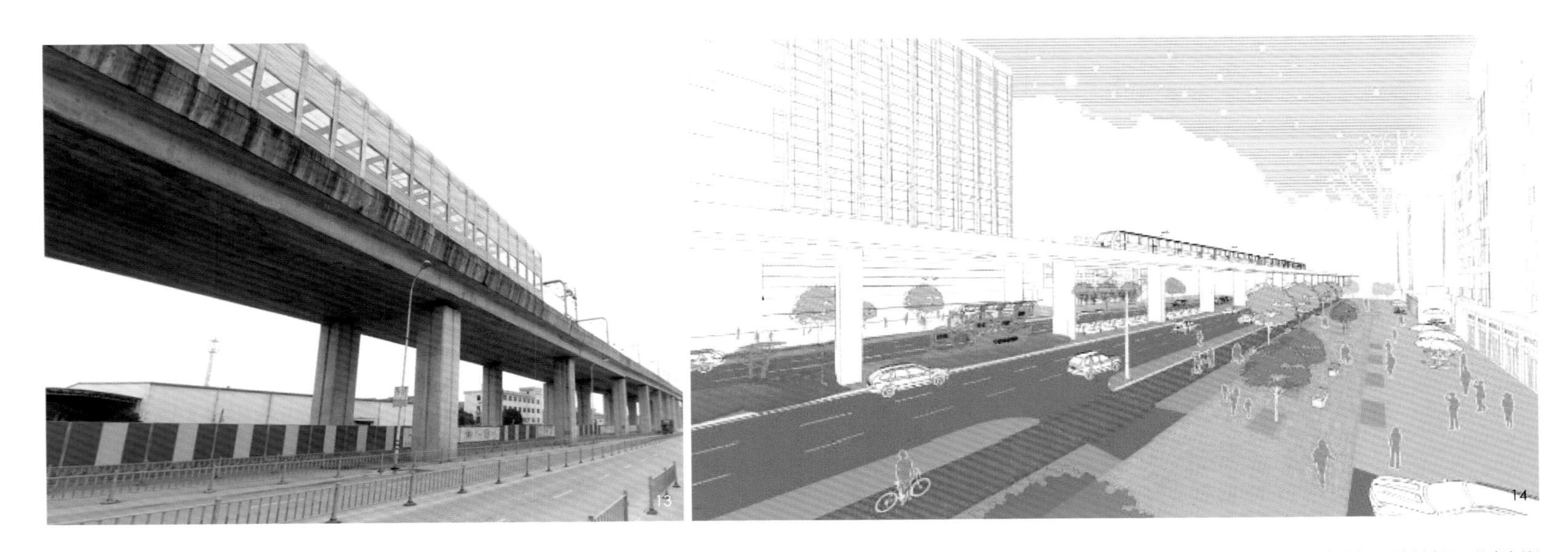

13-14.宁镇路环境品质提升改造对比图（资料来源：笔者自绘）

道将滨江向外部渗透，形成连续的步行循环网络和生态廊道。

②休憩功能的修复：沿甬江打造五公里的滨江漫步道，结合城市设计策划的主题打造摩天轮主题乐园、游艇码头、印象老街等多个趣味性的步行服务节点，并完善服务设施，注射滨江活力。

（3）人行步道系统的修补与加密

蛟川地区人行步道系统的修复采用“留”“通”“增”的手段，顺理地区现有的一二级人行步道，打通端头路和新增三级人行步道，从而达到人行步道网络上的整体修复和构建合理的级配（表3）。

表3　现状与规划道路密度对比表

	国家标准	蛟川现状	蛟川规划
路网密度	5~6.6	2.42	6.0
干路密度	2~2.6	1.07	2.3
支路密度	3~4	1.35	3.7

单位：km/km^2

3. 步行道路——支出行链的重塑

（1）细化步行街道空间尺度，提高可步行性

小街区、密路网已成为国内规划设计及国外城市建设的重要理念，支路网尺度的细化将提高街区的可步行性。依据这一理念，规划将增加支路网密度，街区尺度控制为商业街区地块边长120~150m、商务街区150~200m、居住街区200~300m。

（2）改善步行空间环境品质，提升宜步行性

城市步行环境品质对于自发性的出行具有较大的吸引力。蛟川地区以宁镇路改造为典型案例，希望通过对步行环境的提升来激发居民步行的意愿。设计通过扩展步行道宽度、增设家具小品和丰富沿线城市业态，增强对灰空间的利用等措施，将宁镇路从机动车为主的设计转向步行优先，进而提升沿线步行品质和修复整个蛟川区域的步行系统的连续性。

（3）链接步行系统与公交站点，实现优步行性

无论是公交优先的交通发展战略还是现在广泛试点的公交都市工程，都深刻表明公共交通在治理大城市交通问题上不可或缺的作用。绿色低碳的交通出行方式也成为可持续发展的有效选择。蛟川步行系统规划围绕公共交通站点，优化步行出行链。

规划层面，蛟川地区的规划统筹公共交通与步行交通，以轨道交通线路为骨架、常规公交线路为支撑、以步行系统为衔接补充，形成一体化的出行网络，规划3个“轨交+步行衔接点”，29个常规“公交+步行衔接点”。

设计层面，蛟川地区的步行设计以TOD理念为指导。TOD模式自提出以来，得到普遍的认可。就社区级层面，提倡在轨交站点300m范围内创造良好的步行环境，150m范围内统筹安排地面公共交通换乘站、自行车存放点等设施，形成连续、品质、安全的步行系统。

蛟川地区规划范围内有三个轨交站点，其中枫园站和青枫浦站周边建成环境已经相对稳定，五里牌站仍有较大的引导空间。以五里牌站为例，从用地规划到步行详细设计，落实TOD和城市双修理念。用地层面，300m范围内保留原有商住用地，将原有工业建筑改造，植入商业服务、公共服务功能，更新的用地部分开发强度较大、功能混合；交通层面，轨交站点50m内布局了公交站点和自行车停放点，地面利用广场、人行道、二层连廊形成立体的步行系统。

五、结语

城市边缘区践行“城市双修”的规划理念，品质化、内涵化是此类地区步行系统规划的核心。总体而言，步行系统规划不应局限于其本身，还要考虑与之密切联系的城市功能、土地利用、开放空间、公共交通以及步行环境等诸多影响要素。从蛟川的实践经验来看，城市边缘区“城市双修”语境下的步行系统规划应注意以下几点：

（1）规划理念上，落实城市双修，即城市修补和生态修复。城市边缘区是“城市双修”理念的最佳实践地之一。该地区的步行系统规划在承担城市边缘区的功能、用地、交通、环境等要素的串联和修补作用的同时，也肩负着城市边缘区内城市公园、公共绿地、防护绿地、生态绿地等生态要素的重塑与修复的任务。

（2）思维方式上，由外延发展转变为内涵发展，由静态思维转为动态思维。城市边缘区的步行系统不是增量规划，是在现有的基础上，进行存量提升与整合完善。如何从现实走向未来，从问题走向目标，时间维度的路径设计在此类项目中尤为重要。

（3）价值取向上，以人民为中心，注重人的体验。步行系统是串联各个城市公共活动场所的重要载体，如何从人的体验视角出发，提升步行网络的空间环境品质，使市民得到更多的幸福感和获得感，是该类型项目需要重点解决的一大议题。

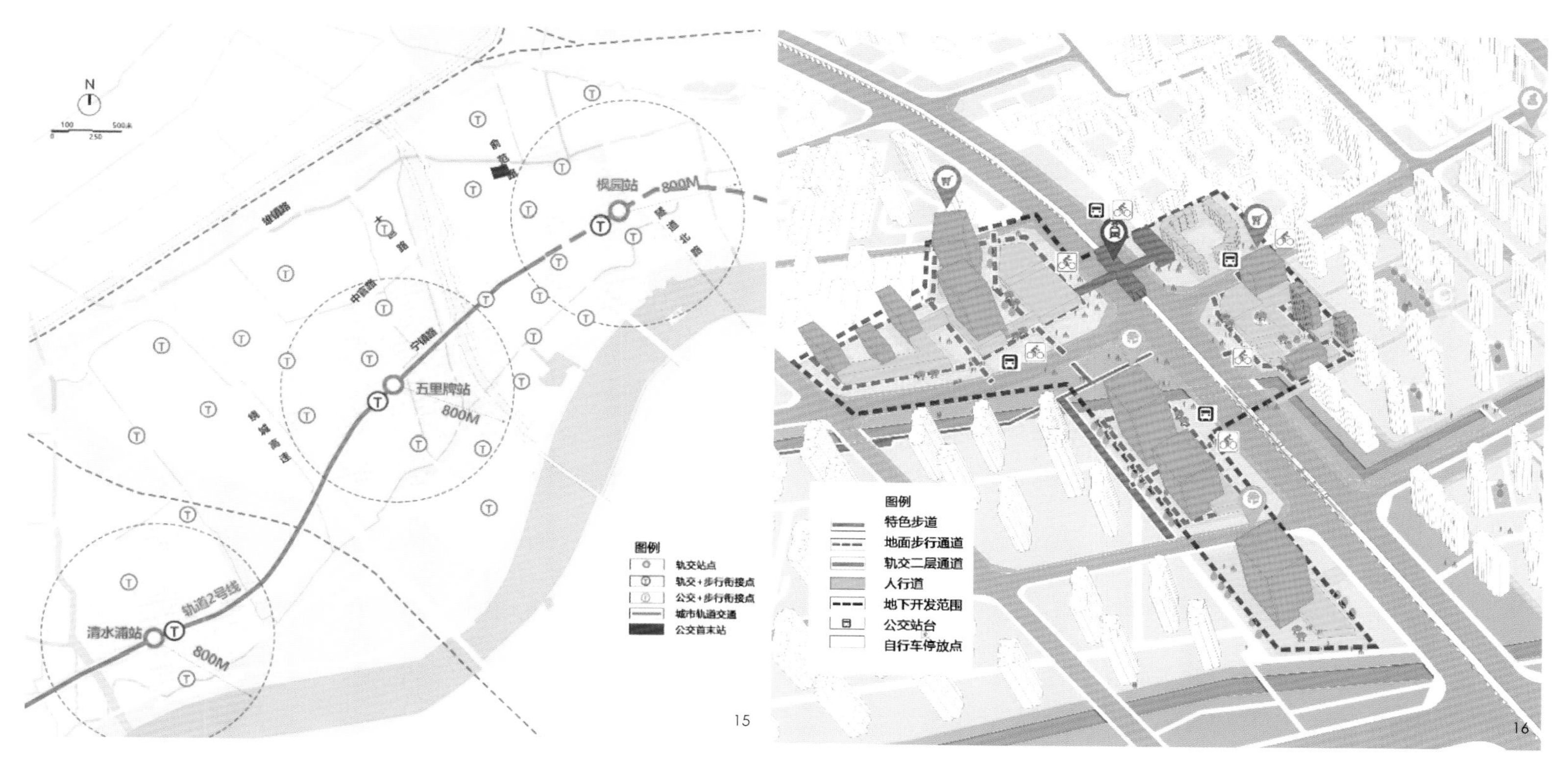

15.“公交+步行”一体化规划图（资料来源：笔者自绘）
16.五里牌站点步行空间分析图（资料来源：笔者自绘）

（4）技术方法上，应用数据平台，注重步行系统外部性研究。研究内容除了步行系统本身，还应重点考量其外部性，包括其周边环境、土地利用、公共交通、公共活动空间等。在数据的采集和获取方面，也应充分依托数据平台，充分获取交通出行数据和步行交通流数据，以为规划与建设提供更好的支撑。

参考文献

[1]杨保军，陈鹏，吕晓蓓. 转型中的城乡规划：从《国家新型城镇化规划》谈起[J]. 城市规划, 2014（S2）：67-76.

[2]罗小龙，许璐. 城市品质：城市规划的新焦点与新探索[J]，规划师, 2017（11）：5-9.

[3]杜立柱，杨韫萍，刘喆，等. 城市边缘区“城市双修”规划策略：以天津李七庄街为例[J]. 规划师, 2017（3）：25-30.

[4]RUBEN T，JULIO A .Q-PLOS, Developing an Alternative Walking Index. A Method Based on Urban Design Quality[J]. Cities，2015（45）：7-17.

[5]滕爱兵，韩竹斌，李旭宏，等. 步行和自行车交通系统评价指标体系[J]. 城市交通，2016（5）：37-43.

[6]许建，张新兰. 步行网络评价指标及其应用[J]. 规划师, 2012（4）：65-68.

[7]KANG C . The S+5Ds: Spatial Access to Pedestrian Environments and Walking in Seoul, Korea [J]. Cities, 2018（1）：23-32.

[8]GUO Z. LOO B . Pedestrian Environment and Route Choice: Evidence from New York City and Hong Kong [J] . Journal of Transport Geographys，2013（28）：124-136.

[9]CERVERO R, SARMIENTO O, JACOBY E, 等. 建成环境对步行和自行车出行的影响—以波哥大为例[J]. 耿雪，译. 城市交通，2016（5）：83-96.

[10]钮志强，杜恒，李晗. 步行和自行车交通系统层次化网络构建方法：以海南省三亚市为例[J]. 城市交通, 2016（5）：11-17.

[11]吴家颖. 高密度城市的步行系统设计：以香港为例[J]. 城市交通, 2014（2）：50-58.

[12]陈泳，何宁. 轨道交通站地区宜步行环境及影响因素分析[J]. 城市规划学刊, 2012（6）：96-104.

[13]陈泳，晞晓阳，高媛媛，等. 轨道交通站地区宜步行环境评价因素探析[J]. 规划师, 2015（9）：83-90.

[14]KANG C . The Effects of Spatial Accessibility and Centrality to Land Use on Walking in Seoul, Korea[J]. Cities, 2015（45）：94-103.

[15]卢银桃. 基于日常服务设施步行者使用特征的社区可步行性评价研究[J]. 城市规划学刊, 2013（5）：113-118.

[16]郭嵘，李元，黄梦石. 哈尔滨15分钟社区生活圈划定及步行网络优化策略[J]. 规划师, 2019（4）：18-24.

[17]中华人民共和国住房与城乡建设部. 城市步行与自行车交通系统规划设计导则[R]. 北京：中华人民共和国住房与城乡建设部，2014.

[18]杨·盖尔. 何人可，译. 交往与空间[M]. 北京：中国建筑工业出版社，2002.

[19]陆化普，张永波，刘庆楠. 城市步行交通系统规划方法[J]. 城市交通, 2009（11）：53-58.

[20]高岳，周翔，蔡颖，等.公交优先导向下超大城市的综合交通规划研究：“上海2040”交通发展思考[J]. 城市规划学刊, 2017（7）：82-93.

[21]金鑫，魏皓严. 步行网络修补理念下的旧城中心区城市更新设计策略—以遵义市红花岗区城市更新设计为例[J]. 规划师, 2017（9）：64-69.

作者简介

朱子龙，深圳市城市空间规划建筑设计有限公司，副院长，高级规划师，注册城乡规划师，注册咨询工程师。

城市双修背景下的城市建成区公共服务设施规划策略探索
——以北京天通苑地区为例

Exploration of Public Service Facilities Planning Strategies in Urban Built-up Areas under the Background of Urban Renovation and Restoration
—Taking Beijing Tiantongyuan Area as an Example

杨 磊 连 彦
Yang Lei Lian Yan

[摘　要]　对于城市建成区，原有的公共服务设施无论从规模、还是服务水平来说，都已不能适应当前城市快速发展的趋势，无法满足居民日益增长的需求。因此，本文以北京天通苑地区为例，在建构公共服务设施全生命周期理论分析框架的基础上，对天通苑地区公共服务设施领域存在的主要问题进行识别分析，针对问题提出有针对性的公共服务设施规划策略，为城市建成区公共服务设施规划提供理论参考。

[关键词]　城市双修；城市建成区；公共服务设施规划；天通苑；全生命周期

[Abstract]　For urban built-up areas, the original public service facilities can no longer adapt to the current rapid development of the city and cannot meet the growing needs of residents, no matter from the scale or service level. Therefore, based on the construction of a public service facility life cycle theoretical analysis framework, this article identifies and analyzes the main problems in the field of public service facilities in Tiantongyuan area, and proposes targeted public service facilities for the problems. The planning strategy provides a theoretical reference for the planning of public service facilities in urban built-up areas.

[Keywords]　urban double repair; urban built-up area; public service facility planning; Tiantongyuan; full life cycle

[文章编号]　2020-83-P-050

一、引言

2015 年召开的中央城市工作会议明确提出提倡城市修补，标志着我国城乡规划建设进入了新的阶段。在住房和城乡建设部发布的《关于加强生态修复、城市修补工作的指导意见》中，也进一步明确提出了全国开展“城市双修”工作的任务目标，并要求通过开展“城市双修”工作治理“城市病”，改善民生，以适应经济发展新常态。

公共服务设施作为居民生活不可缺少的重要保障，其服务水平的提升是保证居民生活福祉、提升获得感与幸福感的重要途径。城市建成区作为城市发展的先导区域，伴随着人口结构、社会背景变化，居民需求不断变化，各类问题凸显，为公共服务设施的更新完善提出了新的要求。

天通苑地区是20世纪90年代末始建的大型居住区，是北京首批经济适用房社区，占地面积约12km^2，现状居住人口约25万（本文所指天通苑地区包括天通苑南街道、天通苑北街道两个行政单元）。天通苑地区的开发建设，为北京中低收入群体提供了大量的经济适用型住宅，为缓解北京住房压力做出了突出贡献。历经近20余年的发展，各项生活配套逐步完善，但各类公共服务设施问题逐步凸显。

本文以天通苑地区为例，在建构全生命周期理论分析框架的基础上，对天通苑地区公共服务设施领域存在的问题进行识别分析，针对主要问题提出有针对性的规划策略，为城市建成区公共服务设施规划提供理论参考。

二、概念界定及文献综述

1. 城市建成区

根据(《城市规划基本术语标准》（GB / 50280—98）的界定，城市建成区指城市行政区内实际已成片开发建设、市政公用设施和公共设施基本具备的地区。建成区物质空间稳定，空间资源紧张，伴随着人口的扩张，各类城市问题有别于新建地区。

2. 公共服务设施

本文所指公共服务设施主要指基层公共服务设施，包括基础教育设施、医疗设施、文化设施、体育设施、养老设施、管理设施等6大类型。其中，基础教育设施包括幼儿园、小学、中学、一贯制学校等；医疗设施包括卫生服务中心、卫生服务站；文化设施包括文化服务中心、文化服务站；体育设施主要包括体育活动中心、活动场地；养老设施主要包括机构养老设施、社区养老服务驿站；管理设施主要包括街道办事处及社区办公用房。

3. 全生命周期

全生命周期的概念是以生物的生命特点为基础，指具有生命现象的有机体从出生、成长、成熟、衰老到死亡的整个过程。随着各个学科领域知识的不断发展和融合，全生命周期理论逐渐被引入经济以及管理等领域的研究中，并由此衍生了一系列的理论和研究方法。本文的全生命周期研究以公共服务设施为研究对象，根据项目流程进行定义和阶段划分。每个项目都有明确的起点和终点，从居民需求识别开始到建设项目移交运营构成了项目的整体流程，为了有效的管理把这个过程分为若干阶段，包括需求识别、规划配置、项目审批、运营管理等4个阶段，把这些阶段的总称定义为公共服务设施的全生命周期。

4. 相关文献综述

（1）公共服务设施规划相关研究

不同学者从不同角度对城市不同功能区域的公共服务设施规划进行研究。黄金华（2008年）以广州市番禺区为例，对新农村公共服务设施规划进行相关研究，从规划布局、规划实施等多种角度提出新农村公共服务设施规划的相关策略；蔡靓（2007年）通过梳理高科技园区的发展与公共设施配套的关系，了解目前公共设施配套方面所存在的问题，提出了高科技园区动态化设施配套规划方法；肖晶（2011年）

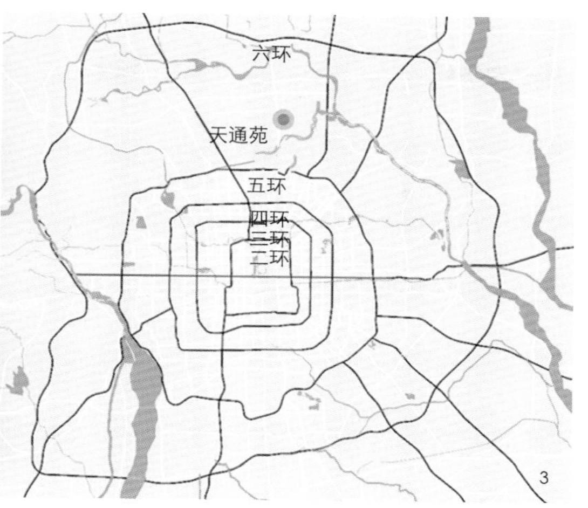

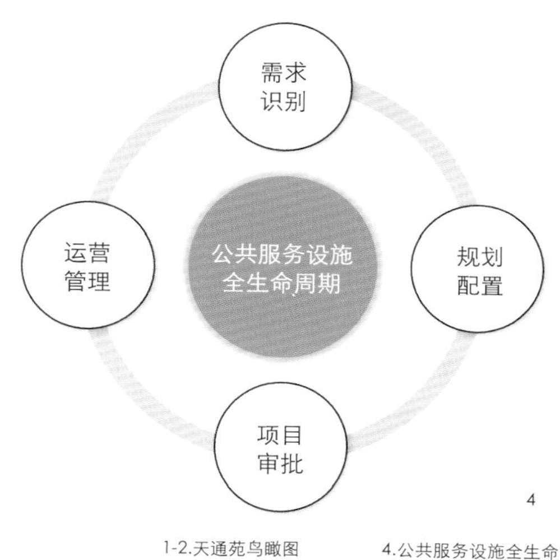

1-2.天通苑鸟瞰图
3.天通苑区位示意图
4.公共服务设施全生命周期示意图

以延安市志丹县为例，从城乡一体化的角度出发,运用动态的预测方法,提出适合志丹县的公共服务设施的建议性规划标准,并对志丹县公共服务设施进行统筹布局规划。

郑彩云（2019年）以武汉市武昌区为例，结合人口结构、行为特征和差异化需求，研究了生活圈视角下老城区公共服务设施体系优化、空间统筹、集约建设的规划策；胡亮等（2016年）以北京市怀柔老城区为例，对其卫生服务站及公共绿地进行量化评价，并提出提升方法。

（2）天通苑相关研究

马春红等（2014年）以天通苑为例，对社区存在的交通拥堵、公共设施不足、职住分离等问题进行分析，进一步阐述了城市公共服务设施对社区影响的重要性；万君哲（2013年）对天通苑地区发展中道路交通、配套设施等相关问题进行了分析，从住房制度设计、居民需求调查、居民自治等方面提出解决策略；储妍等（2018年）运用大数据手段对回龙观天通苑地区的优劣势、各类设施的配置及使用情况进行了全面评估，并基于居民需求调查，对未来发展情景进行模拟。

（3）全生命周期理论相关研究

马费成等（2010年）以知识图谱绘制和分析为视角，用概念网络的分析方法对国内生命周期理论的研究现状进行了宏观分析（表1）。分析认为，目前国内主要的研究方向分为文件生命周期理论、环境管理理论、产品数据管理技术、工业企业生命周期等。

在项目生命周期管理的相关研究中，主要涉及产品数据管理、产品生命周期管理、项目管理等主要研究内容。以“全生命周期理论”和“规划设计”作为关键词，在中国知网数据库进行检索，共检索到13篇相关文章。其中，王冬婷等（2020年）基于全生命周期理论，对医院的规划设计要点进行了探析；蒋涛（2016年）基于全生命周期理论，以洋沙山海洋公园为例，对海洋公园规划设计方法进行研究。刘红君（2018年）以全生命周期理论为支撑，对公共服务问责机制进行了研究。在借鉴国内外公共服务问责研究经验的基础上，搭建公共服务全生命周期问责框架，对我国目前公共服务问责实践中存在的问题进行分析，提出对策建议。

以“全生命周期理论”和“公共服务设施规划”作为关键词，在中国知网数据库进行检索，没有检索到相关文章。

（3）小结

不同学者从不同角度对城市不同功能区域公共服务设施的相关研究，对公共服务设施的规划将起到重要的指导作用，但对于城市建成区公共服务设施的相关研究存在一定缺位。另外，基于全生命周期理论的相关研究，对公共服务设施的规划、管理及后续运营具有重要的借鉴作用，就目前的数据库检索结果来看，相关研究领域暂为空白。

三、城市建成区公共服务设施特性分析

1. 空间稳定性

城市建成区是具备相应完善服务设施的成片开发地区，可满足城市生产生活的基本需要。规划实施度较高，各类公共服务设施基本已经建成，具有较强的空间稳定性。

2. 需求动态性

不同社会群体对公共服务设施具有不同的需求，如保障性住房社区更加关注与民生相关的基本公共服务设施；商品房社区对文化、娱乐设施有着更高品质的需求。另外，同一群体对同一类设施的需求也将随着社会经济背景的变化而变化，如随着互联网经济及物流产业的发展，居民对部分实体商业设施的需求逐步被网络店铺替代。

3. 资源稀缺性

城市建成区，规划实施度较高，物质空间环境基本稳定，城市空间资源紧张，各类公共服务设施的扩建受到空间资源限制。

四、天通苑地区公共服务设施现状问题及成因分析

天通苑地区整体的规划建设基本以1998年控规（下称原控规）为依据，原控规共配套各类公共服务设施用地78.5hm^2，按规划可容纳人口13.74万核算，千人用地面积5 714m^2，满足北京市居住区配套公共服务设施标准（1994版）配套公共服务设施千人用地3 969~5 141m^{2}的相关要求，约为高限值的1.1倍。原控规划的公共服务设施规划为城市后续发展预留了一定的弹性（表2）。

随着城市发展的推进，居住人口规模增长，居民需求随经济社会背景发生改变，同时，由于建设年限较长，各类设施在实施过程中与规划存在一定偏差，导致各类设施的缺口逐步增大。根据公共服务设施的全生命周期，即需求识别、规划配置等4个阶段，将主要问题及成因梳理如下：

1. 按标准配置设施，难以适应需求变化

天通苑地区始建于90年代，各类公共服务设施按当时的相关标准进行规划核算、配套建设，随着经济社会发展、人们生活水平的提高和需求的变化，配

表1　　我国生命周期领域的主要研究内容汇总表

研究方向	主要研究内容
文件生命周期理论	文件生命周期理论、档案学、电子文件、档案、文件中心、文件档案管理
环境管理理论	可持续发展、绿色设计、环境保护供应链、清洁生产生命周期成本、循环经济、
产品数据管理技术	产品数据管理、虚拟企业、step、xml、uml、web服务、工作流、物料清单、信息集成
绿色产品制造	生命周期评价、绿色设计、绿色制造、环境保护、环境影响、清洁生产、绿色产品、生命周期清单 分析、环境负荷
工业企业	企业核心能力、企业生命周期、家族企业、企业文化、企业家、人力资本、企业发展、核心能力、企业战略
供应链管理与企业创新	创新、客户关系管理、制造业、企业信息化、供应链管理、品牌、电子商务
企业及产业集群竞争力	技术创新、中小企业、产业集群、核心竞争力、风险、竞争优势、跨国公司、竞争力、组织结构企业发展、跨国公司、产品管理、技术创 新、产品开发、企业经济
项目生命周期管理	产品数据管理、产品生命周期管理、项目管理、集成、物料清单
产品设计与知识管理	产品设计、生命周期成本、知识管理、产品开发
软件工程技术	面向对象、软件工程、uml、代理、生命周期模型
企业信息管理	企业管理、成本管理、市场竞争、跨国公司、管理信息系统、信息生命周期
客户生命周期	客户关系管理、客户生命周期、客户价值
其他	清洁生产、生产模式、图书馆自动化、系统设计

表2　　天通苑地区原控规配套公共服务设施指标核算表

类型	规划数据		标准要求
	用地面积（hm^2）	千人用地面积（m^2/人）	千人用地面积（m^2/人）
配套公共服务设施用地	78.52	5714	3 969~5 141

套公共服务设施的具体类别也在不断发生变化。

如当时的北京市1994版的居住区配套指标中，专门设置了金融邮电设施类别，要求配置邮政所、邮局、电话局、自行车停车棚等，现行的2015版居住区配套指标中仍延续着相关指标规定。从当前形势及未来的发展趋势看，邮政和银行等设施的需求在减少，快递存放、末端配送等需求在增加，居民对自行车存放设施的需求在减少而对共享单车如何存放产生了新的需求。

2. 规划刚性管控，缺乏弹性空间

为避免自由裁量权的滥用，规划往往通过刚性管控的方式进行。城市的发展具有一定的不确定性，如人口过快增长，互联网经济的迅猛发展给城市的发展带来巨大的影响。城市规划的弹性预留对于应对城市发展的不确定性是必要的措施。

以养老设施配套为例，北京市2006版居住区配套指标要求为千人用地面积130m^2，随着北京市整体老龄化率的提高，2015指标将养老设施千人用地面积提升为160~480m^2。2015指标的低限值、高限值分别为2006指标的1.2倍及3.7倍。按照2006指标标准，天通苑地区需要养老设施用地3.42hm^2，按2015指标标准，共需养老设施用地4.33~13.00hm^2。需求的变化促使标准的调整，但规划的刚性无法为需求及标准的变化提供弹性空间（表3）。

表3　　北京市历版千人指标标准对养老设施面积面积要求汇总表

标准	千人用地面积（m^2/千人）
1994版标准	12~13
2006版标准	130
2015版标准	160-480

3. 一次性审批制度，缺乏有效的过程监管

天通苑地区建设时间跨度长达20年。在建设过程中，用地政策、金融政策、产业政策等均发生了显著变化，预期之外的各类新情况必然会涉及规划调整及规划实施相关问题。

城市开发建设项目大都是一次性审批建设资源，最终进行验收，缺乏有效过程管控。出现了代拆、代建项目并未按规划实施的情况，公共服务设施未建、少建、挪作他用等情况，虽然有处罚措施约束，但空间格局已经定型，难以“推倒重来”，导致出现影响民生的历史遗留问题。

如规划配套小学、中学，规划审批为九年一贯制学校，总建筑规模约2.2万m^2，其中，地上建筑规模1.8万m^2。建成后现状地上建筑规模约1万m^2，比审批少建约1.2万m^2。规划实施不充分，此类问题加剧了各类设施缺口。

4. 条块分割化管理，设施兼容水平低

现行公共设施的规划建设，各类设施由不同主管部门进行管理，重视各单项设施的落地，对设施体系及彼此间的系统性匹配关注不足。各部门对分管的各类设施进行管理的前提是作为产权所有者，如卫生服务中心的产权隶属于卫生部门，在医养结合的大趋势下，缺乏有效的协调机制兼容养老设施，造成设施各自为政，难以兼容设置，不方便居民日常使用。

五、城市双修背景下天通苑地区规划策略

根据公共服务设施的全生命周期，即需求识别、规划配置、项目审批、运营管理4个阶段的主要问题，提出以下规划策略。

1. 需求识别：按需配置，实现资源精准利用

城市修补是指用更新织补的理念，通过有机更新，完善城市功能和公共服务设施。城市建成区随着经济社会的发展，居民的需求不断变化。同时，建成区规划实施度高，有限资源的利用更需集约化，以精准识别居民需求为前提。

建议顺应经济社会发展趋势，及时调整一些不合时宜的标准要求。根据访谈结果显示，居民对邮政和银行等设施的需求在减少，快递存放及末端配送、电动车充电桩等设施需求在增加，居民对自行车存放设施的需求在减少而对共享单车如何存放产生了新的需求。

建议顺应经济社会发展趋势，及时调整一些不合时宜的标准要求。但规划标准的调整往往需要较长的论证时间，在现行标准下，规划编制应不完全拘泥于标准，在建成区空间资源有限的有效约束下，对该地区人口发展趋势、居民需求做出研判，将可利用资源优先用于居民急切需求的公服设施的建设，切实解决居民需求痛点。

2. 规划配置：预留弹性，促进资源的时空转换

新的历史时期，原规划配套已不再适应新的需求，在向着建设国际一流的和谐宜居之都的目标进发过程中，须站在新的历史起点上，应更具前瞻性，综合考虑现状服务人口规模、规划人口规模，在规划编制过程中预留一定的服务人口保障系数，为未来发展预留弹性。

通过空间资源梳理，建立公共服务设施资源储备库，包括用地资源及闲置建筑，用于公共服务设施的补充完善。根据不同时期居民需求的变化，资源储备

行业主管部门	主要管理内容
市教委	基础教育设施
市卫计委	医疗卫生设施
市民政局	养老福利设施
市文化局	文化设施
市体育局	体育设施
市公安局	警务设施
市商务局	生活服务设施

7

5-6.未充分实施学校示意图

7.各行业主管部门主管内容示意图

库内的空间资源可实现流转，优先补足急需设施，实现资源的时空转换。

3. 项目审批：分批释放指标，优先建设公共服务设施

天通苑地区将部分区域一次性审批，整体交由开发商开发建设，待建设完成后再进行规划验收，难以在建设过程中及时有效规范。建议施行划定分期任务、滚动开发建设的审批及实施机制，根据项目实施进展，弹性管理。有序释放建设指标，建议在每一期开发过程中，优先审批拆迁任务重、实施难度大的地块，避免后期因拆迁成本过高而产生甩项。

另外，建议公共服务设施优先建设，确保建设完成后公共服务设施满足生产生活需要，避免后期补建。

4. 运营管理：用地兼容，提高设施配建水平

基础教育、医疗卫生等独立性较强的设施外，体育、文化、绿地等公共服务设施应尽可能兼容设置，促进空间集约高效利用，建设集约高效、共享复合的公共服务空间。用地兼容设置需要建立共建共享机制，促进公共服务设施集约化，推动医养结合、文体结合等多种方式，实现不同公共服务设施之间的相互支撑和资源共享。同时，需要重点研究相关的运营管理运行机制。

六、结语

“生态修复、城市修补”是中央城市工作会议明确提出的新要求，是适应我国当前新常态的重要举措，对城市转型发展和人居环境提升有着重要的指导意义。天通苑地区作为北京近20年城市化过程中形成的超大型居住区，是北京功能疏解的和城市治理的重点区域。通过公共服务设施优化提升，修补城市功能，切实解决天通苑地区的现实问题，增强居民的幸福感和获得感，对于形成超大型社区综合更新治理的北京经验和全国性典范，为国内大型社区治理

提供北京样本，贡献北京智慧具有重要的理论意义和现实意义。

需要强调，除城市规划编制之外，各类规划的创新、实施有赖于法规体系、管理体系的更新与变革。另外，需鼓励社会资本参与城市功能修补与社区治理，为社会资金支持社会组织参与社区治理搭建平台，借鉴上海、深圳等地经验，在街道、乡镇层面支持设立社区发展基金，整合辖区资源，撬动社会资本参与，如鼓励社会资本参与，利用社区闲置空间建设停车场；探索支持社会组织参与社区服务的税收优惠政策。

本文部分内容为《天通苑地区功能优化研究》课题成果之一，感谢课题组其他成员的智慧和贡献：包括：张铁军、张帆。
感谢同济大学沈清基教授在本文撰写过程中的指导与帮助。

参考文献

[1]谷鲁奇,范嗣斌,黄海雄.生态修复、城市修补的理论与实践探索[J].城乡规划,2017(03):18-25.

[2]胡忆东,吴志华,熊伟,潘聪.城市建成区界定方法研究：以武汉市为例[J].城市规划,2008(04):88-91+96.

[3]Adalberth K. Energy use during the lifetime of single-unit dwellings:Amethod[J]. Building and Environment, 1997,(32): 317-320.

[4]赵琳. 基于全生命周期的房地产开发项目风险评价与控制研究[D].哈尔滨工程大学, 2012.

[5]黄金华.新农村公共服务设施规划初探：以广州市番禺区为例[J].规划师,2009,25(S1):51-55.

[6]蔡靓. 高科技园区公共服务设施规划研究[D].同济大学,2007.

[7]肖晶. 城乡一体化背景下的志丹县公共服务设施规划研究[D].西安建筑科技大学,2011.

[8]郑彩云. 基于居民生活圈视角的武汉老城区民生设施配套研究[C].中国城市规划学会、重庆市人民政府.活力城乡 美好人居：2019中国城市规划年会论文集（20住房与社区规划）.中国城市规划学会、重庆市人民政府:中国城市规划学会,2019:268-278.

[9]胡亮,盛况,王倩.建成区公共设施评价与量化提升方法探索：以怀柔老城社区卫生服务站点和公共绿地为例[J].北京规划建设, 2016(06):34-38.

[10]马春红,杨坤朋.新型社区下城市公共设施研究初探[J].山西建筑, 2014, 40(13):18-20.

[11]万君哲.天通苑经济适用房小区的问题与政策应对研究[J].北京规划建设, 2013(06):116-121.

[12]褚妍,鲁旭,姚文珏. 回天有数：基于大数据的城市体检与综合治理平台[J]. 建筑创作, 2018(05): 68-77.

[13]马费成,望俊成,张于涛. 国内生命周期理论研究知识图谱绘制：基于战略坐标图和概念网络分析法[J].情报科学,2010,28(04):481-487+506.

[14]王冬婷,孟昭博,赵庆双.基于全生命周期的绿色医院规划设计要点探析[J].四川建材,2020,46(01):41-43.

[15]蒋涛. 基于全生命周期的海洋公园规划设计方法研究[D]. 天津大学, 2017.

[16]刘红君. 公共服务全生命周期问责机制研究[D]. 四川省社会科学院, 2018.

作者简介

杨　磊，硕士，北京市弘都城市规划建筑设计院，工程师，注册城乡规划师；

连　彦，硕士，北京市弘都城市规划建筑设计院，高级工程师，一级注册建筑师，注册城乡规划师。

双修语境下的城市转型发展思路探讨
——结合东营市东营河及北二路环境综合整治工程概念性总体规划设计项目

Discussion on the Ideas of Urban Transformation Development under the Context of Urban Renovation and Restoration
—Conceptual Master Plan Design Project Combining Environmental Protection Comprehensive Improvement Project of Dongying River and Beier Road in Dongying City

莫 霞
Mo Xia

[摘　要]　“城市双修”正有效地推动着新时期城市的转型发展。北二路和东营河所在区域，构成山东省东营市城市发展早期延续至今的东西向重要功能轴线，是东营市北部区域的重要构成，蕴藏着巨大的城市发展潜力。本次以城市双修为实施面向，借助这一区域转型发展过程中的环境综合整治工程项目，重点从历史演进分析、理念转变与结构优化，以及朝向空间要素统筹与资源保护利用的策略建构，探索城市转型发展的规划设计行动举措，提供有益的经验借鉴。

[关键词]　城市双修；东营河；北二路；环境综合整治工程；东营市

[Abstract]　“City double repair” is effectively promoting the transformation and development of cities in the new era. The area where Beier Road and Dongying River are located constitutes the east-west important functional axis of Dongying City in Shandong Province. It is an important component of the northern part of Dongying City and has great potential for urban development. This time, with the city double repair as the implementation orientation, the environmental comprehensive improvement project in the process of transformation and development in this region focuses on historical evolution analysis, concept transformation and structural optimization, and the strategic construction towards spatial element planning and resource protection and utilization. Planning and design action initiatives for urban transformation and development provide useful lessons for reference.

[Keywords]　City Double Repair; Dongying River; North Second Road; Environmental Comprehensive Improvement Project; Dongying City
[文章编号]　2020-83-P-054

1.一城五片的格局及土地使用规划
2.项目范围
3.功能结构
4.东营河及北二路更新发展区域展示及设计分段

一、双修语境下的政策环境与实施面向

随着城市由“增量规划”向“存量规划”转型，以人为本，生态环境与可持续发展、文化特色与城市品质，以及城市功能、综合服务能力的提升等得到日益增多的重视。中共中央、国务院2015年6月印发《关于加快推进生态文明建设的意见》，着重提出树立尊重自然、保护自然，发展和保护相统一，绿水青山就是金山银山，自然价值和自然资本，空间均衡等理念。同年，时隔37年我国再次召开“中央城市工作会议”，重点提出转变城市发展方式，完善城市治理体系，提升城市竞争力等，着力提高城市发展持续性、宜居性。

我国城市发展中现存的诸多问题可以说是城市化到达一定阶段后普遍存在的问题，而城市“双修”——城市修补和生态修复，正是希望以上述可持续发展、城市品质与质量的提升等为核心目标，针对城市在快速发展过程中的遗憾或欠账，补短板、纠偏差、促转变、保长远，极富有中国特色与本土特质。随着一系列相关政策与实施计划的不断推进与深化（表1），“城市双修”的工作经验得以累积，示范项目富有成效与影响力，其实施面向与生态宜居建设、城市更新举措密切关联、有机结合。

在生态宜居建设方面，党的十八届五中全会《建议》提出“五大发展理念”。其中绿色发展理念与其他四大发展理念相互贯通，相互促进，意义重大。党的十八大报告提出要大力推进生态文明建设，坚持节约资源与环境保护的基本国策。住房城乡建设事业“十三五”规划纲要提出以人为本、公平共享，绿色低碳、智能高效，科学发展、提质增效等六类原则，以及实现城镇化空间格局不断优化、城市风貌特色彰显、城市生态空间格局持续优化、绿色建筑比例大幅

表1　“城市双修”及相关政策的发展历程与主要内容

2015年6月	住房和城乡建设部下发文件，原则同意将三亚列为“城市修补、生态修复（双修）”首个试点城市，以及海绵城市和综合管廊建设城市（双城）综合试点
2015年12月	中央城市工作会议提出要加强城市设计，提倡城市修补，加强控制性详细规划的公开性和强制性，留住城市特有的地域环境、文化特色、建筑风格等“基因”，等等
2016年12月	住房城乡建设部在三亚市召开了全国生态修复城市修补工作现场会，总结了全面开展“城市双修”的工作重点
2017年3月	住房和城乡建设部印发了《关于加强生态修复城市修补工作的指导意见》，明确了指导思想、基本原则、主要任务目标，提出了具体工作要求；安排部署在全国全面开展生态修复、城市修补工作，要求各城市制定“城市双修”实施计划，推进有成效、有影响的“双修”示范项目的完成
2017年4月	福州等19个城市被列为第二批“城市双修”试点城市
2017年7月	住房城乡建设部印发《关于将保定等38个城市列为第三批生态修复城市修补试点城市的通知》，其中明确了与绿色理念践行、推动“城市双修”相关的试点城市六大任务：即践行绿色发展新理念新方法，探索推动“城市双修”的组织模式，先行先试“城市双修”的适宜技术，探索“城市双修”的资金筹措和使用方式，建立推动“城市双修”的长效机制，研究形成“城市双修”成效的评价标准
2017年7月	全国共有三批、58个城市被列为“城市双修”试点城市

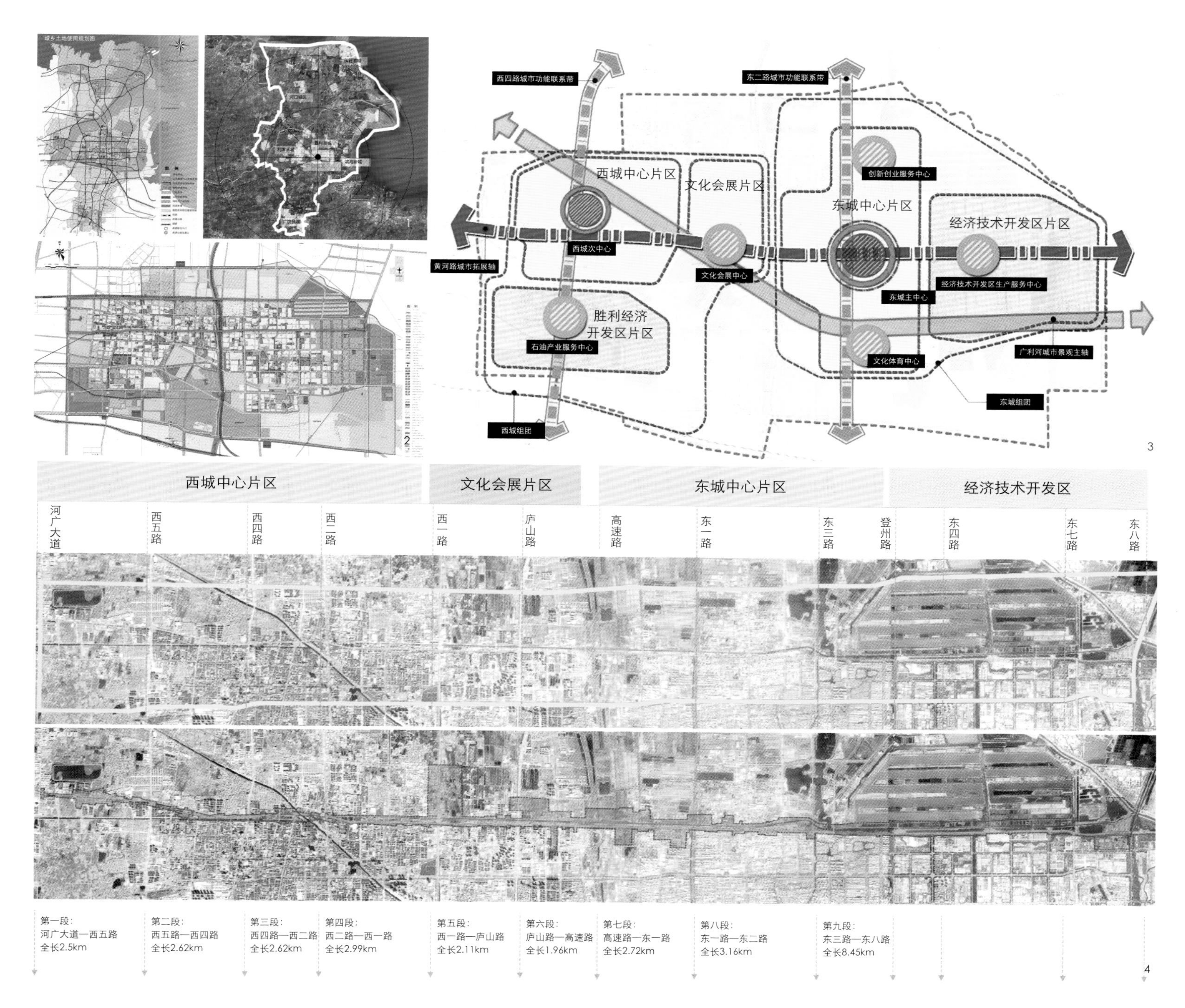

提高等目标。

城市更新则与城市发展的活力紧密联系在一起，构成复兴一个地区的重要活动。在今天，城市更新具有了更广泛的社会、文化与经济复兴的意义；与之密切结合的“城市双修”，也将面对更加复杂多元的综合性课题，需要紧紧围绕提高城镇化质量，更具针对性地解决已经积累的突出矛盾和问题，有计划有步骤地修复被破坏的河流、植被，探索推动城市绿色发展，成为有效提高各城市的生态宜居性和可持续性，让人民群众有更多的获得感和幸福感，以及促进实现城市转型发展的催化剂。

二、东营市发展战略及布局规划的审视

作为黄河三角洲高效生态经济区的核心区域和山东半岛蓝色经济区的前沿城市，东营市是山东省唯一全部纳入黄蓝两大国家战略的城市，正在加速推动从资源开发城市向区域中心城市的转型，是黄河三角洲中心城市，国家重要的高效生态产业基地，有黄河口湿地特色的滨海宜居水城。随着东营城市规模的扩张，结合渤海发展机遇，未来会形成一城五片的带状组团格局；中心城区形成“两组团五片区多中心”的用地布局结构，形成“十横二十二纵”的主干路网络。本次研究聚焦的北二路为东西向主干路。东营河则位于北二路以北，沿线有溢洪河、白鹭湖、金湖银河，可以说构成了东营市东西向的蓝色动脉。

东营市东营河及北二路环境综合整治工程概念性总体规划设计，正是聚焦北二路、东营河作为主脉所构成的西起河广大道（西六路），东至东八路，北起潍坊路，南至北一路的区域，横跨东营市的四大片区。其中，涉及北二路全长约28.6km；东营河西起西一路、东至东八路，全长约18km。

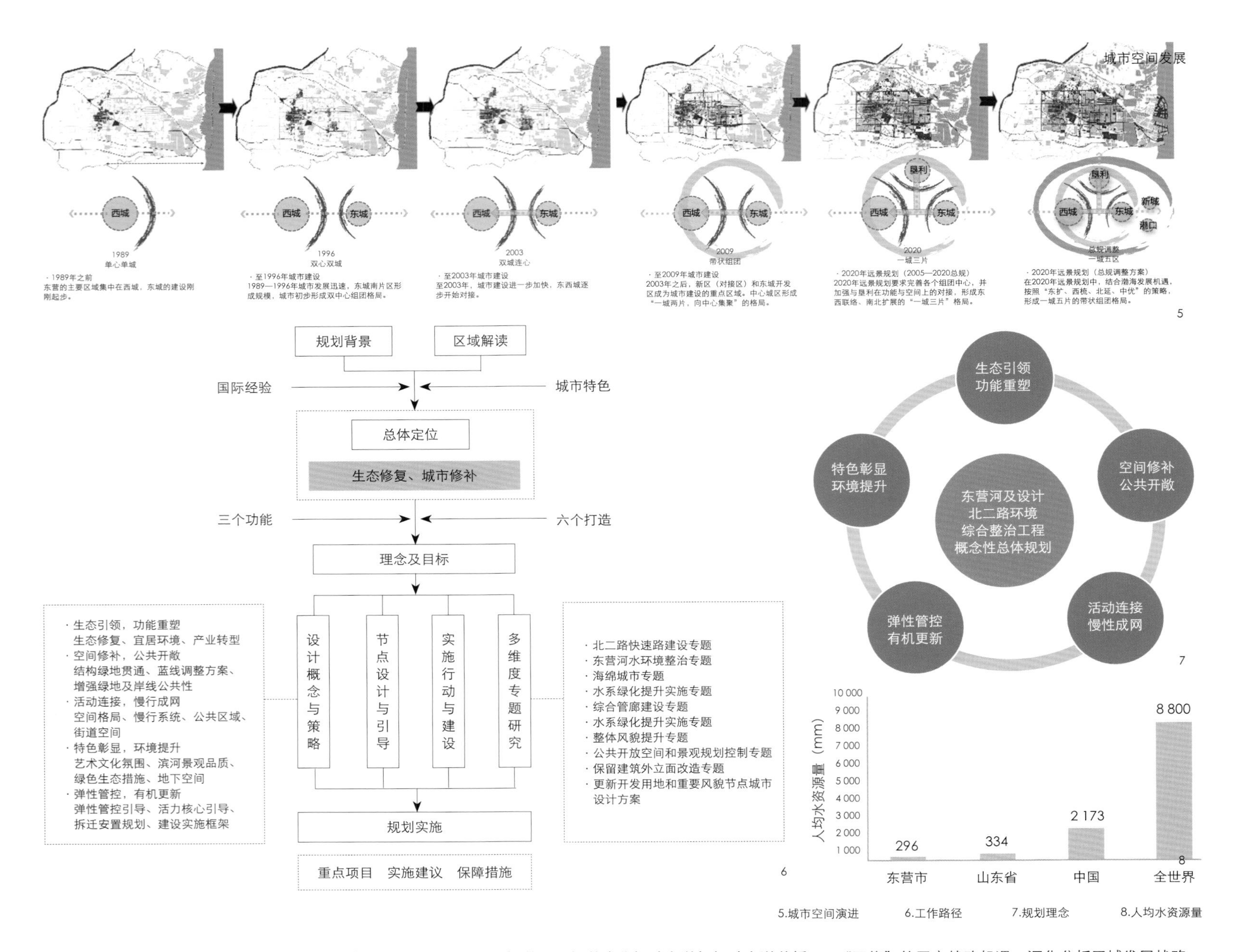

5.城市空间演进 6.工作路径 7.规划理念 8.人均水资源量

三、东营河及北二路地区的历史演进与概况

北二路和东营河是城市发展早期延续至今的东西向重要功能轴线，见证了石油文化的发源和兴起，也经历了从污染到近年来不断治理改善的过程，蕴藏着巨大城市发展潜力。因此，规划设计希望利用当前的机遇，聚焦这样一个具有河海油都、湿地绿城、黄河文化特色承载的地区，提供新的改造机会，传承“大空间、大绿地、大水面、大湿地”的城市特色，尤其是将城市的人文和历史重新激活、重新带到东营北部区域，使其未来的发展融入城市整体格局之中。

现状东营河以及北二路两侧的用地基本以居住用地、工业用地、教育用地、绿地以及少量商业用地为主，土地利用开发强度和使用率比较低；路网结构不佳，可达性比较差，路网密度比较低。北二路存在局部缺乏人行道，局部道路非机动车道与机动车道共板的情况。整体功能业态单一，且公共服务设施欠缺，滨水空间活力不足。区域内沿街界面环境整体质量不佳，建筑整体品质不高，尤其沿北二路以及五六干河两侧的建筑立面连续性不强，缺乏识别性和标识性。

这一地区的土壤是低渗透性的，不利于雨水入渗。水资源则总量匮乏，年际变化大，且人均水资源量低；北二路沿线还存在内涝点。同时，由于东营河汇入了周边工业废水和生活污水，造成了水环境污染，整体呈现出水循环不畅、河道生态功能退化、水体恢复能力较差、河道护岸硬质化和亲水性差等诸多问题。

四、多元行动格局下的理念转变与结构优化

面向上述发展诉求与现实情境，本次基于城市“双修”的国家战略机遇，深化分析区域发展战略、城市总体规划、城市布局及特色等，运用具有针对性的城市设计方法，以“一河一路”为核心，围绕一个定位、突出三个功能、实现六个打造，营造城市“生态之脉、活力廊带”，提出合理化建议和城市设计概念方案，探索城市“双修”行动的具体方式、实施路径，尤其强化落实层面的问题和策略。

一方面，进行系统的现状分析与评估，通过资料收集与整理、内业采集、外业调查等调查方式，对包括用地、建筑、人口、基础设施、有价值元素等信息展开调查，汇总各类信息建立数据库，评估现状资源价值与重要建设内容；另一方面，从区域特质、资源特色、空间布局、土地与交通、城市功能、配套设施等方面，展开分层次的系统分析。在此基础上，进一步结合国内外优秀的案例借鉴，秉

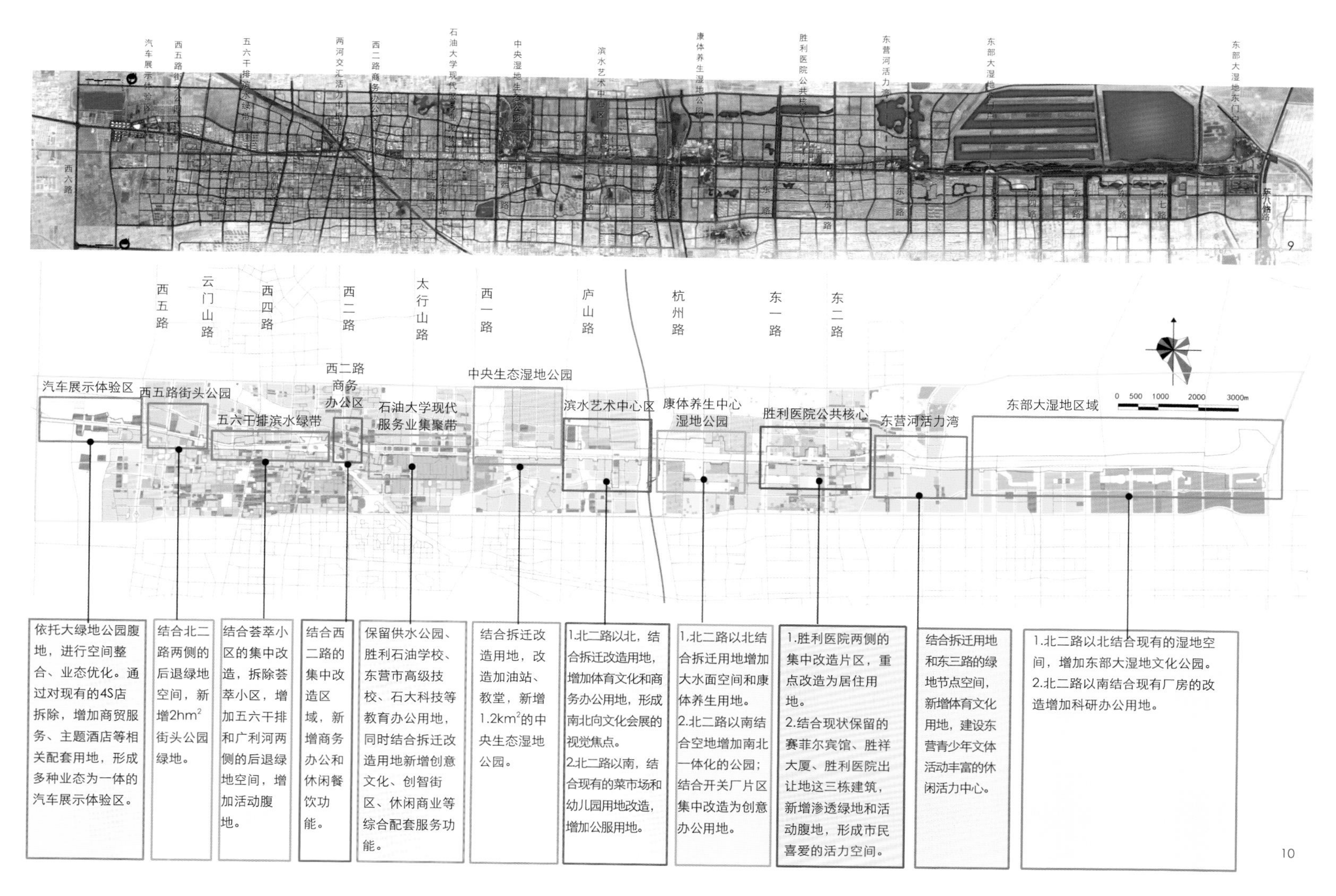

9-10.规划设计总平面及土地利用转变的策略

持好的发展理念，明确总体目标与定位，聚焦以东营河为载体的生态修复以及以北二路为载体的城市修补，二者联动更新、双生双栖，借由整体规划策略、专项规划策略，以及城市设计方案验证、分类更新方式探索等，优先落实滨水区域、门户地区、重点街段等的综合整治，并进一步建立系统、包容、务实的更新规划实施框架。

在土地利用规划方面，主要对北二路两侧的局部功能进行局部调整，增加了科研办公、康体养老、文化休闲娱乐等功能的用地，功能复合多元；另外主要对东营河水系以及两侧的公共绿地进行了调整，增加了绿地以及水系的面积，以促进形成大水面、大绿地、大湿地的景观空间格局；通过对北二路进行改造，整合道路系统、激活慢行网络；结合现有的水系以及生态肌理，形成“一带三轴八廊”的规划结构，分别打造六大亮点、多个功能节点，统筹空间要素、优化城市结构、激发地区活力，加强生态维护、促进城市开发保护与利用。具体化的实施策略则可以从下文四个方面体现。

五、朝向空间要素统筹与资源保护利用的策略分析

1. 区域生态修复及周边环境整体改造，形成蓝绿主脉，激发空间活力

正如前文所指出的，北二路和东营河当前的发展在功能上相对来说还是比较欠缺的，业态单一、混合度不高，空间缺乏联系和层次性，利用效率不高，滨水空间活力不足，整体环境品质有待提升。本次规划希望利用政府为主导的综合整治的机会，充分结合市政基础设施工程的有力支撑和实施落实，借助一系列重点节点和项目的打造，并将这些节点和项目用蓝绿交织的纽带串接到一起，为区域发展带来动力、活力和魅力。这一区域所处的北部组团，可以说构成了良好的生态基底。相应地，规划提出把北部组团定位为垦利区、胜北镇、西城、东城等区域的生态核心，实行“生态+战略”，重塑北部片区的功能，发展北部组团以提高城市效率，形成更大区域范围内的大东营发展战略。

结合这样一种战略格局的发展再构，促进东营河及北二路的全线生态绿色贯通。希望可以借鉴如韩国清溪川的改造——进行生态复原、改善水质及设计水岸，促使这一区域以绿色活力的姿态重新展现在人们面前。北二路和东营河将不仅仅是道路、河流本身，她可以成为联系城市不同功能组团的轴心和纽带，将产业、交通、生活、人文、休闲活动都带至此地，并进一步影响城市的周边、激活城市，促进实现更大区域范围内的发展战略愿景。

2. 结合交通环境的改善，增加地面活动场所，更为复合和有效地利用空间

这里将试图借助“两横两纵一环”的城市骨干路网系统的构架，环线通道采用一级公路标准，屏蔽货运和过境交通；“井”字通道则采用加强型主干路标准，解决客运中长距离出行。北二路作为井字通道的关键“一横”，构成整体格局中的“北横通道”，主要就重点路段、节点进行加强，在人流活动密集、城市空间连续

11.规划结构
12.路网优化方案
13.北二路断面分段设计策略

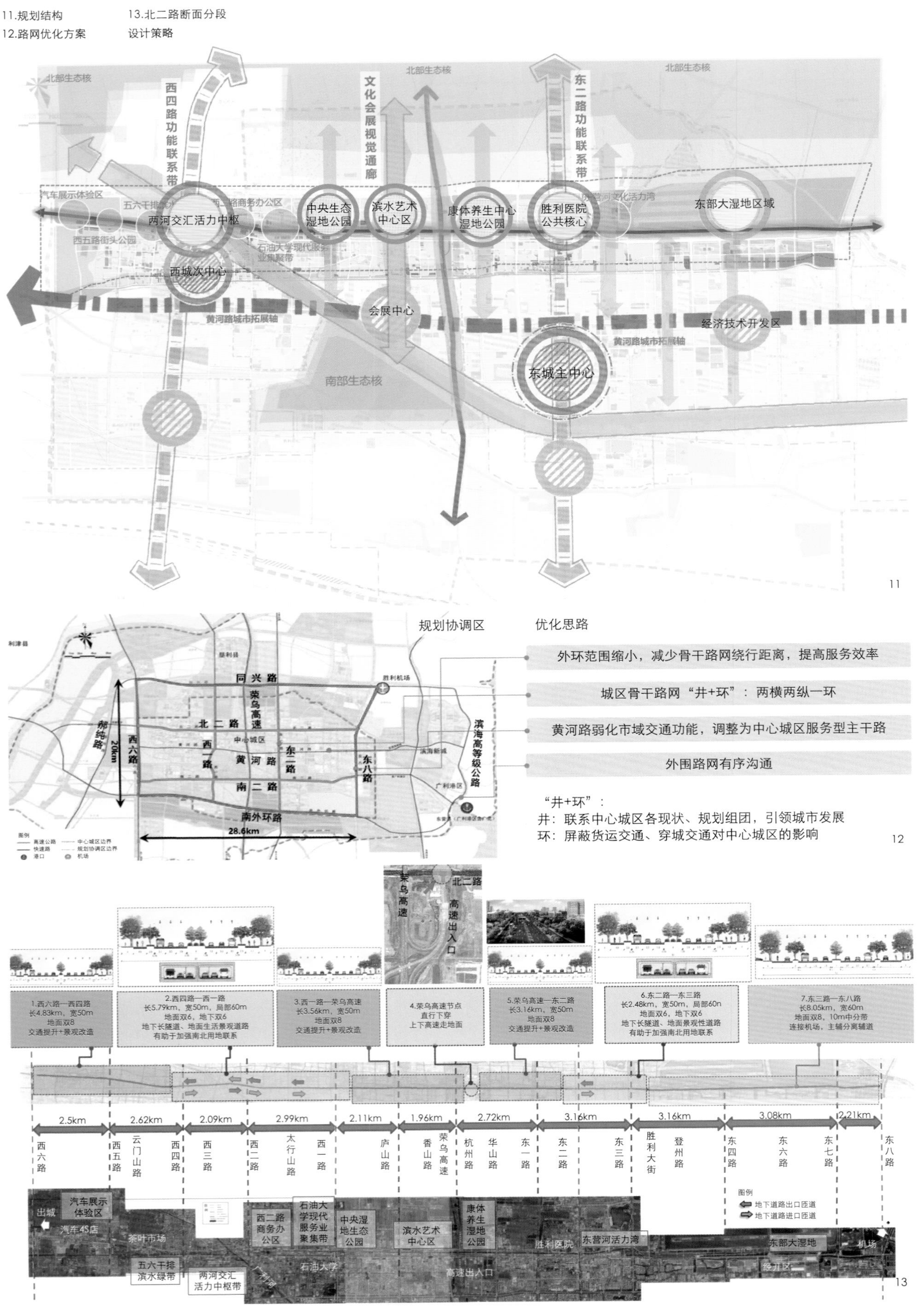

的3个路段采用“地下道路”分解主线交通，在保障整体通行能力提升的同时，可以有效缝合河路两岸的功能节点、更为连续和完整地展现城市形象，服务和串联各城市组团，也引领着北部区域的整体更新。

具体化的综合整治工程概念性规划设计内容，则重点聚焦六个重要节点——涉及三大湿地文化公园、三处公共文化活力核心，尽可能地增加滨水区域开敞地活动空间，并借由立体的空间关系建构，促进城市空间的缝合。比如，公共文化活力核心之一，两河交汇活力中枢的打造，试图连接东营广利河与五六干排两大河流，规划形成立体交通、人车分流，最大化联系和释放地面空间，增加水面和开阔的绿地。连续的滨水步道，可以促进实现广利河沿线的整体贯通，串联起石油主题公园、文化广场、商业配套、游船码头等。

3. 聚焦地区特质与市民诉求，塑造多元化的公共空间，完善慢行网络

项目前期进行了细致的、多种方式的公众参与，实地调研、专题问卷、现场采访、专业研讨等，聚焦功能选择、提升方向、活动类型、设施诉求、文化功能诉求以及主要问题进行了意见收集与分析，在城市特色诉求方面也有了丰富的需求回应统计。本次综合整治工程针对聚焦的诉求进行了重点回应与规划设计安排。

总体的回应思路中，一个非常大的中心是关于滨水

空间的塑造，希望能够重新打造亲水岸线，不光是看到水，还可以跟水有一定互动，形成多样化的亲水形式与空间——这里将拥有湿地公园、康体养生公园、滨水艺术中心、活力中枢、健身步道、水上观光游赏体验等。与此同时，小型公共空间的再生十分重要。正如巴塞罗那的改造，将城市空隙重新利用，通过简单而高效的干预措施、步行轴线的串联等，使那些曾经被忽视的空间重新焕发生机。本次系统梳理这一区域的城市肌理，将建筑、旧小区、旧市场、旧厂房等进行整体考察和改造引导，尽可能发掘潜在的可利用的小型公共空间，促进形成“街道、广场、绿地、岸线”等多种类型的公共开放空间，并且与公共设施、慢行步道、公共活动、绿化景观等紧密结合，塑造城市标志节点，形成有特色和丰富的、有层次和序列感的城市界面。

4. 进行水环境治理、拓展湿地水域，促进低影响开发与海绵城市的构建

综合改造以湿地水域的拓展、整体水网格局为基础，注重水安全、水环境和水生态、水资源、水文化的综合提升，借助“控源截污、内源治理、沟通净化、生态修复”的水环境治理思路，采用“渗、滞、蓄、净、用、排”等措施，通过有效的“调线”“造湖”的海绵城市建设手段，恢复这一地区的生态系统，并尽可能提升人文景观。

结合东营河的不同区段，形成多处大型水面节点，比如，规划的中央生态湿地公园，是在原有水域范围基础上进行拓展，可以构成城市特色水域、海绵载体，对外有机伸展、融入生态格局；内部水体则依托胜利干渠、东营河和市政雨水盘活保留。同时，充分发挥基地范围内的水库、水系、绿化等对雨水的吸纳、渗蓄和缓释作用，在提高步行环境的同时减少开发对环境的影响。此外，还进一步加强水系的疏浚、治污及贯通，提高地区的防洪排涝能力，促进实现“小雨不积水、大雨不内涝、水体不黑臭、热岛有缓解”的城市发展新要求，为周边环境改造奠定生态基底，促进有利于城市河流生态修复的低影响开发。

六、结论与展望

新时期我国城市更为成熟的更新发展模式，日益重视对各种城市问题的解决。从外部条件与内在特性的双重维度，既关注物质形态的营造，又强调社会空间的塑造，来紧密联系规划、土地、建筑、环境与景观等，进行更深层次、更多行动方式的经验总结与探索，满足人们与社会的多元化需求，践行“城市双修”。

本文正是在审视东营市发展战略及布局规划的基

14.滨水空间活力的多元节点激发

15.生态+战略构成图示

16.清溪川的河流改造

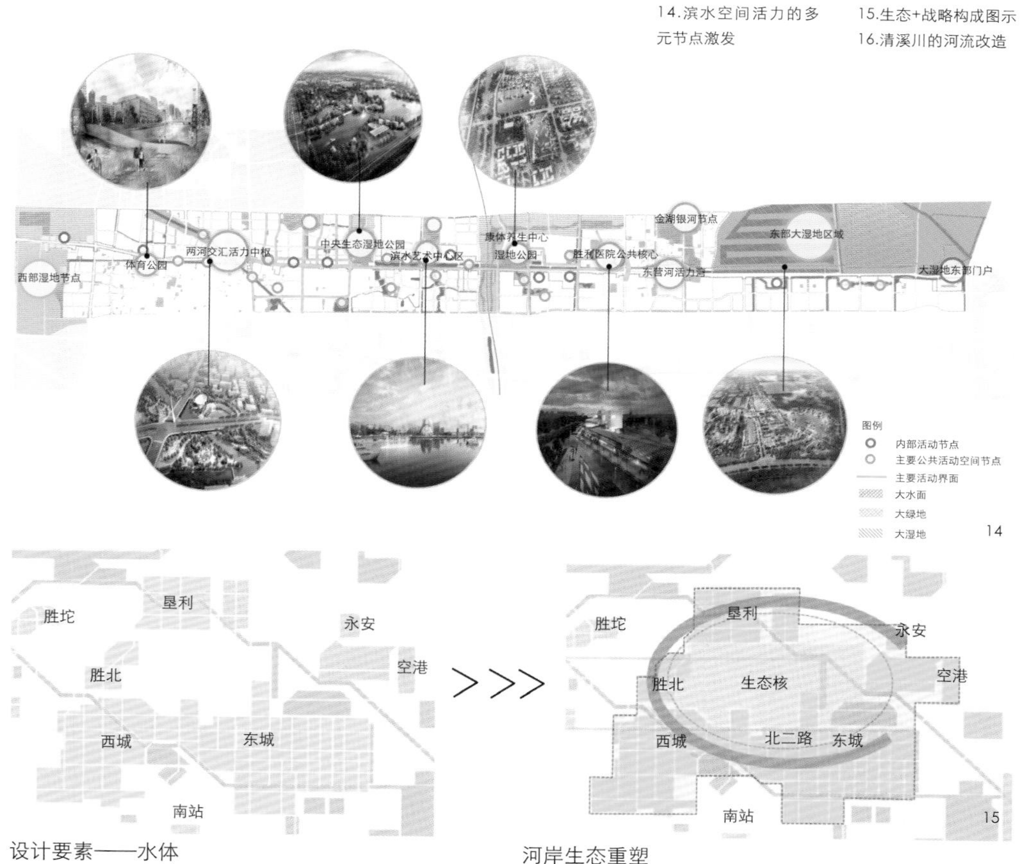

设计要素——水体

除了自然化和人工化的溪流以外，清溪川复兴改造工程中还运用了跌水、喷泉、涌泉、瀑布、壁泉等多种水体表现形式。

河岸生态重塑

强调亲水性的设计理念，充分体现人与自然的协调。

公共空间

设置了市民可以参与其中的极具活力的公共空间，丰富市民生活，提升城市品位。

夜景灯光

力图通过照明规划创造迷人的夜景观，利用沿水岸布置的泛光灯和重点景观的聚光灯结合形成和谐又有特色的灯光效果，即使在夜晚也吸引了大量市民及外来的游客。

16

17-20.两河交汇活力中枢方案平面、效果图及道路改造建议
21.发展诉求与问题访谈聚焦：人们眼中的北二路和东营河
22.问卷调研诉求比例分析
23-24.东部门户湿地文化公园
25-26.滨水艺术中心节点平面

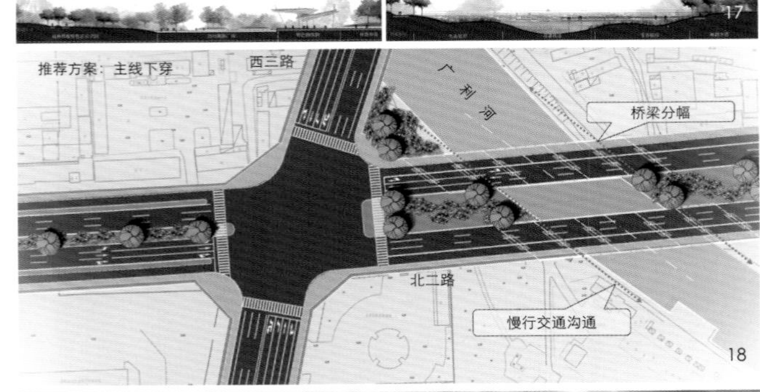

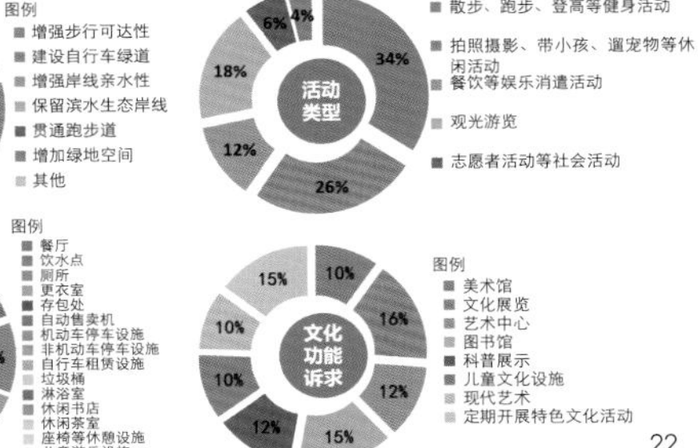

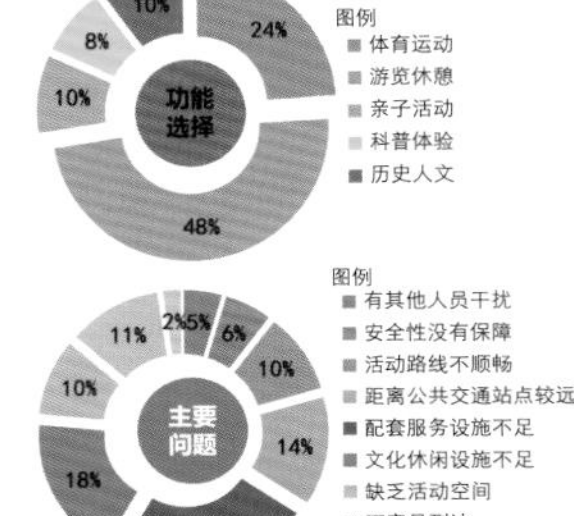

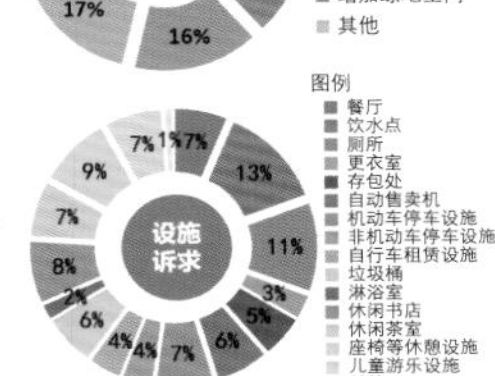

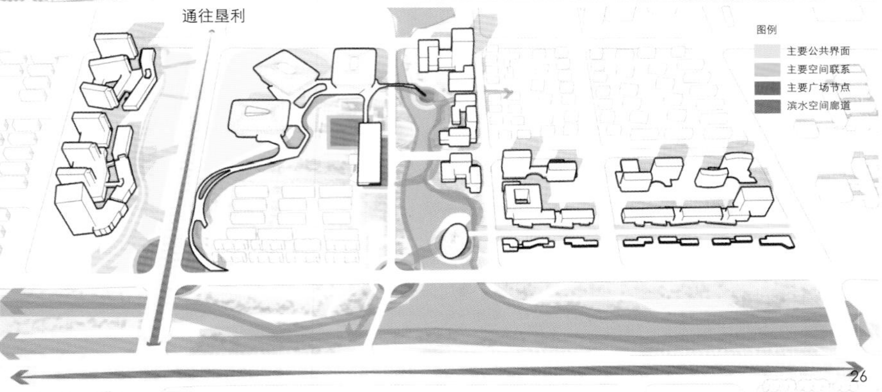

础上，分析这一地区的历史演进与发展中面临的主要问题，结合对市民诉求的了解与回应，寻求发展理念的转变，提出城市结构优化的可能路径，并总结提出朝向空间要素统筹与资源保护利用的主要策略，构成城市更新发展与实践过程中的行动模式探索，力求进一步推动城市的转型发展，为其他城市的有机更新发展提供有益借鉴与参考。

可以发现，从更大的区域来看，东营市的北部区域可以成为城市发展非常重要的一个绿色空间，纵向延伸多条绿廊，融入区域生态网络体系，并借由一系列亮点区域、功能节点，激发两侧腹地空间，全面提升区域功能业态、土地价值、城市形象、环境品质，为资源城市的转型攻坚、战略地位的提升跨越带来全新的契机。

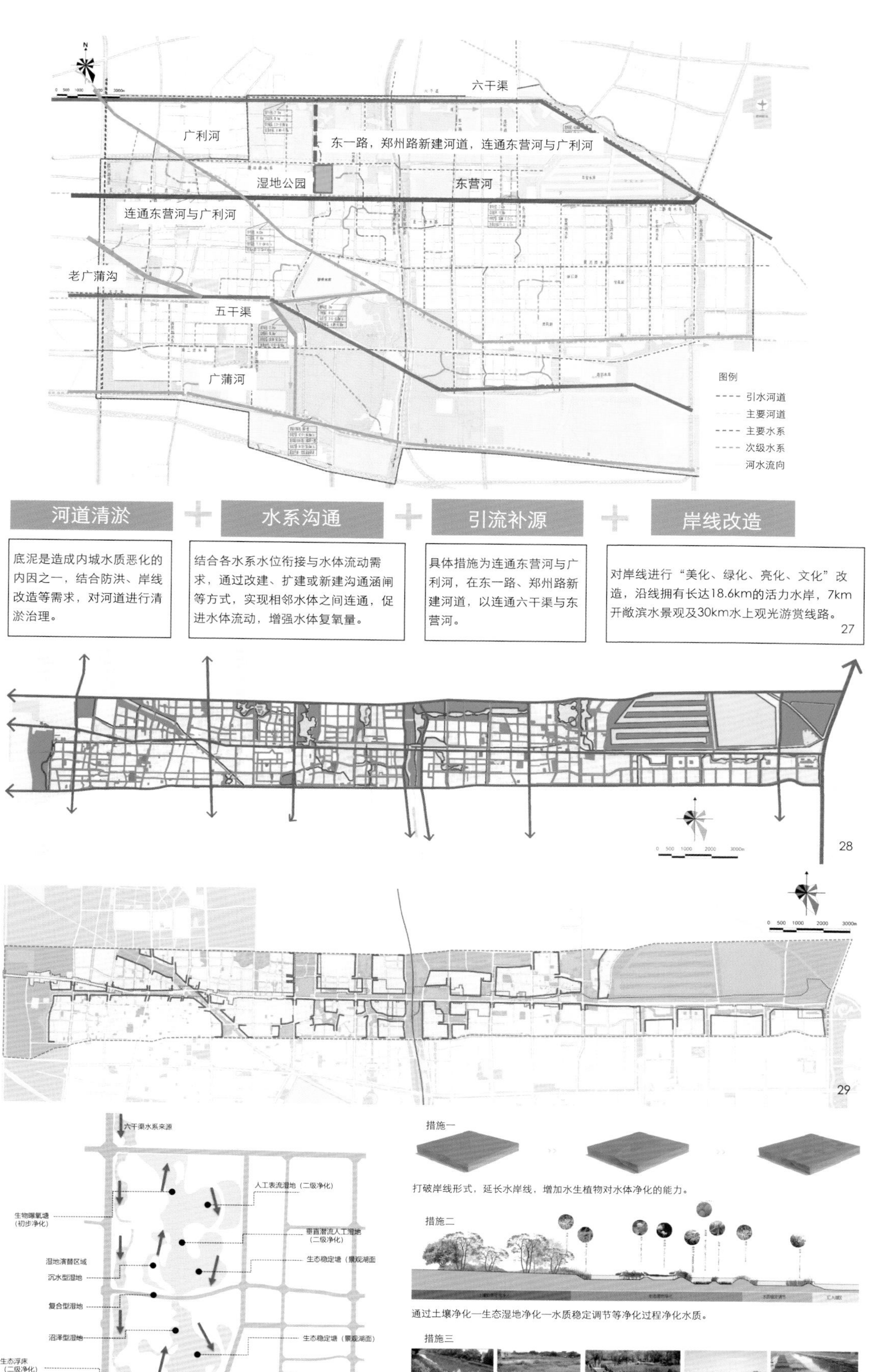

27.水环境治理总体思路
28.塑造多种类型的公共开放空间
29.滨水空间界面
30-31.中央湿地生态公
点水处理措施

参考文献

[1]邹兵. 增量规划向存量规划转型:理论解析与实践应对[J]. 城市规划学刊,

2015(5): 12-19.

[2]中国城市规划设计研究院. 催化与转型：“城市修补、生态修复”的理论与

实践[M]. 北京：中国建筑工业出版社，2016.

[3]倪敏东, 陈哲, 左卫敏. “城市双修”理念下的生态地区城市设计策略：以宁波

小浃江片区为例[J]. 规划师，2017(31): 31-36.

[4]杨毅栋,洪田芬. 城市双修背景下杭州城市有机更新规划体系构建与实践[J].

城市规划. 2017(5): 35-39.

[5]吴志强，李德华主编. 城市规划原理[M]. 北京：中国建筑工业出版社，2010.

[6]卢峰.地域性城市设计研究[J].新建筑，2013(3): 18-21.

作者简介

莫　霞，博士，华建集团华东建筑设计研究院有限公司，规划建筑设计院，城市更新研究中心，主任，国土空间规划所，所长，高级工程师。

从城市规划到行动计划
——重庆市渝北区两路老城片区“城市双修”规划设计实践

From Urban Planning to Action Plan
—Practice on Planning Design of Urban Renovation and Restoration in Yubei Old Town Area

吴 季 李 爽
Wu Ji Li Shuang

[摘　要]　城市双修规划是新时期治理“城市病”、改善人居环境的重要行动，与旧城更新、城中村改造、棚户区改造等传统旧城更新规划相比内容更具全面性和系统性。两路老城片区“城市双修”规划围绕“生态修复”和“城市修补”开展了八个方面的专项工作，以规划为引领，按照规划项目实施效果与难易程度分类、分期形成项目库，强调可实施性，将城市规划变为行动计划。

[关键词]　城市双修规划；行动计划；两路老城

[Abstract]　To compare with planning on traditional urban renewal (old city renewal, urban village renovation and shantytowns transformation), “city double remediation” is a comprehensive and systematic planning as an important action on improving living environment. Around “ecological remediation” and “city betterment”, 8 special works were carried out on “City double remediation” for Lianglu old city area. Focused on practicability and based on planning, a project base was established in stages according to implementation effect, difficulty levels.

[Keywords]　ecological remediation; city betterment; urban planning; Lianglu old city
[文章编号]　2020-83-P-062

“城市双修”是指“生态修复、城市修补”。“城市双修”最早于2015年4月由住房和城乡建设部部长陈政高在三亚调研时首次提出，其目的是试图通过“生态修复、城市修补”逐步解决城市发展遗留问题。城市双修是新时期治理“城市病”、改善人居环境的重要行动，是推动供给侧结构性改革、补足城市短板的客观需要，是城市转变发展方式的重要标志。

过去高速发展时期的旧城更新、城中村改造、棚户区改造等城市更新规划，大多是单一的、片面的、局部的城市空间改造。而“城市双修”规划则强调整体性和系统性，包括总体规划、专项规划、城市设计、方案设计和施工设计等多个层次，涵盖规划、交通、建筑、市政、景观等多个领域，综合性较高。城市双修包含十大方面的工作内容，由四项生态修复工作和六项城市修补工作构成。

生态修复：修复城市生态、改善生态功能。包括加快山体修复、开展水体治理和修复、废弃地修复、完善绿地系统。

城市修补：修补城市功能，提升环境品质。包括填补基础设施欠账、增加公共空间、改善出行条件、改造老旧小区、保护历史文化、塑造时代风貌。

一、规划背景

1. 区域背景

重庆是一座山水之城，城市与山水相依共生。渝北区是重庆主城向北发展的主战场和两江新区腹地，同时也是重庆市“首批山水园林城区”“国家园林城区”和“重庆对外开放第一门户”，生态文明建设和社会经济发展始终走在全市前列。

两路老城片区是渝北区传统中心，面积约3.69km²，人口密集，毗邻江北国际机场，是重庆主城区的北门户。从城市空间格局看，两路老城周边毗邻工业园区、空港新城、国际机场和自然山体，建设密集、空间受限。从交通格局看，两路老城是重庆主城区北部交通门户节点，轨道交通、高速公路、航空枢纽等在此交汇，内外交通复杂。从生态格局看，城市山脊、景观绿带、湖泊水体在此集中，是城市与自然的交汇地带，生态敏感性高。因此，两路老城的城市建设问题与生态环境问题都极为突出和具有代表性，使两路老城片区城市双修规划具有较强的示范意义。

2. 规划诉求

两路老城片区的城市风貌、人居品质、环境质量均有待优化提升，面对拓展空间受限、内外交通复杂的制约，及生态保护与城市建设的矛盾，试图通过双修规划突破城市发展桎梏，提升两路老城的城市风貌和宜居品质，补足城市基础设施短板，提高公共服务水平，寻找新的发展路径，助推两路老城实现转型发展。

二、目标导向与问题导向相结合

本次规划基于政府要求和居民诉求两个层面提出规划目标。从政府角度，渝北城市工作推进会提出“六个优化”工作内容作为宏观层面的总体要求，双修规划需以此为基础制定具体的分项工作目标。从大众角度，“城市双修”规划需要解决与市民相关的城市问题，因此以问题为导向的“发现问题—研究问题—解决问题”是城市双修规划的基本思路，通过线上问卷APP和线下问卷相结合的方式详细展开问卷调查，了解居民诉求，使规划更具针对性。

基于目标导向与问题导向，规划提出“山湖宜居地 · 活力两路城”的规划目标，试图通过城市双修，使两路老城青山碧水、交通畅通、设施完善、宜居宜业、特色风貌、文化出彩。

三、抓住重点问题，突出工作重心

通过对两路老城现状问题进行梳理，发现很多现状问题是目前大部分城市所普遍存在的，这些问题多而繁杂，导致业主难以完全应付。因此，在现状问题分析过程中，需要发现最为突出的关键问题并明确解决对策。

规划根据空间特征和功能差异，将两路老城分为北、中、南三个片区，各片区主要问题和双修规划内容各有侧重。北部片区是老城中心，汇集大量商业、行政办公和企事业单位大院，导致功能混杂、现状尽端路较多，规划提出重点对该片区进行功能疏解，增加支路，通过整体改造提升中心活力，打造两路老城的活力之心。中部片区毗邻崖线、三湖汇集，是老城山水资源最为集中的区域，规划提出重点开展生态修复、公共空间修补和慢行系统修补等工作，打造两路老城的水绿客厅。南部一碗水片区老旧小区相对集中，存在建筑老旧、绿化品质低、街巷空间密集等问题，重点以老旧小区修补和绿地系统修复为主，打造宜居街巷。

四、生态修复

1. 山体修复——修复内外山体，提升城市品质

（1）外部山体

老城东侧的两路崖线是重庆主城区内重要山脊线龙王洞山—照母山—石子山北部山脊线中的一段，具有"尺度大、绿化好"的特点，是老城外部的重要生态屏障，规划以保护和利用为前提，依托良好的山体景观资源在两路崖线景观视线较好的位置打造4处城市阳台，加强山城互动。

（2）内部山体

老城内的两座小山现状面临山体破损、植被稀少、功能缺失等问题，具有"尺度小、破坏大"的特点，规划从山体形态、绿化植被、功能植入三个方面进行山体修复。

①修复山体形态

清理有隐患的碎石，针对山体受损部分，采用削坡开平台、基部覆土回填、挂网喷薄等方式，增强山体稳定性，修复山体形态。

②恢复山体植被

植被对山体生态系统的稳定起到关键作用，采取保护优先、修复辅助的策略恢复山体植被。在需要恢复植被的区域，先进行土质修复，再开展播种、栽植等植被工程，最后持续开展培育、维管工作。

③建设山体公园

结合山体修复增加步道、休憩平台等休闲景观设施，植入游憩功能，打造老城内部的小型山体公园，提升城市品质。

2. 水体修复——开展"源头管控"和"本体修复"，改善老城水环境

老城内的三湖一塘均是人工水体，存在水体封闭、更新周期长、自净能力差等现状问题。补水主要源于降雨，降雨过程中各类污染物随地表径流直接或间接进入湖泊导致水体污染，同时，岸线破坏也减弱了水质净化能力。双修规划从源头管控和本体修复两个方面开展工作：

（1）源头管控

基于海绵城市理念，管控水体主要源头，减

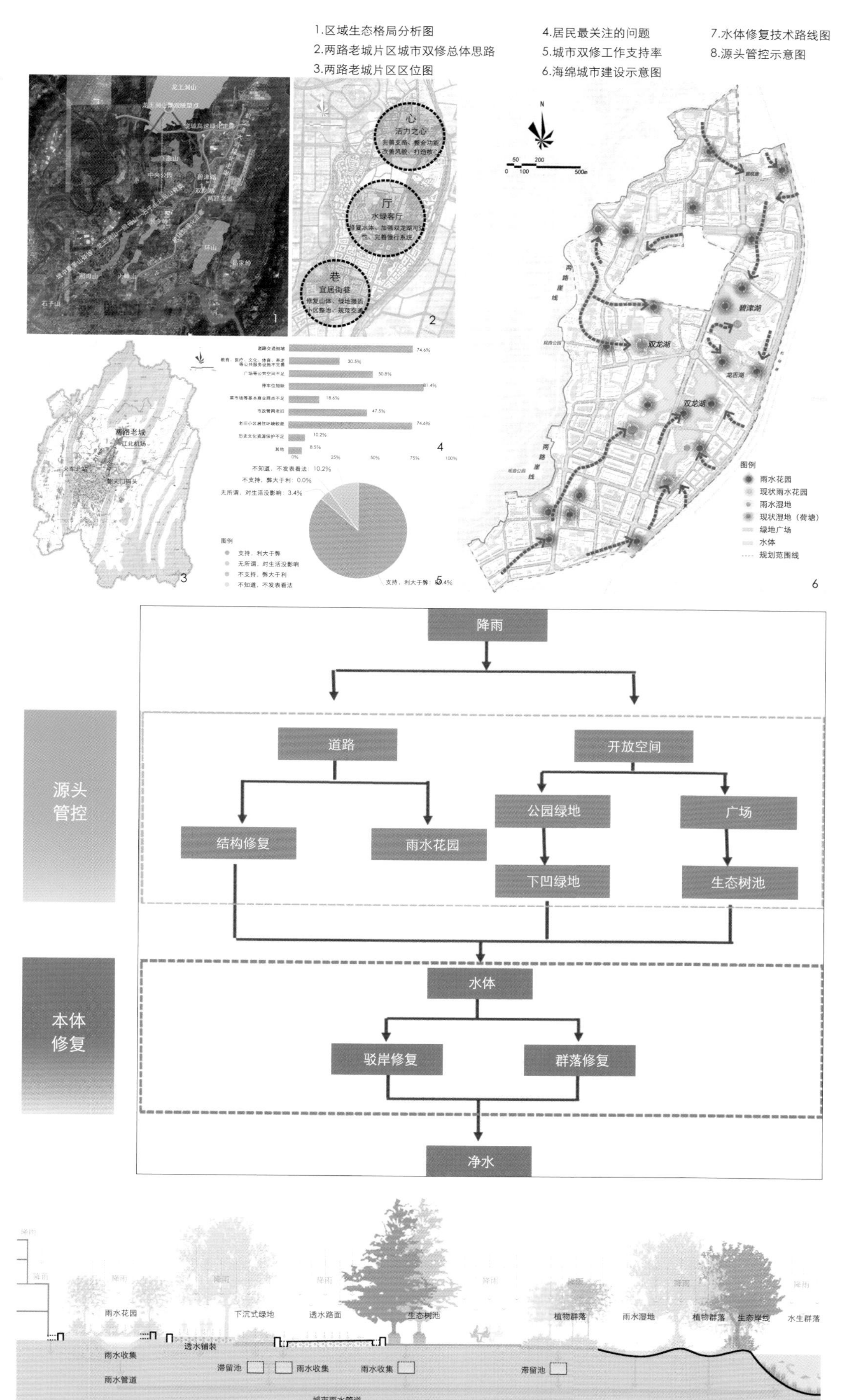

1.区域生态格局分析图
2.两路老城片区城市双修总体思路
3.两路老城片区区位图
4.居民最关注的问题
5.城市双修工作支持率
6.海绵城市建设示意图
7.水体修复技术路线图
8.源头管控示意图

9.总平面图
10.滨湖入口分布示意图
11-15.慢行系统
16.活力之心效果图

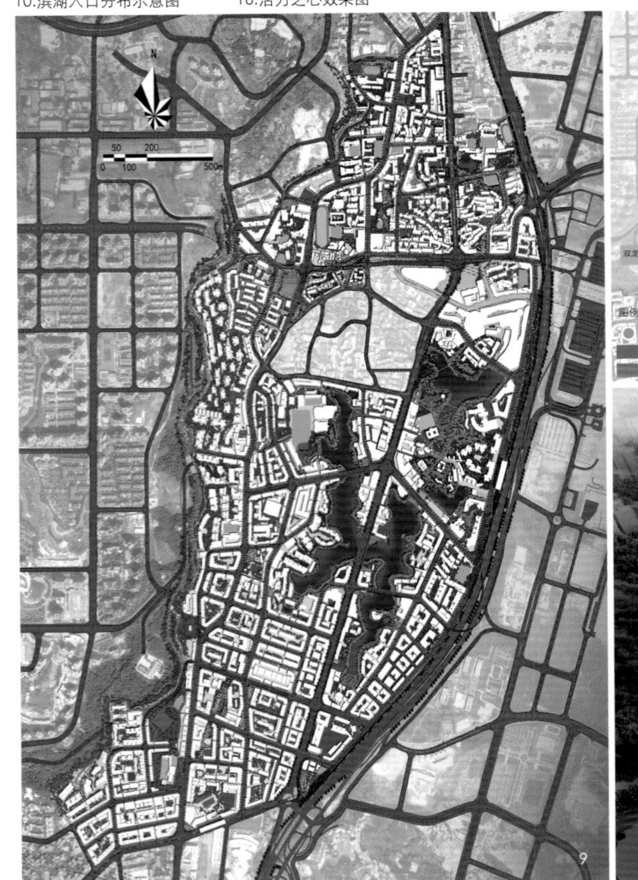

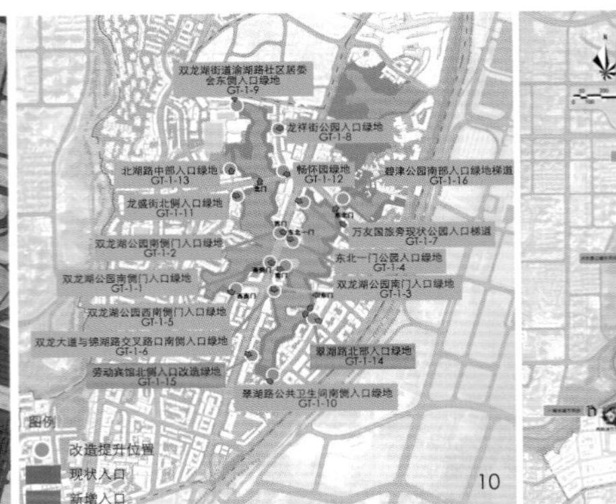

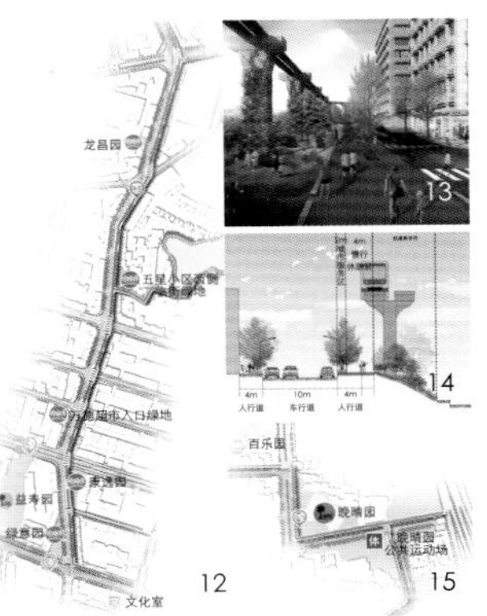

小初雨对湖泊水体的污染。在湖体周边结合现状绿地、凹地设置雨水花园，与雨水管网相衔接，调蓄净化雨水。修复3处滨湖湿地，通过梯级净化和水生植物恢复其水生态净化功能，净化水体的同时塑造湿地景观。

（2）本体修复

一方面采用水生植物和微生物净化技术处理水体富营养化，对水体中的有毒有害污染物进行分解、富集和稳定，增加水体溶解氧，改善水质。另一方面，通过修复受损的生态驳岸，创造良好的水生动植物生境，达到强化水体自净能力、改善水质的目的。

3. 绿地系统修复——优化城市绿地布局，实现“300m见绿、500m入园”

两路老城绿地系统现状存在大型绿地质量好、中小型绿地质量差的问题，规划重点修复质量较差但使用率高的社区绿地和街头绿地，提出“还绿、强绿、增绿”三大措施，一是逐步清退现状建设占用的规划绿地，还绿于民；二是修复现状破坏较严重的绿地，提高绿地质量；三是增加绿地数量，完善绿地系统。结合概念性景观设计，打造8处主题鲜明的社区公园，梳理21处街头绿地形成小而精致的口袋公园，为老城增添更多生机与活力。

四、城市修补

1. 道路交通修补——综合交通整治，疏通城市经络

交通问题是所有老城面临的最主要问题之一，包括道路系统、停车设施、公共交通、慢行系统等多方面的问题。

道路系统方面，规划以现有道路为基础，围绕“窄马路、密路网、小街区”的道路布局理念，完善老城道路网络系统。通过扩宽8处干道瓶颈路段和优化5处干道路口，提升干道通行能力；打通延伸10条支路小巷，构建内部微循环；新增15处过街设施，减小人车干扰，保障人行安全；优化对外立交出入口，缓解进出城压力。

停车设施方面，在老城内充分挖掘各种可利用空间推进停车楼建设，新增15处公共停车楼选址，结合老旧小区改造引导建设装配式简易机械停车库，沿支路合理布局路侧停车位，局部路段设置夜间错时停车位，缓解老城停车难问题。

电动汽车充电站方面，在各公共停车场配置不少于10%的充电车位，将一处现状停车场改建为公共充电站，满足日益增多的电动汽车充电需求。

公共交通方面，重点提高轨道站点服务覆盖面积，疏通轨道站周边500m范围内的步行通道，使轨道站服务覆盖面积由119.7万m^2扩大至249.6万m^2，服务覆盖比例由29.5%提升至69.5%。

慢行系统方面，结合城市水绿网络新增12km的城市慢道，建立“一环、两街、六廊”慢道系统，串联公园、广场、公共体育场地、城市观景阳台、地铁站点等主要公共空间和公共交通节点，通过精细化的线路规划、断面设计和设施布置，营造人性化步行空间网络。

2. 公共空间修补——破解公共空间私有化，加强公共空间可达性

由于早期的粗放开发模式，导致双龙湖滨湖公共空间私有化现象严重，原本属于公众的亲水空间被各类居住小区、单位及家属院占用，现状滨湖空间可达性差，入口标志不明显。规划在环湖区域见缝插针新增11处通湖入口，并设置标识系统，提高滨湖空间的公共性和可达性，局部增加亲水平台和休憩设施，强化公共空间的场所营造。

17.两路崖线
18.内部小山
19.公园绿地改造前后对比（1改造前）
20.公园绿地改造前后对比（1改造后）
21.老旧小区修补前后对比（2现状）
22.公园绿地改造前后对比（2改造前）
23.公园绿地改造前后对比（2改造后）
24.老旧小区修补前后对比（2改造后）

3. 公共服务设施修补——查漏补缺，实现城市资源平等共享

两路老城现状公共服务设施存在分布不均、面积不足、利用率较低等问题。双修规划从社会民生角度出发，以保障城市公共资源平等共享为原则，结合问卷调查与各部门、社区进行座谈交流了解社区居民的实际需求，通过分析公共服务设施的现状布局，校核公共服务设施规划标准，结合控规及相关专项规划要求，采用查漏补缺的方式，重点针对问题较多的居住区级、社区级的公共服务设施进行优化提升。由于老城用地局促，建议采用协调租赁或置换的方式对公共服务设施逐步完善。

4. 老旧小区修补——提升城市形象，改善民生环境

两路老城现状老旧小区规模大、分布散，规划通过要素叠加分析，对建筑质量、高度、权属、景观环境进行综合评估，结合规划管理动态，将老城划分为拆迁改造区、整治修补区、现状保留区三大类型区域，重点针对前两类进行修补。拆迁改造区以政府主导、市场参与的方式进行拆除重建，采用城市设计的思路，对原有功能进行疏解，植入新的城市功能，提升老城活力。整治修补区主要从单体改造和环境提升两方面入手，开展整治立面、 修补屋顶、改造楼梯间、加装电梯、增加绿化、增加健身设施、更新管线、疏通消防通道等工作，建议引入物业优化管理，全面提升老旧小区居住品质。

5. 城市风貌修补——塑造老城特色，提升城市品质

由于两路老城毗邻空港，受机场净空限制，建筑高度分布较为均质，沿路和滨湖空间成为展示城市风貌的主要界面。根据对城市形象的影响程度，将沿路和滨湖的建筑划分为重点整治、简单整治、特色整治三种类型。主次干道沿线建筑为重点整治类，对沿街建筑主体、商业裙房、广告店招及其他附属物进行整治，提升沿街视觉质量。支路沿线和滨湖区域的建筑为简单整治类，主要对建筑进行立面清洗粉刷、安装统一空调机位等，形成整洁的建筑界面。巴渝民俗文化村周边及双凤路沿线的建筑为特色整治类，分别通过巴渝传统风貌改造和抗战陪都风貌改造彰显两路老城特色。

6. 市政基础设施修补——优化市政管线，保障城市可持续发展

规划结合老城各类管网、电缆现状情况，对各项市政基础设施提出整改建设要求，引导架空电缆入地，促进老城给排水、污水、燃气管网建设，构建较为完善的市政基础设施网络，保障老城可持续发展。

五、建立双修项目库

城市双修规划是一项庞大的系统工程，涵盖了城市规划、城市设计、建筑、景观、市政等多个学科领域，从规划到落地涉及设计、实施、建设、管理等诸多环节，双修规划是一个总体统筹协调的过程，并且相较于其他类型的规划更强调可实施性。

在两路老城片区双修规划的最后阶段，通过与业主的深入交流，从城市建设实施的角度出发，将双修规划内容实质性地转化为可建设实施的双修项目库，生态修复和城市修补共梳理出约200个子项目，结合项目实施效果与难易程度进行项目分期和分类，明确项目类型、数量、规模、时序和投资，形成一份城市双修项目“菜单”，将双修规划转变为可实施的行动计划，近期主抓重点示范项目，将复杂问题简单化，实现“以点带面，盘活全局”的良好效果。

六、结语

由于城市双修规划是一种新的规划类型，目前仍处于不断研究探索和践行阶段，本项目也是一个学习、探索和实践的过程，本文作为探讨性文章，期望在此将项目设计心得与读者分享，与各位同行进行交流。

项目负责人：吴季

主要参编人员：刘晓莎、左林鑫、陈平、覃定均、王春霞、余平佳、张齐艳

参考文献

[1]住房与城乡建设部.关于加强生态修复城市修补工作的指导意见[Z]. 2017-03-06.

[2]中国城市规划研究院著.催化与转型：“城市修补、生态修复”的理论与实践[M].北京：中国建筑工程出版社,2016.

[3]杜立柱,杨韫萍,刘喆,刘珺.城市边缘区“城市双修”规划策略：以天津市李七庄街为例[J].规划师, 2017(3):25-30.

作者简介

吴　季，中机中联工程有限公司，项目负责人；

李　爽，重庆市高新区规划和自然资源局，工程师。

意境营建理论下的黄陵城市双修策略初探

A Preliminary Study on the Urban Renovation and Restoration Strategy of Huangling City under the Theory of Artistic Conception Construction

吴左宾 王健婷 田博文
Wu Zuobin Wang Jianting Tian Bowen

[摘　要]　意境是空间感知的重要方式，更是空间发展的灵魂。黄陵城市是我国祖陵圣地，但随着城市的发展，城市意境逐步消失。本文从意境理论内涵和城市双修实践出发，对黄陵城市意境的空间塑造进行探讨。通过定量化挖掘和解析，发现黄陵意境分别体现在隐城于自然山水，融城于城市内部。基于此，为重塑黄陵圣地意境，提出“生态隐陵” 和“城内融陵”两大策略，其中“生态隐城”体现在“绿隐于域”和“隐城于形”，“城内融陵”体现在“功能融合”、“轴线重塑”和“道路分化”三方面，以期为城市双修提供借鉴。

[关键词]　意境；黄陵城市；城市双修；生态自然

[Abstract]　Artistic conception is an important way of space perception, but also the soul of space development. Huangling city is the holy land of ancestral tombs in China, but with the development of the city, the artistic conception of the city gradually disappears. This paper discusses the spatial modeling of the artistic conception of huangling city from the theoretical connotation of artistic conception and the practice of urban double repair. Through quantitative excavation and analysis, it is found that the artistic conception of huangling is embodied in the hidden city in the natural landscape and the inner city. Based on this, to reshape the huangling shrine in artistic conception, the paper puts forward "ecological Yin ling" and "the city melts ling" two big strategies, including the "ecological city" Cain is embodied in the "green in the field" and "hidden city to form", "the city of ling" embodied in the "functional integration", the axis of the "restore", and the path of "differentiation" three aspects, so as to provide reference for city double major.

[Keywords]　artistic conception; Huangling city; double repair city; sacrificial route; axis sequence
[文章编号]　2020-83-P-066

在2015年12月中央城市工作会议中，习近平总书记提出要“加强城市设计，提倡城市修补”“大力开展生态修复，让城市再现绿水青山”，城市双修工作由此提上日程。随着住建部确定的58个城市双修试点城市的陆续建设，城市双修已然成为新时代城市高品质发展的重要推手。从海南三亚的生态修复与城市修补，再到景德镇将双修重点聚焦至文化修补，城市双修发展趋势由生态和城市的修补逐渐转为满足城市精神文化层面的高标准、高层次诉求。因此如何恢复城市记忆，延续城市文脉，重塑城市文化精神格局，对城市双修工作起到了画龙点睛的作用。

城市双修实践开展以来，已取得较为丰硕的成果，相关实践积累了宝贵的经验。其中倪敏东（2017）以宁波的小浃江片区城市设计为例，提出以城市双修为导向的生态地区城市设计新思路[1]。杜立柱（2017）从功能网络拼贴、交通网络织布、生态网络修复、设施网络完善及文化网络延展等方面提出了双修策略研究[2]。周配（2017）针对山地城市“双修”，对其用地局限、交通等基础设施成本高、生态敏感性高等问题进行合理评估，从山水修复、废弃用地更新、城市防灾规划、公共设施提升与特色风貌塑造等方面展开实践[3]。

从中不难发现，城市双修理念已逐渐成为学界研究的热点，且作为中国城市未来发展的必然趋势，城市双修工作针对不同城市具有其差异性。结合城市自身发展需求与城市特色，因地制宜地开展城市双修工作，是未来城市双修工作的必然要求。

一、意境理论与城市双修

意境一词，源于王昌龄的《诗格》一文中，“诗有三境：一曰物境；二曰情境；三曰意境”[4]，其理论内涵最早可追溯至古代文论史中著名的“言意之辩”，核心是对“言意关系”的探讨[5]，总体而言，意境是主观范畴的“意”与客观范畴的“境”相结合的一种境界[6]。空间意境是结合空间的功能和结构特征将主体意图深入化，空间创作及表达趋于情感层面的一种境界[7]。

在空间意境的塑造及表达中，杨玲（2008）归纳总结出空间分隔、延长路径、设置障碍、借景和意境联想等多种以小见大的空间设计手法，以延伸和扩张园林空间和意境[8]。朱建宁（2016）认为意境作为“象”与“意”的中介，在造园要素及题名楹联等组成的“言”和园林承载的理想情思等形成的“意”之间起到重要的纽带作用，通过立意、意象、意境三者之间的转化，借助景象塑造来激发人们的意境与意象，产生共鸣[5]。吴左宾（2019）从质的交融、象的布局、形的塑造、境的呈现4个层次解读了旅游景区空间意境的营建过程，探讨了表心立意、以象尽意、以形表意、自得其意等旅游景区空间意境的营建方法[7]。张茜等（2014）将中与西、古与今相关理论进行比较，从建筑学视角出发，认为意境的塑造是“虚实相生”的过程，应综合空间的限定、空间的组合、空间的体量、尺度、比例、开敞与封闭组等加之空间处理的细节来塑造意境[9]。杨云峰等（2014）认为中国古典园林意境的营造为主题的预设、实境的建置、意境的深化3个步骤[10]。综上所述，意境理论在空间营造方面主要通过塑造景象关系、建立景象呼应，加强意境传递等手法所体现。

在城市双修中引入意境理论，使得城市双修工作内容与目标进一步深化与提升。从生态修复层面来看，意境理论的引入提升了生态修复的内容

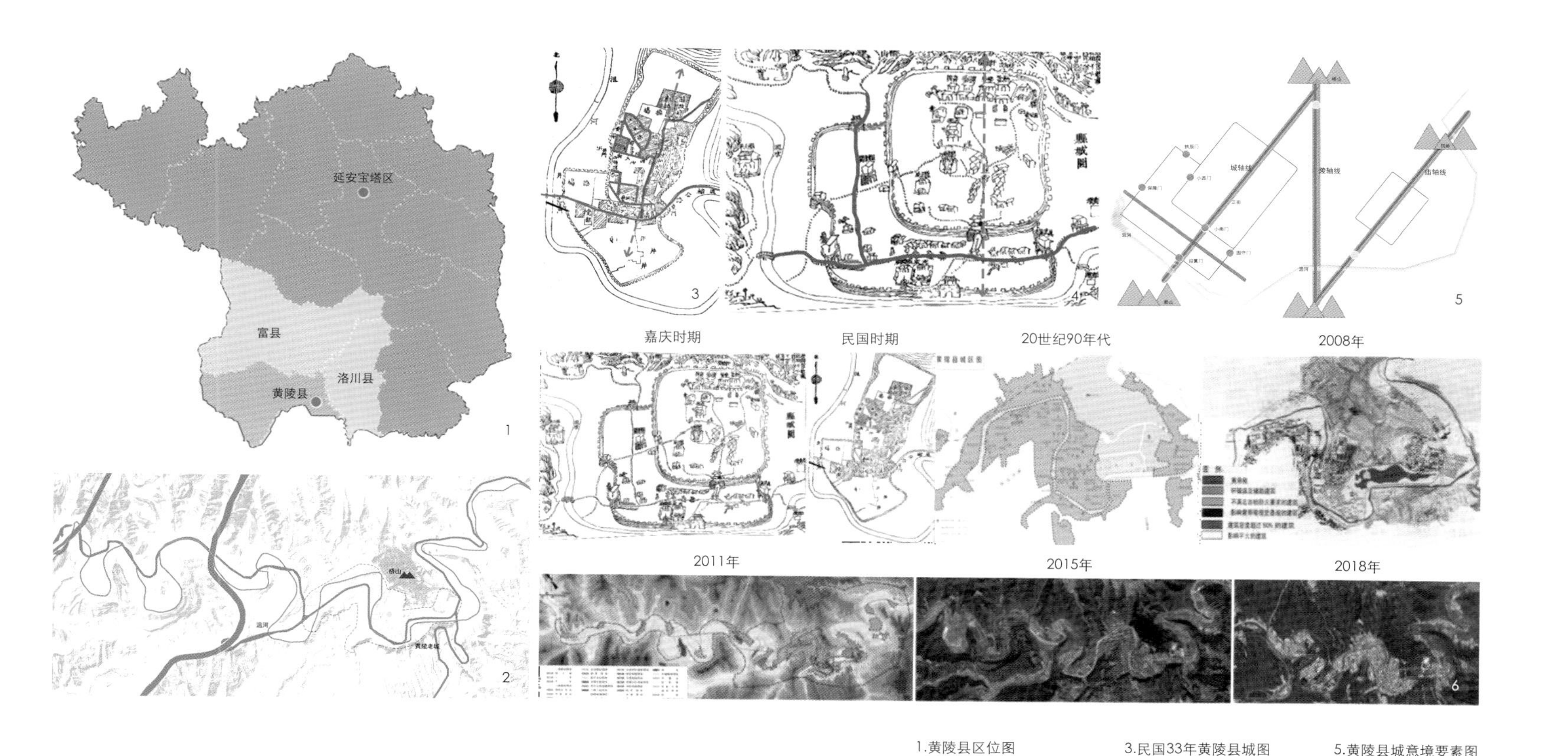

1.黄陵县区位图
2.黄陵县城现状概况图
3.民国33年黄陵县城图
4.清嘉庆黄陵县城图
5.黄陵县城意境要素图
6.城市空间发展图

与高度，意境营建下的生态修补不单是针对城市中被破坏的自然环境和地形地貌进行修复，而是结合技术手段，扩大生态修补范围，通过大范围的生态环境营建，服务于城市意境营造；从城市修补层面来看，意境理论的引入扩大了城市修补的范围与目标，通过功能优化、交通组织、风貌调控等内容，结合城市意境营造目标，综合改善城市内部功能组成与空间结构，从而实现城市意境营造目的。以意境理论为基础，城市意境营造为目的，通过历史条件提取、现状困境挖掘、未来目标构建的三级研究体系，因地制宜地进行城市意境营建双修工作，是实现城市文化修补的重要途径。

二、黄陵城市意境诠释

1. 黄陵概况

黄陵县位于陕西中部偏北，东以北洛河为界，与洛川县隔河相望，南与铜川市宜君县、印台区、咸阳市旬邑县相接，西与甘肃省正宁县接壤，北与富县毗邻，古称桥国[11]。县内是典型的黄土高原沟壑地形，主要的山脉有子午岭和桥山，沮河贯穿整个黄陵县城，山、川、塬、沟、坡、梁、峁、台并存。老县城主要背靠桥山，历史格局保存完好，黄帝陵四周山水环抱，黄帝陵（桥山）居中，黄陵古城于西南依陵而建，守卫祖陵，东南桥山尾部为轩辕庙和祭祀大殿所在，南侧沮水由西向东，蜿蜒而过，形成宽200m至800m不等的河川地，桥山以南为印池，以西则为黄陵县城。

作为5 000年中华文明之肇始，黄帝陵在我国地位尊崇，其不仅有上千年的陵庙建设史，更记载着上千年的官方祭祀史，是中华文明的重要象征。城市具有1 400年的悠久营城史，有其独特的营建智慧与文化氛围。轩辕庙始建于汉代，唐大历五年（770年），唐太宗重新修建轩辕庙与黄帝陵；宋朝，因旧有黄帝庙地势狭隘，不便于尊崇，同时也为避水患，黄帝庙由原来的桥山西麓迁至东麓（即保生宫、黄帝手植柏处），即现今的轩辕庙。黄陵老城是在唐坊州城基础上发展而来，随着历史的推移，黄陵县城逐步向东、西、南三个方向扩张，形成了现今城市格局。

2. 黄陵城市营城意境认知

自古记载“中部城枕桥山，池环沮水，为延州名区”，黄陵老城山水形胜，拱卫桥山，并且，城市选址位于桥山山脉缓坡区，沮河二级台地，以山脉自然地形为城市边界，充分利用地形，融于自然，以成为桥山的一部分，突出桥山之势，墓冢之尊。黄陵城市历史形成的轴线空间序列，反映了黄陵城市建设中对黄帝陵的尊崇和对自然的敬仰。黄陵城市主要包含三条轴线，分别是城轴线、陵轴线和庙轴线，其中城轴线不仅考虑周边山水关系，更注重城陵关系，城轴线以正街为轴，贯穿南北，向北直指桥山墓冢，通过轴线仰望祖陵。历代祭祀活动规格隆重，形成了一系列体现礼制的谒陵路线，黄陵谒陵路线较为曲折，宋代之后，轩辕庙迁至桥山东麓，结合史料和史图推测，谒陵路线从西门进入，沿现在的文渊街穿城而从东门出城，路经先农坛，直至轩辕庙祭拜，而后沿陵东侧的小路上山拜谒。嘉庆时期谒陵路线（现文渊街）上有数个排列整齐的牌坊，以作为空间序列活化祭祀文化，这条谒路线一直延续至今，尚存遗迹。

通过对黄陵古城历史营建经验的挖掘与探寻，黄陵城市意境主要是以圣地感营造为主，其城市营建均以黄帝陵为主，将城隐于自然生态之中。其城市选址“尊陵隐城”，其“隐于地形”“隐于视域”，城市轴线秩序“望陵立轴”，谒陵序列因地形而“谒陵环城”。

3. 黄陵城市现实发展困境

在黄陵城市发展中，黄陵圣地意境氛围逐渐减弱，其归根于“城”与“陵”之间的矛盾。黄陵城

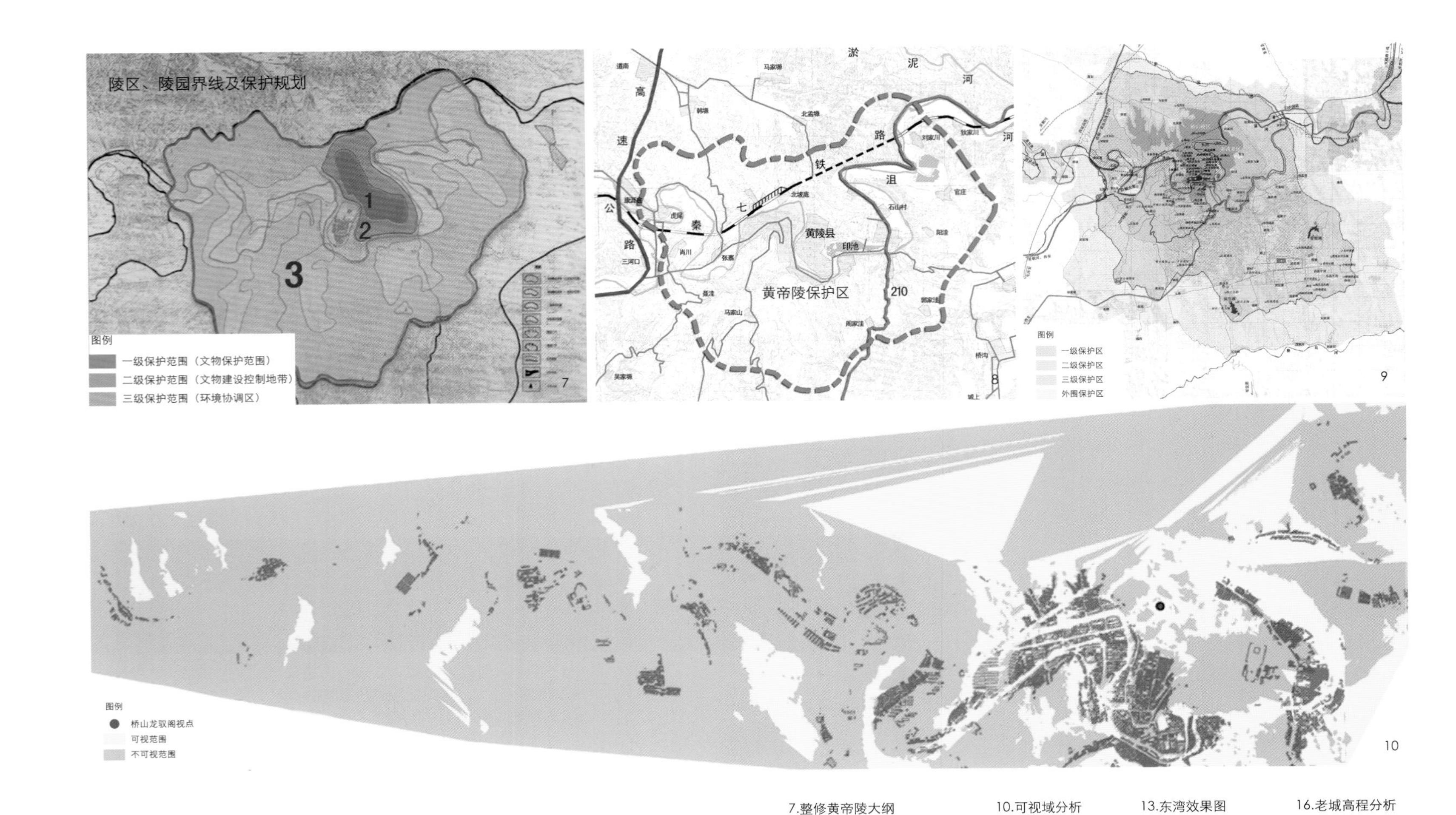

7.整修黄帝陵大纲
8.黄帝文化园总体规划
9.黄帝陵风景名胜区规划
10.可视域分析
11.老城平面图
12.老城功能图
13.东湾效果图
14.东湾功能图
15.老城坡度分析
16.老城高程分析
17.高度控制分析图

市现已开始向老城两侧发展，西侧已开发梨园新区，东侧扩展至东湾片区，南侧至印台山，山水格局日渐蚕食。并且，“城”与“陵”的发展建设，导致长期以来管理者、建设者以及游客仅仅把黄帝陵、轩辕庙和桥山古柏林等核心景点作为保护与游赏的主要对象，忽略了以桥山为尊的周边山水格局和自然环境的提升。

黄陵城市内部也存在城市文化空间压缩、功能混乱、建设风貌不佳等问题。其中，老城内部建设逐渐弱化了历史轴线的秩序感，轩辕正街作为城市历史轴线，无特殊建设或标志提醒，下城建筑均为现代风格的居住和办公建筑，与案山关系弱化，使得城轴线不连贯。并且，城市建设缺乏管理，其中最突出在“西区”的建设，“西区”位于西山和桥山之间，是黄陵县西入口，也是现今谒陵路线，现建筑均为现代建筑，高层林立，致使谒陵路线缺乏仪式感。历史谒陵路线尚存遗迹，但也已被生活性道路取代，并且与交通干道混合，未能形成独立完整的祭祀路线，导致黄陵意境氛围进一步湮灭。

三、黄陵意境营造策略

针对黄陵城市现状意境氛围日渐式微的困境，双修工作基于对意境理论的认知，从生态自然融合和城市功能两大部分重构黄陵城市意境。其中，自然融合以生态凸陵，城市内部更新以体现城市意境，构建黄陵城市特有的意境塑造路线，以延续城市文脉，再现城市精神。

1. 生态隐城

（1）尊陵隐城，重隐于域

黄陵城市借桥山之势，将城市融于自然。为凸显桥山之势，呈现整体封闭、桥山为尊的意境，需要构建“大陵区”的保护范围。黄陵城市意境塑造尺度较大，应紧紧依附于自然环境，因此，将桥山置于保护范围中心，城隐于自然，且对周边划定一定范围，对其进行重点保护和塑造。以视线隐城为目标，从桥山之巅的龙驭阁为视线基点，进行GIS分析，获得可视范围和不可视范围，加强可视域范围内绿化可视性。其保护范围分为两个功能区，分别为以桥山为主题的祭祀文化区，以印台山、西山、虎尾、凤凰山、北山为主体的自然保护区，参考《黄帝陵风景名胜区规划（2017—2030）》，其根据资源分级保护，核定黄帝陵景区范围为69km^2，为体现黄帝时期的仰韶文化以及构建“大陵区”，保护范围划定由黄帝陵景区和沮河流域的秦直道、上畛子、万安禅院、紫娥寺等四个景区组成，共122km^2。

（2）融陵消城，巧隐于形

将历史地图落位于现状地形进行高程和坡度的分析，坊州古城借桥山缓坡之势，将城池隐于地形，城池南高北低并逐级抬高，以自然陡坎作为东西南北边界。老城整体建筑也应顺应地势，逐步抬升。为保证看到至少三分之二的桥山，视截面以910m等高线为准，对建筑高度采取控高，并选取部分节点，对其遮挡物进行适度控制。为凸显城市特征，黄陵城市色彩应选取源于自然要素的土黄色和灰色为主，强调色可以选用比较亮，色彩较浓重的，不争抢自然之色，融于自然。

2. 城内显陵

（1）功能融合，协同发展

黄陵城市意境从宏观格局塑造桥山之势，借助功能变化以体现城市意境，更新功能以服务古城，进而活化黄陵文化。从历史发展及城陵和谐发展角度来看，黄陵城市发展应以黄帝陵核心景区为中心，老城环抱景区，形成圈层式的发展模式。坊州古城承担黄帝陵核心景区的服务、展示功能，故对老城建筑质量、功能进行评估，通过功能置换，重新划分功能。上城主要以特色民宿、民间艺术体验、特色商业街区、文化展示和谒陵序列空间展示为主，下城主要以文化展示、特色民宿、商业和酒店接待为主。东湾片区布局服务于游客的餐饮住宿娱乐等功能，并且在黄帝陵的核心区域，可设置文化体验展示区，如中华姓氏堂、文明肇造园等，用以凸显圣地环境的神道区域、展现远古文明演化的舞台、感知黄帝伟业。老城与新开发地区功能互补融合，更好服务于黄帝陵区，展现城市特色。

（2）历史轴线，重塑其序

黄陵城轴线遥望桥山，以自然地形逐级抬高强化轴线和意境，以营造肃静之势。现古城轩辕正街轴线感弱化，为增强其轴线感，营造望陵立轴的意境，不仅需要地形的变化来加强感知，也可以通过对周围环境和建筑的控制来达到目的。轩辕正街内增加节点和绿化空间，将遗留建筑和历史环境串联，强化轴线秩序感，对两侧民居功能建筑功能置换为文化展示类和体验类，并且轴线两侧风貌可遵循遗留建筑风格，以坊州上城（唐时期）风格为主。

城轴线与庙轴线互相平行，陵轴线拉结了老城轴线与庙轴线，因此强化陵轴线是联系老城和庙之间关联的重要途径。在桥山上形成了“太平山—龙驭阁—黄帝墓冢—汉武仙台—下马石—印台山”的陵轴序列，在“下马石—印台山”序列

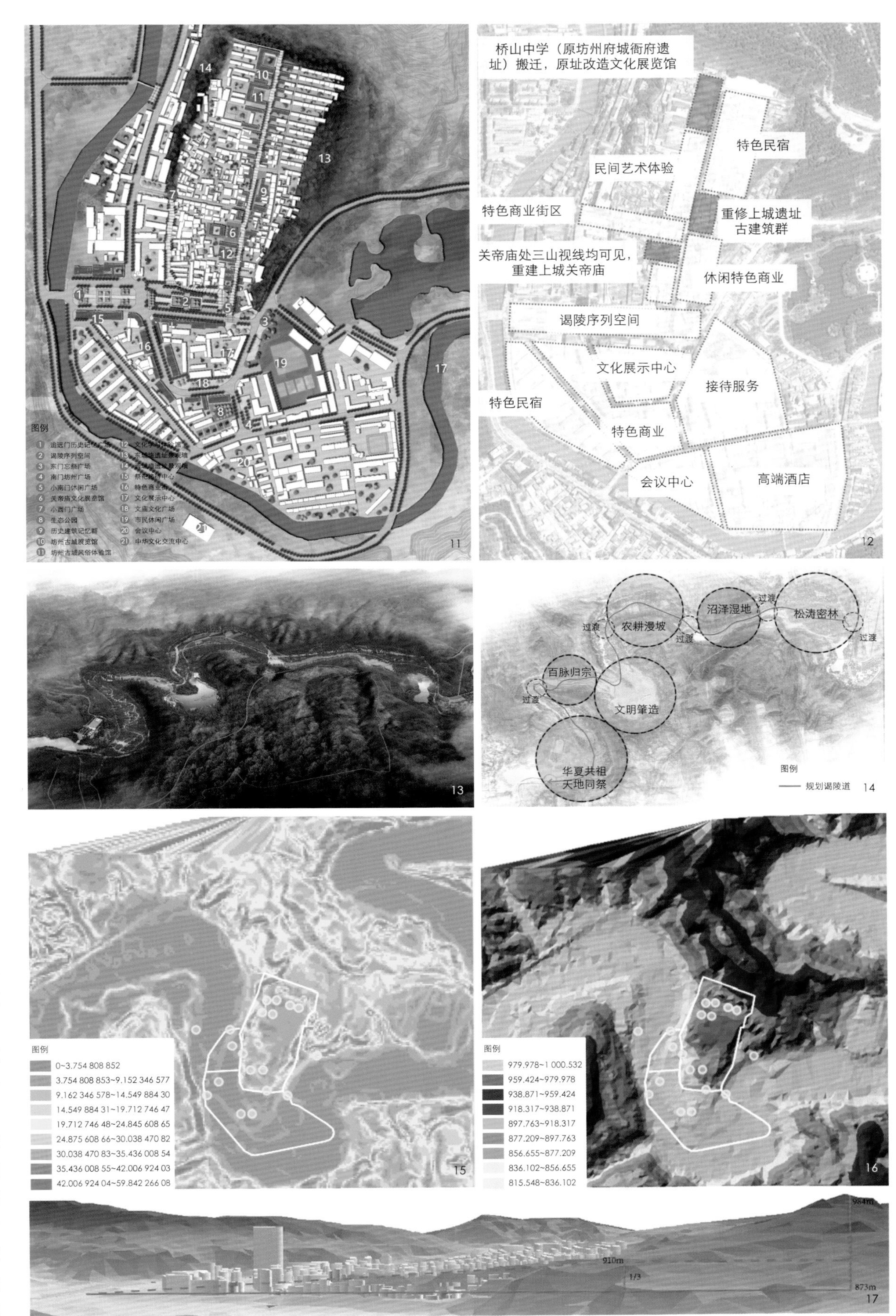

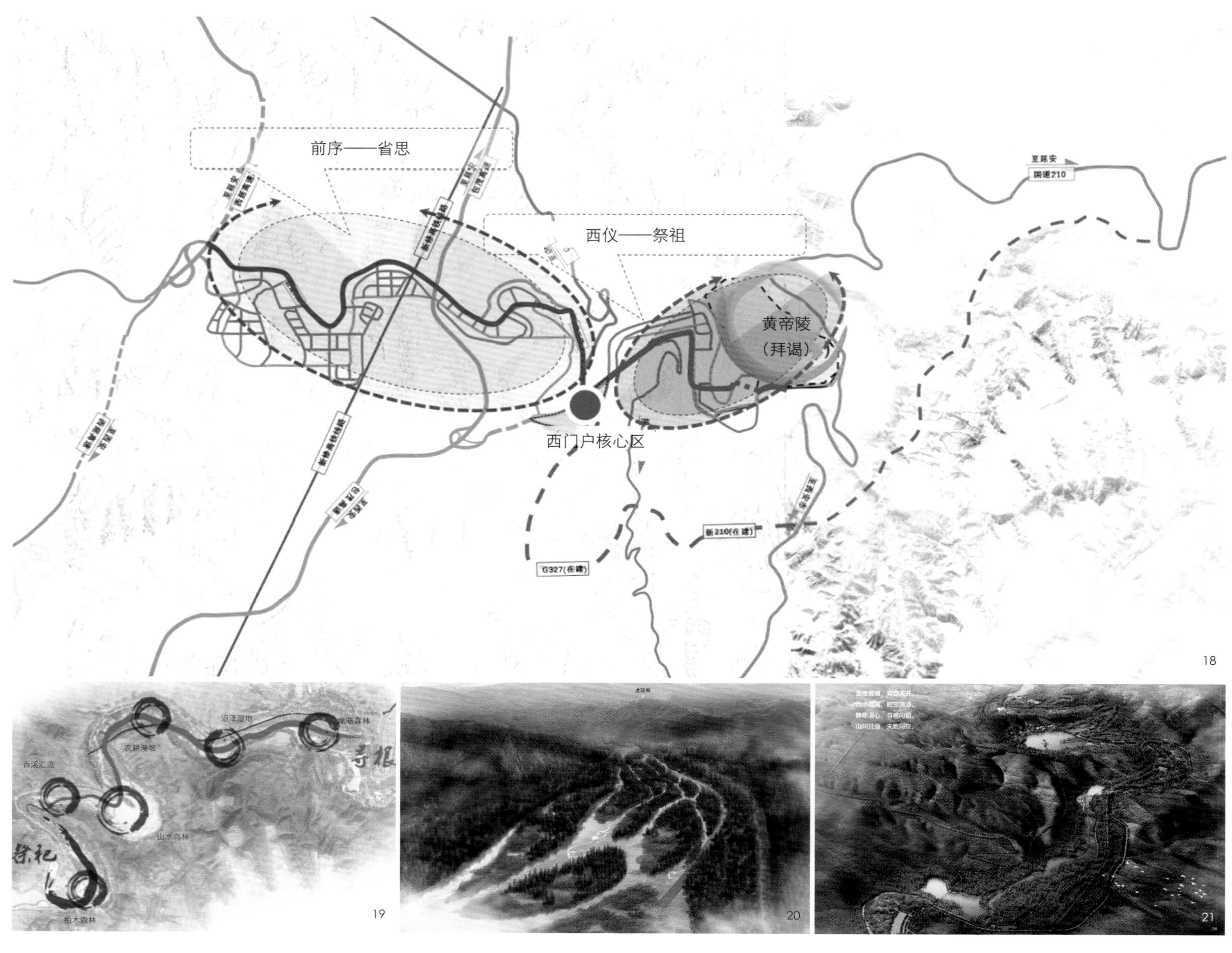

18.祭祀路线空间序列　19.东湾祭祀路线序列　20.东湾祭祀路线效果图　21.东湾祭祀路线效果图

之间，没有与庙轴线有关联的空间。因此，完善陵轴线，在其南端的印台山视点复建魁星楼，形成有始有终的轴线空间，同时，在陵轴和庙轴相交处，增设实体空间，作为点睛之笔，通过实体空间与虚体空间的结合，以形成完整的“陵—庙—城”核心区，塑造完整及富有感知的轴线序列。

（3）道路分化，时代回归

黄陵拜谒路线，古已有之，为活化路线，增强意境感知，历史营城时增加了诸多节点空间。现状文渊街，是历史上黄帝陵祭祀线路组成的一部分，对其进行序列重塑，分为前序、西仪、拜谒三部分，以丰富路线节点，增加拜谒仪式，其中，前序省思，通过以山河生态恢复，川道转折，彩旗招展营造空间序列感，其中以富有黄帝文化的节点串联成列，增强进入黄陵城市圣地感。西仪祭祖为过渡空间，通过穿越城区，改变轩辕大道道路断面，中部留有步行空间，两侧种植松柏，建构仪式感的谒陵空间，最终达到黄帝陵园这一圣地空间，将圣地氛围升华到极致。

历史谒陵路线展现历史意境，构建全新生态谒陵路线，是满足城市生态环境的需求。东湾片区现状建设少，自然本底好，打造入陵线路具有得天独厚的优势。东湾路线以黄帝陵为核心，以展示生态为主题，串联黄陵文化。路线从东入城，从外环在建G327搭接G210驶入黄帝陵祭祀区域，该线路可从印台山下山全称俯瞰黄帝陵。借助“空间+情绪+心理”的环境塑造手法，东谒陵路线以6大自然景观段落，塑造六段寻祭心路历程。以密林为门，山水为景，递进寻根，通过川道转折结合密林布局景观空间的收放，形成五开五合，再结合不同的功能，形成寻根区和祭祀区。新线路的规划以期形成两侧入城的格局，充分展现谒陵路线的秩序和文化，保留老城内部完整格局。

四、结语

空间是文化表征的根本[12]，城市意境的营造是对圣地文化的传承，也是实现黄陵城市精神感知和

22.东湾祭祀路线平面图

形象彰显的重要途径。围绕以黄帝陵为中华文明标识，对黄陵意境修复进行探讨。文章挖掘了黄陵城市意境要素，从“生态隐城”和“城内显陵”两方面提出意境重塑策略，运用城市双修手法进行细微织补和修复，以期为黄陵城市未来的发展和建设提供部分借鉴。

参考文献

[1]倪敏东.陈哲.左卫敏.“城市双修”理念下的生态地区城市设计策略：以宁波小浃江片区为例[J].规划师,2017,33(03):31-36.

[2]杜立柱.杨韫萍.刘喆.刘珺.城市边缘区“城市双修”规划策略：以天津市李七庄街为例[J].规划师,2017,33(03):25-30.

[3]周配.孙燕红.“城市双修”之山地城市模式研究：以湘西州古丈县为例[J].中外建筑,2017(10):122-125.

[4]张伯伟.全唐五代诗歌汇考[M].南京：江苏古籍出版社，2002：172.

[5]朱建宁.“立象以尽意，重画以尽情”：试论意境理论的文化内涵与创作方法[J].中国园林，2016，32(5)：86-91.

[6]陈道山.商丘古城“天圆地方”格局的文化意境解读[J].规划师，2011，27(7)：104-107.

[7]吴左宾.程功.意境理论下的旅游景区空间营建方法探讨：以云南泸沽湖竹地片区为例[J].中国园林.2019.35(01):128-132.

[8]杨玲.王中德.空间与意境的扩张：中国古典园林中的以小见大[J].中国园林.2008(04):57-60.

[9]张茜，曹磊.立象以尽意：意境理论与空间意境生成解读[J].建筑与文化，2014(1)：99-100.

[10]杨云峰，熊瑶.意在笔先、情境交融：论中国古典园林中的意境营造[J].中国园林，2014，30(4)：82-85.

[11]何炳武，刘宝才. 主编. 陕西省志 · 黄帝陵志[M]. 陕西人民出版社. 2005.

[12]张景秋.城市文化与城市精神：规划中的辩证统一[J].规划师2008.24(11)：10-13.

作者简介

吴左宾，博士，西安建筑科技大学，硕士生导师，西安建大城市规划设计研究院，副院长，高级工程师；

王健婷，西安建筑科技大学建筑学院，硕士研究生；

田博文，西安建筑科技大学建筑学院，硕士研究生。

城市双修背景下特色街区场所精神营构探究
——以金华金帆街为例

How to Build the Characteristic Block under the Guidance of "Urban Renovation and Restoration"
—Takes the Design of Jinfan Street as an Example

王佐品 周静宜
Wang Zuopin Zhou Jingyi

[摘　要]　2017年3月6日，住房城乡建设部印发了《关于加强生态修复城市修补工作的指导意见》（以下简称《指导意见》）。该意见指出，各地应将“城市双修”作为推动供给侧结构性改革的重要任务。主要目标任务中指出，2020年，“城市双修”工作初见成效，城市基础设施和公共服务设施条件明显改善，环境质量明显提升，城市特色风貌初显。街区作为城市重要的公共空间，在城市双修进程中起着重要作用。文章以金帆街的规划设计为例，探究在“城市双修”理念指导下，如何构建一个富有场所精神的特色街区。

[关键词]　城市双修；场所精神；特色街区；文化活力；有机更新；金帆街

[Abstract]　On March 6, 2017,the Ministry of Housing and Urban-Rural Construction issued "the guiding opinions on strengthening the work of ecological restoration and urban repair". It notes that all localities should make "The Urban renovation and Ecological Restoration" as the main task to promote the supply-side structural reform. The prime target proposes that "The Urban renovation and Ecological Restoration" will achieved initial success in 2020,urban infrastructure and public service facilities will significantly improved, urban characteristic styles will initially apparent. Block plays an important role in the process as the important public space. This article takes the design of JinFan Street as an example to explore how to build the characteristic block under the guidance of "The Urban renovation and Ecological Restoration".

[Keywords]　the urban renovation and ecological restoration; space spirit; characteristic block; culture vitality; Jinfan street

[文章编号]　2020-83-P-072

一、引言

当前，在中国城镇化发展取得巨大成就的同时，也出现了许多挑战。城市建设盲目追求高速度、高效率，生搬硬套、错误的定位使得街区丧失了重要的场所精神，“千城一面”变成了普遍现象。

《指导意见》从四个方面对推动“城市双修”工作提出了具体指导意见，其中第三条便指出“城市双修”应修补城市功能，提升环境品质。要求填补城市设施欠账，增加公共空间，加大违法建设查处拆除力度，积极拓展公园绿地、城市广场等公共空间，完善公共空间体系。控制城市改造开发强度和建筑密度，根据人口规模和分布，合理布局城市广场，满足居民健身休闲和公共活动需要。在此基础上，保护城市历史风貌，塑造城市时代风貌。

金帆街作为金华市城市风貌的重要组成部分，不仅起到通行的作用，更为居民提供各类生活服务和休闲、娱乐、社交等多样化的公共场所。从功能上讲，它是城市文化、商业与旅游的黄金结合点，是满足市民与游客消费需求的重要场所。金帆街作为塑造城市特色、提升城市品位和竞争力的重要载体，其特色景观改造，既是完成自我有机更新的过程，也是对城市风貌产生积极影响的过程，重要性不言而喻。

二、城市修补实践

1. 项目背景

金帆街位于金华市西南端城郊结合地带，街道呈南北走向，总长1 550m，景观面积约8.8万m^2。项目所在地区位条件优越，场地东侧为金华职业技术学院校区，西侧多为已建和规划在建的产业园区。

与此同时，场地内部也存在一定问题。金帆街作为城市次干道，交通承载能力有限，而场地内高校与工业区并立，也导致人行、车行交通混乱，既存在安全隐患也影响街区的品质与形象；建筑风貌略显生硬，整体特色不突出，街道缺乏活力；街道笔直通畅，只起到基本的交通与商业功能，无法提供多样化的交往空间；景观营造缺乏主题性、场地特色与文化内涵。

基于对金帆街现状资源的解读与分析可发现，场地开发潜力较大，但也存在一定遗留问题。主要表现为街区琐碎单一，风貌定位、功能不明确，空间缺乏场所精神。

2. 设计理念

城市双修倡导的是一种提升空间品质的可持续规划方式，其重点在于改善生态环境质量、补足城市基础设施短板、提高公共服务水平。通过提升城市治理能力，打造和谐宜居、富有活力、各具特色的现代化城市，让群众在“城市双修”中有更多获得感。

目前国内各城市争相提倡的“特色”街区除了依托国际化的商业、休闲、游览功能标准，更多地意在强调自身的城市特色和场所精神的构建。场地特征是明显的、较易为人知的场地自然特征，是眼见的“物理地图”。场所精神则是根植于场地自然特征之上的，对其包含或可能包含人文思想与情感的提取与注入，是一个时间与空间、人与自然、现实与历史纠缠在一起的，留有人的思想、感情烙印的“心理化地图”。城市趋同化的背景下，城市特色的存续应当回归到“人”的层面——即城市空间结构的体验感知者自身。

以上两方面第一点代表场地“硬性”的条件，强调场地自身特色的挖掘；第二点重视人对于场地的情感，是“软性”而富有人文气息的。这与城市双修所提倡的“城市特色”与群众“获得感”不谋而合。

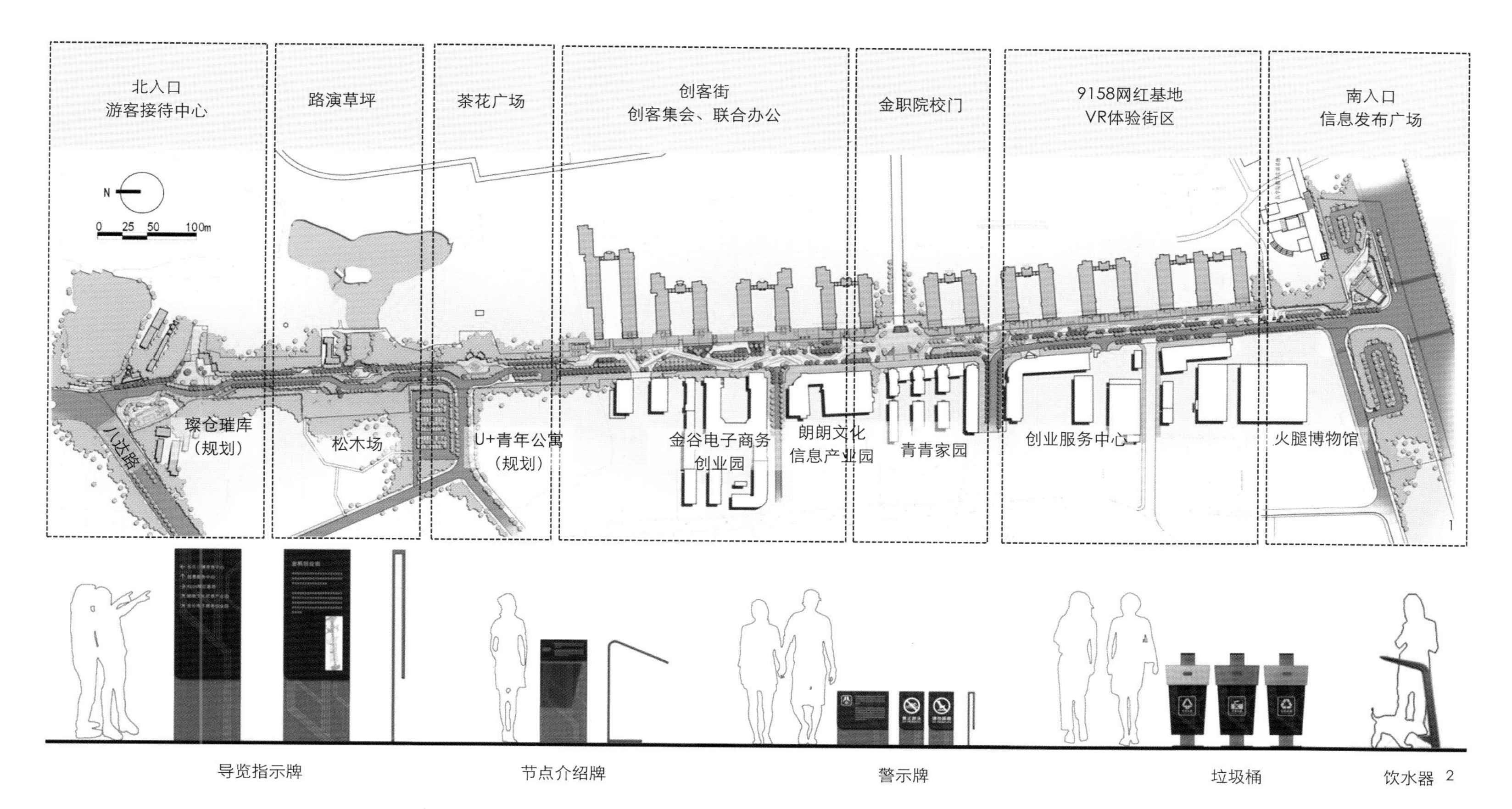

1.金帆街总平面图　　2.景观设施

项目设计理念以此为出发点，分析场地活动人群的基本特征，因地制宜地置入适宜场地发展的多样化设计策略，通过激发场所的多种活动可能性，提升城市街区的公共活力。

金帆街的主要活动人群包括互联网创业者、投资者以及金职院学生，此类人群具有创新意识与创业热情，渴望寻求合作伙伴与投资机会，以室内和半室外空间作为主要交流场所。

因此在设计中追求一定的创新，提取互联网中的“线路”元素，以此象征看似复杂实则严谨的景观秩序。每条线路都串联起特定的环境景观要素，可能是坐凳、挡墙、铺装、廊架、建筑，甚至原有行道树也成为线的组成部分，如同电子世界中的线路一样流动、交织、协调，使之成为一个统一的整体。

规划整体倾向于广场公共空间化的设计，并试图模糊建筑与景观、室内与室外、平面与立体之间的界限，使得传统街区完成向广场公共空间的转化，营造有景观层次、有节奏变化、有活力的创客工作和生活集聚的空间，将金帆街打造成一处集创业、生活、工作和学习于一体的多功能特色街区。

3. 特色营造策略

回看过去社会发展阶段中的街区设计，许多只是完成对公共基础设施的改造完善或是打造一条商铺林立的商业街，而未曾考虑街区中应融入场地自身特色，从而导致各地街区总给人“似曾相识”之感。根据《指导意见》中所提及的“塑造城市时代风貌”要求，在设计过程充分挖掘金帆街发展过程中形成的文化特色，以此为设计立足点。

金帆街依托金华经济技术开发区的发展优势，利用网络经济蓬勃发展的产业优势和金职院区块人文环境优势，通过“产、城、人、景”统筹，推进产业集聚、产业创新和产业升级，并且依托先进的互联文化产生积极向上的“创客文化”与“创业精神”。

创客文化的核心在于创新，代表着热衷于创意、设计、制造的群体以饱满的热情与活力为自己同时也为全体人类去创造一种美好的生活。创客群落普遍年轻、充满朝气，富于创造力和想象力，在车库、咖啡座等具有创业文化符号的空间内，以崭新而又个性化的方式开创事业。

“特色街区”并无一个明确定义，但其基本属性应是场地特色的存续。因此，本项目决定以互联网文化为基础，以创客文化为创新突破口，同时有机结合校园文化，构建特色街区的文化框架。

4. 活力激发策略

结合金帆街的设计理念及文化框架，在中段依托电子商务创业园规划创客街，为青年创客、投资商，打造开放交流的生活和办公环境；南端依托创业服务中心建成9158网红基地，具备创意街区的形象展示、创客体验等功能。

金帆街中段北起龙栖宾馆，南至美和路，区段内有金谷创业园、朗朗文化信息产业园和金职校门等设施。整体设计采用简洁明快的线性铺装，以灰白为基调，不仅追求视觉的美感更注重环境对人心理体验的影响。

在美和路节点处通过架空廊道和特色坡道、台阶围合出椭圆形的广场空间，视线通透又具有一定的围合感，便于吸引人群在此处聚集、休憩。广场景观顺势而为，以坡道侧壁为背景布置美和路入口标识牌，同时满足场地两侧不同人流的交通组织需求。

南段自美和路到330国道，为金帆街对外的景观展示面。在9158网红街的设计中多用公共艺术的手

3.局部构思草图
4-5.场地现状照片
6.北入口植物改造示意图
7.中段植物改造示意图

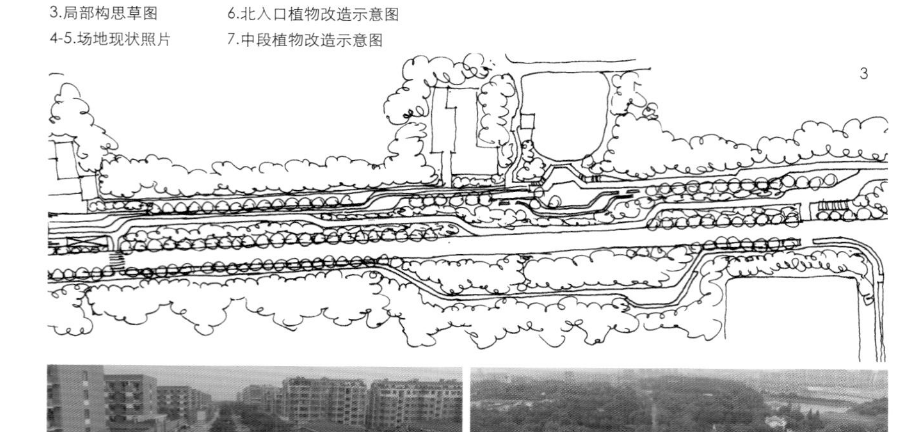

法，如特色鲜明的雕塑、可移动的互动交流盒等，多样化的公共服务设施创造了更多人与人面对面交流的机会。

《指导意见》中指出塑造城市风貌的过程中应完善夜景照明、街道家具和标识指引，加强广告牌匾设置和城市雕塑建设管理，满足现代城市生活需要。因此在把握整体格局的同时也强化景观设施对环境的点缀作用，以整体景观设计的手法和形象为灵感，采用极具张力的“线”来体现互联网文化特色，选取钢板、木材以及石材为基调材料，以锈红色、深蓝灰为基调色，根据不同功能部分点缀深黄色，运用高品质的加工工艺呈现现代、简洁的风貌。

整个街区充满活力，体现勇于进取的“创客文化”，建筑和景观形成紧密的互动关系，共同构成异常丰富的体验系统。

三、场所精神的营构

对“以人为本”的诠释可以分为两个层次，第一层次是生理的，也是最基础的，即设计是否符合人使用的基本标准、景观设施是否安全、稳固；第二层次是心理的，是完成基础诠释以后的更高追求，更重视景观环境对人心理的暗示。

场所精神既是一种结果又是一种推动力。精神作为人的意志表达，可以诉诸环境；环境也可以影响和塑造人的精神。重视场所精神便是“以人为本”，强调人的感知，甚至可以对街区功能运作起到“推波助澜”的作用。本次金帆街场所精神的营构主要通过街道尺度、建筑外部形态、绿地植被及铺装材质这四个方面展开。

1. 街道尺度的把握

街道与建筑立面形成的尺度关系会给人心理带来不同的感受，或闭塞或开放。人们并不是孤立地感受一条街巷空间，水面、古树、开阔的广场……这些要素都能使人感到豁然开朗。对于街区而言，把握好街景布局的开合关系方能积极引导人群与环境产生良性互动。

金帆街北中南三段开合各有特色，北段主要为茶花公园入口，氛围开阔疏朗，注重将人群视线往莲花池及状元红湖一侧积极引导，打造生态活力的休闲环境。此处人行道路宽度往往在2~4m之间，更多地创造空间便于游客集散和停留。

中段为联合办公创业街，车行仅考虑基本的交通及消防车之用，步行街则拓宽至10m左右，期间穿插多样的林荫茶座、木平台，既有开放洽谈的场地也有私密分享的围合空间，使人置身于此身心放松，为创客们提供了良好的交流、休憩、商洽的环境氛围。

南部9158网红街，为了更好地营造南段创意街区氛围，车行道路在原有12m道路基础上改为7.5m，拓宽金职院一侧步行空间。

2. 建筑外部形态改造

建筑外部形态改造深入贯彻“适用、经济、绿色、美观”的建筑方针，通过对建筑现状的深入分析，以“更新”的手法争取利用最合理的投入获得最契合场地文化的建筑效果。改造灵感来自互联网数码世界二进制数位的演变图形。在保持建筑透明度的同时，构成建筑的第二层表皮。通过不同材质在立面上勾勒出一个立体的步行体系，贯穿始终，以此表达了在互联网、数码世界中穿梭的寓意。受此启发，建筑改造主要从灰空间系统、表皮系统、色彩系统这三方面着手。

（1）灰空间系统

通过加建的手段使一层灰空间总体外扩2.4m，形成多种类型的折线形“廊道空间”；二层的部分连廊空间在原有裙房的间隙处建造露台和有顶平台形成节点，既可以供游客驻足观景又起到了连通一层空间的作用；三层将屋顶适当挑高创造有顶盖的灰空间，打破了过于单板僵直的建筑立面，使得天际线多样生动。灰空间系统形态各异，实则将建筑相互串联形成动态变化的流线型空间。也将街道的开放空间引向建筑室内，强化交流的氛围、营造更强的街区活力。

（2）表皮系统

《指导意见》指出在开展“城市双修”的城市设计中，应延续城市文脉，协调景观风貌，促进城市建筑、街道立面、天际线、色彩与环境更加协调、优美。金帆街原有建筑东西立面差异较大，相互关系弱且品质感低。对于建筑外立面的改造，并非采用大刀阔斧的拆除手段，而是在原有基础上，利用穿孔金属板、木格栅等通透材质作为建筑的二层表皮，实现建筑外立面的有机更新，既有简洁明快的现代质感又能产生不同的光影变化，整体风貌统一的同时可以针对不同的功能形成不同的透明度和立面效果。

（3）色彩系统

人们对色彩的情感体验是最为直接和最为普遍的。色彩对人引起的视觉效果反映在物理、心理和生理并同时产生作用。

金帆街中段金职院建筑立面原色彩为单一的砖红色，给人感觉机械单调，改造过程中延续其原有色系，但选取明度更高更多样的红色起到引导人流的标识性作用。而南段的火腿车间建筑体量较大，立面改造则采用灰色系同时搭配灯光效果给人大气沉稳之感。

3. 绿地系统

场地内原有绿化形式主要为单一的线性绿化且绿地分布不均匀，整体绿化率较低。在绿化景观设计时保留现有的植被作为本底，与南北两组公共绿地空间相整合，着重构建完整的绿色景观廊道。结合金帆街规划的分段功能需求，营造优雅舒适、时尚现代感的景观环境。

北入口以高大挺拔的榉树加现状黄山栾树，形成现代前卫的树阵广场作为金帆街北段的形象展示，同时搭配早樱作为观花中层植物形成茶花公园入口对景绿廊；北段沿街界面做适当优化梳理，呈现丰盈苍翠、浑厚沉稳的街区入口形象。

中段以榉树、黄山栾树作为主景树，树阵组团与开敞的广场场地组成了灵动的线性空间，节点穿插阵列式的植物元素，林相层次清晰，林下树荫空间与阳光广场有机融合，疏朗通透、清新简约，下层观赏灌草赏心悦目。

南段重塑入口形象，大尺度的林相营建配合景观营建，以榉树、无患子形成以秋叶树为主体的树阵街道，下层以树池、花钵为载体小面积栽植花草地被，明丽的观花地被植物来描绘大地景观的风貌特色，林下空间视线通透、整洁纯净，为创意者与合作者提供交流切磋的优质环境。

4. 铺装系统

铺装连续而富于整体感，同时根据各路段主题适当在材料、色彩和铺装肌理上

8.北段茶花公园入口效果图
9.中段联合办公创业街效果图
10.南段火腿车间色彩改造示意图
11.9158网红街效果图
12.中段建筑色彩改造示意图

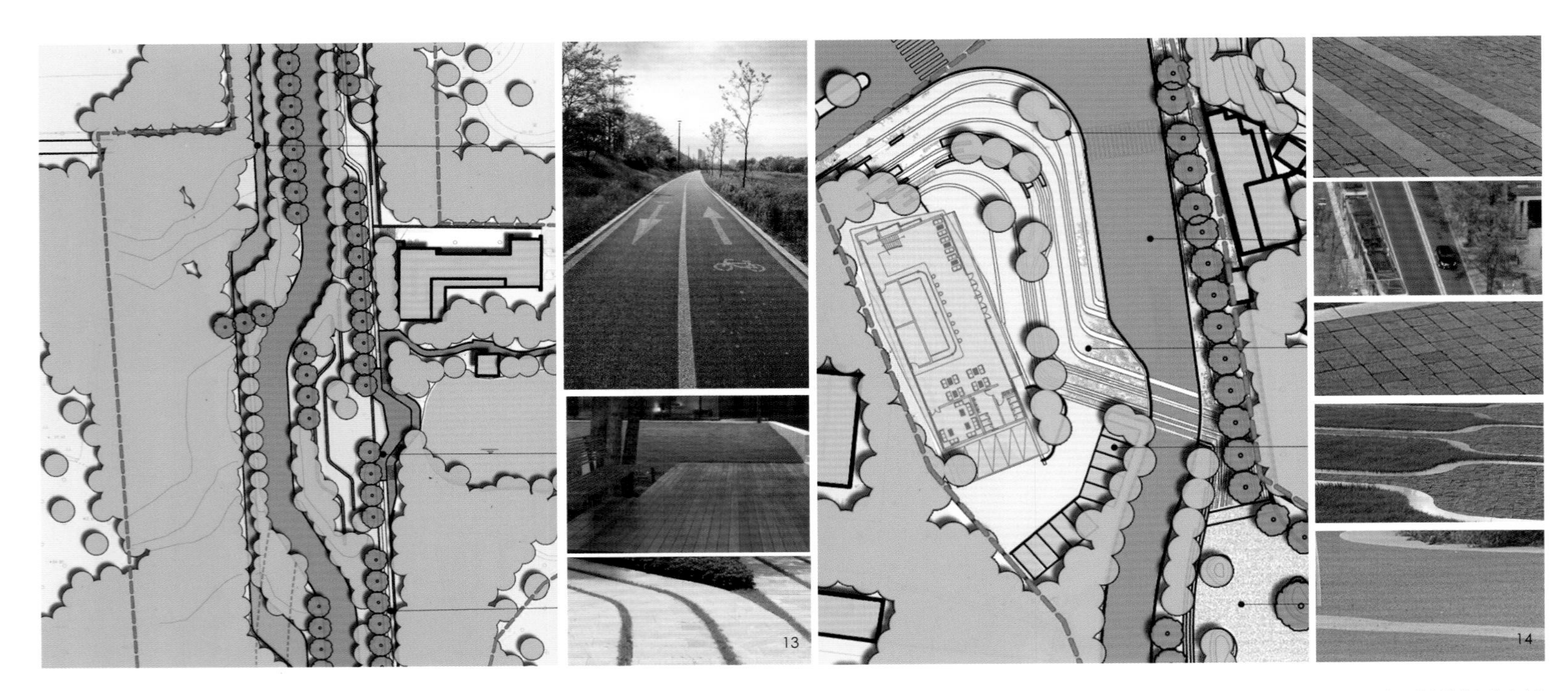

13.主要节点铺装设计方案1

14.主要节点铺装设计方案2

有所变化，使其与整体环境氛围相协调。

人行道铺装形式整体采用集成电路板“线路”的概念，色彩上以灰色石材为主，某些场地以彩色沥青作点缀渲染活力气氛。电路板形式的铺装图案形成丰富的线性变化，将人引导入连通的室内廊道，与建筑形成紧密的互动关系，街区成为办公场所的一部分，实现了“留”与“游”的统一；自行车道铺装采用橙红色透水混凝土，其色彩具有的强力标识性与车道、人行道形成鲜明的划分，提高骑行者的安全保障。

四、结语

景观场所可以给人带来功能使用上的方便、审美享受和精神上的愉悦。空间物质的天然条件和不同的时空维度使得空间形式的设计表现多种多样，也正是籍此景观表达了人和环境的多种关系。对于金帆街的改造，追求的不仅仅是一处具有“商业价值”的街区，更是对于在新兴互联网产业背景下特色街区如何发挥其城市修补功能的一种探索。在探索过程中，强调“人”的感受，构建多样化的场所精神，形成人与环境的多重交融：场所内的人群感受到景观环境内在的含义，又反作用促进景观的发展。

任何一个街区的形成，必定是多因素作用的漫长的过程，其自身呈现的效果是对于当地“市井文化”最好的诠释，因此设计时，采用更为柔和的有机更新的手法代替传统改造手法的“推翻重建”，在保留的过程中完成风貌的延续和提升，并且与周边的城市环境产生积极的对话。

在统一与完整的相互建构中，景观形成了开放的、发展的循环体，最终成为对“城市修补”这一概念的实践运用和生动诠释。

项目负责人：郑捷

主要设计人员：钱钧、赵思霓、王佐品、李晟华、董杭滨、徐勇、侯晓青、周立、张弈、郭正东、洪雪峰、李正然、胡兵湘、陈芝诚

合作单位：否则(上海)建筑设计事务所 黄喆、董凡正

参考文献

[1]薛晴, 何文婷. 城市特色街区的时代特征及发展趋势分析[J]. 经济问题探索, 2012(03):47-52.

[2]李永红,赵鹏. 默语倾听，兴然会应：在地段特征和场所精神中找寻答案[J]. 中国园林, 2001(02): 29-32.

[3]孙磊磊. “序列场景”与“空间体验”：一种对城市特色街区空间结构的整体性研究[J]. 华中建筑, 2017, 35(11): 8-11.

[4]陈夙, 项丽瑶, 俞荣建. 众创空间创业生态系统：特征、结构、机制与策略：以杭州梦想小镇为例[J]. 商业经济与管理, 2015(11): 35-43.

[5]王海军. 场所精神：景观设计的内核[J].艺术设计研究, 2007(04): 10-12.

[6]胡晓娟, 鲍英华. 探寻场地的场所精神：基于感官之上的场所体验[J]. 华中建筑, 2014, 32(02): 145-148.

作者简介

王佐品，中国美术学院风景建筑设计研究总院有限公司，人文景观研究院，景观副总建筑师；

周静宜，中国美术学院风景建筑设计研究总院有限公司，人文景观研究院，助理景观设计师。

中医智慧启发下对“城市病”的治理
——以九江“洋街”策划和概念规划思路为例

The Treatment of "urban Disease" Inspired by the Wisdom of Traditional Chinese Medicine —On the Strategic Planning Thinking Methods of the Former Concession Street Jujiang, Jangxi Province

程 愚 王 莉 莫璐怡
Cheng Yu Wang Li Mo Luyi

[摘　要]　历史文化街区作为国家历史文化名城考核的一个重要指标，九江市决定通过城市规划技术手段恢复大中路历史文化街区风貌。文章将借用中医学理念重新认识和解决历史文化街区问题，借用针灸概念用小规模、有针对性的城市治理方法来治愈大规模城市疾病。通过研究分析九江市老城区的生态修复、城市修补，治理“城市病”、改善人居环境、转变城市发展方式，以期为我国历史文化街区规划提供新的“城市双修”理念和案例参考。

[关键词]　城市修补；生态修复；历史文化街区；九江市

[Abstract]　As an important index of national historical and cultural city assessment, jiujiang city decided to restore the historical and cultural district of da-zhong road by means of urban planning technology. This paper will use the concept of traditional Chinese medicine to re-understand and solve the problem of historical and cultural blocks, and use the concept of acupuncture to cure large-scale urban diseases with small-scale and targeted urban governance methods. Through the research and analysis of the ecological restoration and urban repair of jiujiang city's old city, the governance of "urban disease", the improvement of living environment, the transformation of urban development mode, in order to provide a new "urban double-repair" concept and case reference for China's historical and cultural district planning.

[Keywords]　city repair; ecological restoration; historical and cultural blocks; Jiujiang city

[文章编号]　2020-83-P-077

一、项目背景介绍

为通过国家历史文化名城考核，江西省九江市拟按照申报国家历史文化名城有关标准规范，通过重点保护和修复历史建筑、历史街区，进一步强化文化遗产保护传承和合理利用，基本形成以九江历史文化名城为核心，以名山、名水、名城为重点，充分体现九江地域文化特征的历史文化遗产保护体系，更好地保持和延续九江传统文化和历史风貌。

根据国务院《历史文化名城名镇名村保护条例》，在所申报的历史文化名城保护范围内还应当有两个以上的历史文化街区。本项目就是其中一个极为重要的历史文化街区——大中路历史文化街区（西段）。历史上这里曾因外国租界占据而被被称作“洋街”，位于九江市主城中心区北部，目前属于浔阳区溢浦街道。北滨长江，南至甘棠湖，长度近4km的大中路原来是九江的主要繁荣的商业街区，近年来因城市发展变迁、空间外扩，周边的商业格局升级，加之早期缺乏合理规划，失控的违章建设，大中路逐渐失去了往日的繁华，呈现为建筑破旧、商业凋零的“城市伤疤”。

为恢复此历史文化街区风貌，使其焕发新生，九江市决定针对大中路周边的历史街区进行保护性开发，2018年启动了本项目。项目策划介入之前，已经有一轮历史街区保护规划和开发规划。第一次参加项目会议，分管领导对规划成果提出了很高的要求，业主迫切希望能看到创造性的解决方案，既能解决历史建筑保护利用，又能带动商业发展，还能结合长江、甘棠湖的自然景观特色资源，更能体现九江城市美景、历史文化和新时代风貌。策划和规划团队重新考察了现场，初步调整用地范围，即位于大中路（西段）两侧、消防队以及租界旧址一期项目旁，总用地约72亩的地块。

二、核心问题导入

通过参加市长规划专题会议、重新探访项目现场、考察周边城市资源和环境，我们认识到项目最为突出的三个基本状况：

第一，这一区域存在的的问题就是“城市病”。种种现象包括：旧街道商业活动衰落，步行体验枯燥缺乏吸引力；地块周边道路拥挤，缺乏机动车停车位；违章搭建情况严重，建筑间距严重不足，空间秩序混乱，城市风貌杂乱，解决“病症”是当务之急。

第二，项目的“痛点”在于优质的城市景观资源无法合理利用。深厚的历史人文资源反而成为发展的包袱，九江市区缺少有特色的旅游目的地，到访游客都被庐山吸引。如何利用“山”“江”“湖”的资源，结合历史街区资源，“通江达湖”，整体打造城市吸引力，这是“解痛”的关键。

第三，“活化历史文化街区”和“历史街区保护”的矛盾亟待解决。项目地块内一大批清末到民国期间的租界建筑物，被登记为“文物点”（指具有历史、艺术、科学价值，尚未核定公布为文物保护单位的不可移动文物）后，无人打理修缮，也因建筑破旧无法商业营业。历史保护和开发利用的矛盾，一直以来都是难以协调的问题。

既然这些被称为“城市病”，那就必需“求医问诊”加以治疗。从医学常识出发，尤其受到中医智慧的启发，策划团队找到了“治病”的依据。

三、中医智慧启发思考

现代系统论认为，城市也是一个巨大而复杂的有机系统，像人体一样也有生命周期现象，也同样受到外在大环境、内在小环境等诸多因素的制约和影响。因此，越来越多的城市规划和研究学者借用中医的生命观来重新认识和解决城市问题。比如“城市针灸”（Urban Acupuncture）这个概念，被很多西方建筑师和城市规划师采用，包括：西班牙的马拉勒斯（Manuel de Sola Morales），巴西的勒尔讷（Jaime Lerner），芬兰的卡萨格兰德（Marco Casagrande），美国的德蒙彻（Nicholas de Monchaux）等都提出过这方面理论和著述。中国

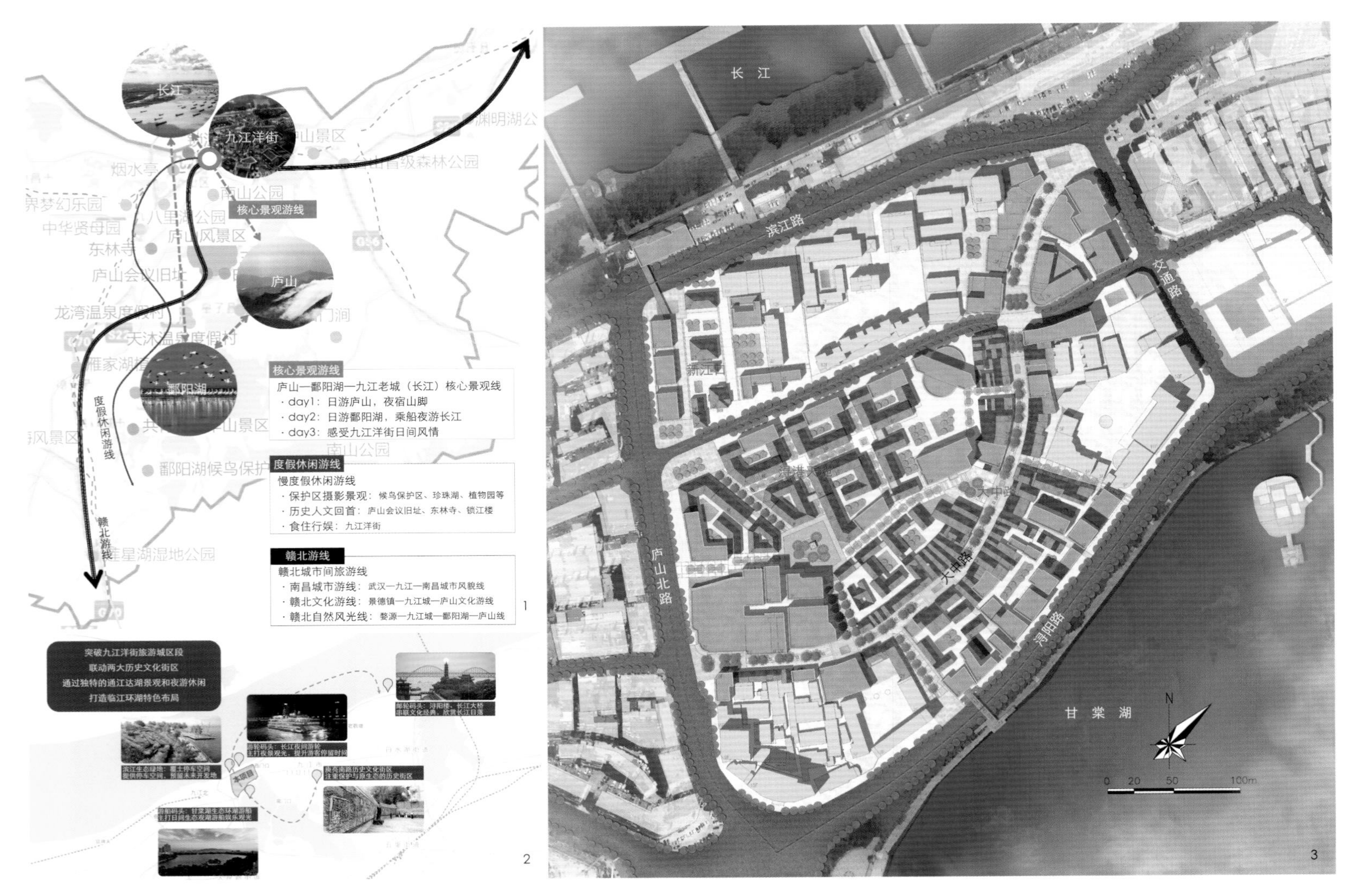

1.“江一城一山一湖”创新游线
2.通江达湖游线
3.总平面图

针灸在那些西方学者眼里是一种被广为接受的“自然疗法”和“绿色疗法”，作为中国针灸在西方的拥护者，他们都借用针灸的概念，提倡用小规模、有针对性的城市治理方法来治愈大规模城市疾病。事实上，传统中医博大精深，比西方学者认识得更加深刻。

作为中国传统文化的重要部分，中医上承中国古代朴素哲学思想为其理论基础，春秋战国时期即形成“望、闻、问、切”的诊断方法，并根据地域采用砭石、针刺、艾灸、汤药、导引等治疗手段，以其便捷性、有效性闻名，在历史上为中华文明发展提供了有效保障。古代中国哲学宝典《周易》是传统中医的哲学基础，《黄帝内经》是早期医家实践的总结，具有高度理论概括性和思辨指导意义。归纳说就是“以阴阳学说为经线，以五行学说为纬线，整体观统领”。朴素的哲理启发我们：

第一，中医的整体观。中医将人看作整个世界的一部分。《黄帝内经》提出“人以天地之气生，四时之法成”。人体与外界环境是一个统一的有机整体，人体本身则又是这一巨大体系的缩影，所谓“有诸形于内，必形于外”即人的身体内部有了毛病，一定会在身体表面显现出来，一切局部的病都是整体失衡的结果。治疗疾病也不是唯独注意疾病本身，疾病是系统问题的局部显现。这个观点启发，“城市病”不能“头疼医头、脚疼医脚”而是要整体看问题。现代系统论也认为，城市或街区是一个巨大而复杂的有机系统，具有整体性、复杂性、自组织性的特点，像人体一样同时受到外在环境、内在小环境等诸多因素的制约和影响。

第二，中医的和谐理念。包括人与环境和谐、人与时间和谐、人与社会和谐等，最后达到人体自身和谐健康。《黄帝内经》提出“阴阳四时者，万物之终始也，死生之本也；逆之则灾害生，从之则苛疾不起”，强调了“时”的重要性。这个观点启发我们：面对项目中存在的各种困难，可以把它们看作一对对的矛盾关系，追求这些矛盾的和谐是符合中医智慧的“治疗”之道。比如，街区旧有建筑和新功能的矛盾、地块内旧建筑和周边无序现代建筑的矛盾，封闭街区和周边自然环境的矛盾等。

街区旧有建筑和新功能的矛盾。历史文化街区的复兴必须与时代和谐、商业文化需要不断融入所处的时代才有生命力。依此道理，历史文化街区的建筑物都是近百年前建成的老建筑，绝大多数结构老化，外观残破，水电配套不到位，完全不满足新的商业业态需求。由于这些建筑物登记为“文物点”，以往总以为“修旧如旧”就是最好的，殊不知即便完全和原来一模一样（当然这不可能），百年前的人口数量、交通方式、商品以及买卖方式，跟今天已经发生巨大差异，能够做的只是帮助历史文化街区找到一种顺应“天时”的和谐发展方式。

和谐观同样启发我们，随着城市发展，需要修复城市与自然之间的和谐、人与自然之间的和谐关系；

项目内容的策划需要考虑游客需求和本地居民需求差异的协调。本项目的开发，要利用靠近长江堤岸，坐拥甘棠湖的独特地理优势，重新构建城市与自然的和谐关系，进而使九江生态美好、生活和谐的“山水城市”得以充分展现；构建旅游观光客与本地休闲客的需求和谐，成为商业繁荣、生态美好，游客和居民主客共享、流连忘返的、具有中国特色的现代“桃花源”。

第三，中医的经络理论。简要而言，经络是人体气血的运行通道，“经”犹如大路，“络”则如小巷。主要的十二经脉“内属于府藏，外络于支节”；络脉则统率浮、孙络，起到沟通表皮和内部的作用；另“任、督二脉“作为调节气血总量的枢纽，构成一个整体循环的网络系统。经络内部运行的“气血”，将营养输送到全身、把废物排出体外，最重要的是把护卫人体的“阳气”输送到全身。人的健康靠的是“正气内存，邪不可干”。因此，《黄帝内经》指出：“经脉者，所以能决死生、处百病、调虚实，不可不通。”病痛的“痛”在汉字里为会意字，词根“甬”字为道路，原意指人体经络行气和脉管行血，如同甬道，一旦堵塞，就会产生痛的感觉，“痛则不通，不通则痛”，说的就是这个道理。

中国针灸背后的精微速效的秘密也在此，明代杨继洲在《针灸大成》里传下“宁失其穴，勿失其经”的秘诀。受此启发：解决复杂的城市区域问题时，不仅是针对“穴位”的治疗，更应关注“经络”的疏通。受此启发，把物质流和能量流的通道看作经络，把城市功能区看作脏腑，经络通达的城市机体才能健康发展。如果廊道拥堵，会导致整个城市出现严重的病态，必须通过“舒经活络”来疏通街道、小巷等城市廊道，激活人体器官一般的城市功能体，带动城市向健康发展。

四、项目策划实录

第一步，从整体入手，把大中路历史文化街区保护开发放在提升九江城市整体旅游能级的大格局下考察，构建项目策划框架。而项目开发所需资金和资源，也同时升格为城市的战略，获得更多方面的配置。

4.设计方案初稿
5.通江达湖动线图前后对比（前）
6.通江达湖动线图前后对比（后1）
7.通江达湖动线图前后对比（后2）
8.大中路街区历史黑白照片

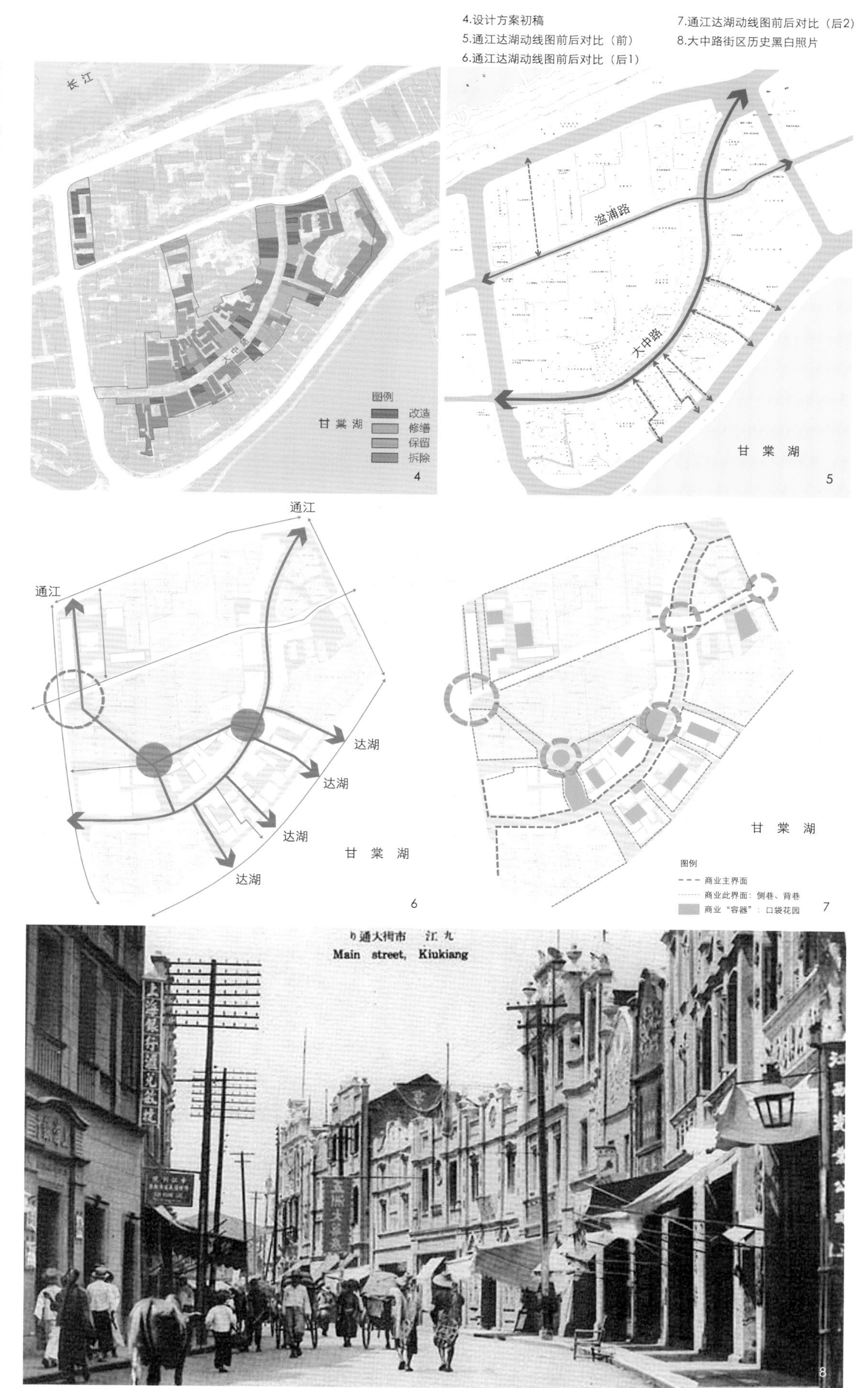

9.效果图

九江旅游提升的基础是对目标客群的识别，从供给侧提供新的资源。经调查，江西省旅游客源地占比最高是珠三角、长三角客人，其中九江旅游客源地主要来自湖北武汉市和长三角地区。改善九江旅游面貌，争取游客停留，九江市内必须提供有足够吸引力的资源留住客人，仅仅“洋街”的打造是不够的，业主同时还升级一批景点，整体上提升九江城市旅游格局。通过“一廊三带多线”串联长江—九江—庐山的历史文脉，地块与多景点联动发展，打造“上山，下湖，进城”旅游动线，形成“大山、大江、大湖”旅游格局。

第二步，与时俱进、以人为本、文化和商业和谐。

历史街区保护和商业发展的和谐。对这样一个因商而兴、又处于城市核心商圈的街区来说，开埠文化要保护和传承，商业文化也需要不断传承和创新。策划看似是个文旅项目，但绝不能仅仅打造成旅游景点，而是要达成游客和市民需求的和谐，做到“主客共享”。这一点的判断依据是客户的喜好差异，游客对景点追求的是新奇，市民对休闲地追求的是熟悉。街区业态不仅是发展针对游客的旅游商业，也要发展针对本地市民的休闲商业、文化体验商业、亲子家庭商业。既提高对外地游客的吸引力，又提高本地居民的折返复游率，做到旅游和产业的和谐发展。策划案将文化体验理念引入，强调体验型消费本地文化产品的挖掘和休闲业态的集合，增加“夜游经济”和“购物后生活”功能的完善。从而打造庐山脚下历史和时尚生活结合的“租界风情夜游地”。同时，产业空间、休闲空间和居住空间实现区域混合开发，使项目成为有文化感、时尚感的“全时休闲目的地”。

第三步，构建商业街区和周边城市的“气血”运行通道。

在保留大中路历史文化街区完整性的前提下，疏通被违章搭建堵塞的。先是在原先狭长封闭的大中路上通过拆除两个点的无序建筑，开出两个小广场，形成街道的驻足休息和活动的节点，这也把狭长的大路按商业特征分成三个段落，增强了街道的休憩性，形成了视觉焦点。接下来，疏通原有五条通向甘棠湖的巷道，做到“达湖”，且疏通的这些通道形成有商业价值的“侧巷”，增加了逛街的游线，也通过视觉廊道沟通了甘棠湖景观，更重要的带动了深处庭院的空间价值。其三，由于地块北侧并不直接面对长江，经对街道价值的综合判断，从街区内部广场斜向打开一个通行廊道，北口对准湓浦路和庐山北路交叉口，南缘直达甘棠湖边，做到“通江“；其四，再将步行街背面原庐山北路出口拓宽，形成背巷通过庐山北路直达长江堤岸。后期增加步行天桥完成人车分流。活化商业街区，设计关键在于动线设计，将弱连接更新为强连接，内部动线形成多个“∞”环型循环游览线路。外部和环境强连接，实现了“通江达湖”。

动线优化的特点总结为以下三点：

（1）大路繁华——大中路代表最九江、最历史的开埠文化、租界风情、民国建筑、开埠文化体验店铺，构成了大中路独一无二的吸引力和九江语汇，呈现了现代人对一个城市的记忆。主要针对旅游布置业态，在展现九江开埠文化同时体现现代商业的繁华。

（2）侧巷灵动——侧巷是通往各个院落的灵动动线，一个院落一个圈子，每一个院落都是主题文化展示场。侧巷和院落展现了九江的精致和包容，既表达一种精英文化，也是一种传统的雅文化。侧巷针对目的性客户，以院落文化的结合，打造九江化的大众文化交流空间。

（3）背巷热闹——背巷是时尚九江的剖面，九江未来兼容并包、为我所用的现代性将在这里体现，以酒吧为特色的时尚消费，混搭特色餐饮、特色小店等业态。以时尚年轻主题，针对都市年轻人，形成新九江最开放动感的消费空间。

五、回顾和思考

本案看似是一个历史文化街区改造，策划团队加入后发现了任务的复杂性需从整体系统解决。委托方目的是要从根本上提升九江旅游竞争力，需通过本项的核心吸引力，串联起九江更多旅游资源。因此，“洋街”项目的研究范围需要更大区间配合。项目视角包含了九江市老城区的生态修复、城市修补，重点是治理“城市病”、改善人居环境、转变城市发展方式，是个复杂的“城市双修”任务。

中医理论以中国古代哲学思想作为理论基础，也是古代医家长期医疗实践中的规律总结，通过“司外揣内”的思维认清人体与外部环境的有机联系，通过“取象比类”方法搭建跨越已知和未知鸿沟的桥梁。针对本项目的策划，传统中医的智慧给了我们极有价值的参照和启发：整体观，解决了项目定位问题；和谐观，解决了历史街区保护和现代商业开发的矛盾；经络理论，帮助我们认清并打通能量阻滞，活化了城市机体的通道。经此番优化，策划和概念规划成果获得了委托方的全面认可。

中医文化体系博大精深，限于作者自身水平和篇幅限制，仅此点到为止，盼望更多对传统中医文化的爱好者引起思考。

策划团队：王莉、莫璐怡、蒋梓业、李杰妮等

概念规划：张嵩威、莫唐筠等

注：效果图由张嵩威、莫唐筠提供

作者简介

程　愚，工商管理硕士，同济大学建筑设计研究院（集团）有限公司，工程投资咨询院，副总工程师，国家一级注册建筑师；

王　莉，同济大学建筑设计研究院（集团）有限公司，工程投资咨询院，策划部经理，咨询师；

莫璐怡，同济大学建筑设计研究院（集团）有限公司，工程投资咨询院，项目经理，建筑师。

10.商业分区图　　11.日景效果图　　12.夜景效果图

民本筑基·文化凝魂
——乌兰浩特“城市双修”规划思考

Livelihood as the Foundation Cultural as the Soul
—Thoughts on Urban Renovation and Restoration Planning in Wulanhaote

张 雯 钟 飞
Zhang Wen Zhong Fei

[摘 要] “城市双修”是治理城市病、改善人居环境、转变城市发展方式的有效手段。随着双修试点工作的持续推进，如何修补区域本底症结，同时凝练城市自身特色成为当前规划转型背景下的关键问题。乌兰浩特作为第二批双修试点之一，兼具蒙元特色与红色文化的双重属性。文章立足“民本修筑、文化修补”的基础，从居住空间、公共空间、道路交通及文化脉络四个方面深入剖析其空间特征及存在问题，并据此提出“居住空间重理、公共空间重整、道路交通重织”的民修策略以及“重塑城市空间格局、强化文化轴线、织补破碎文化空间”的文修路径，以期探究新阶段城市修补的方向内涵及经验借鉴。

[关键词] 城市双修；民本修筑；文化修补；乌兰浩特

[Abstract] Urban double repair is an effective means to control urban diseases, improve the living environment, and transform the urban development mode. With the continuous advancement of the double-repair pilot work, how to repair the regional background crunch, while consolidating the city's own characteristics has become a key issue in the current planning transformation. As one of the second batch of double repair pilots, Ulanhot has both the dual attributes of Mongolian characteristics and red culture. Based on the "people-based construction and cultural repair", this paper deeply analyzes its spatial characteristics and existing problems from four aspects: living space, public space, road traffic and cultural context, and proposes "living space, public space". The civil rehabilitation strategy of “reconstruction, road traffic re-weaving” and the cultural remediation path of “reconstructing urban spatial pattern, strengthening cultural axis, and darning broken cultural space”, in order to explore the direction and experience of urban repair in the new stage.

[Keywords] urban double repair; people based repair; cultural repair; Wulanhaote
[文章编号] 2020-83-P-082

当前我国城市的发展已经进入了新的历史时期，城市建设从增量时代转向存量时代，“城市双修”理念是基于现阶段城市发展提出的城市更新手段，是新常态下对城市存量土地和资源进行挖掘、改造和再利用的新方法。经过一系列的试点城市实践，现阶段的城市双修工作除了解决城市病，内容上更加注重生态基础、民生需求、文化建设、特色塑造，体系上也更具有综合性、系统性。

一、乌兰浩特城市双修背景

乌兰浩特位于内蒙古自治区东北部，蒙语意为“红色的城市”，作为自治区政府诞生地，自然山水环境优越、历史文化底蕴深厚。然而随着城镇化建设的不断加快，城市问题日益突出，表现为人民日益增长的美好生活需要和现阶段城市发展不平衡不充分的矛盾。就人民生活需求而言，民生服务设施有待优化梳理，突出表现为居住生活空间、绿化环境品质、道路交通组织等方面。而从人民精神需求角度出发，近些年乌兰浩特城市发展聚焦于建设用地范围内的功能、产业布局，缺乏从山水环境及文化要素的广博视野统筹布局城市空间格局的意识，由此导致了城市与自然的割裂、文化资源分散，整体空间历史彰显不足、文化感知薄弱。

乌兰浩特“城市双修”工作的背景和目标不仅仅关注小范围的、以老城区为主的民生设施提升，而是在此基础上拓展，进一步从区域格局中重塑城市格局、彰显历史文化要素，实现内外兼修，真正实现城市发展模式和治理方式的转型升级。因此，规划一方面从民修角度，以人为本，落实城市居民日常生活实际使用需求；另一方面从文修角度，探寻现代城市发展与大尺度自然环境及历史发展的关系、织补城市碎片化的文化空间。

二、民本筑基——民本为先筑造城市服务体系

城市双修是治理城市病、改善人居环境、转变城市发展方式的有效手段。其中城市修补的重点是全面系统的修复、弥补和完善城市功能体系及其承载的空间场所，其不仅局限于城市空间形象的修补，还应包括对城市民生多方面、多层次、多网络的修补，如居住空间的梳理，公共空间的延展，交通网络的织补等。

因此，本文基于“民本为先”的理念，通过更新织补，从局部到整体、由“点”到“面”地对乌兰浩特城市症结进行梳理，并依此从居住空间、公共空间、交通网络三个方面探讨城市“民修”的优化路径。

1. 居住空间重理

老旧小区是我国城镇化初期城市居住空间建设的缩影，承载着城市重要的历史记忆。乌兰浩特全市现状老旧小区共151个，相对集中分布于老城区内。由于其典型的气候条件特征，建筑空间布局多以围合式为主，约占小区总数的83%。然而，老城街区活力的提升与业态种类的多样化促使居住空间向开放式街区形态转型。通过调研发现，老旧小区出入口数量多为3~5个，部分达到6~8个，整体开放性较高。围合的建筑空间形态与居民开放式的生活方式使得居住、交通、休闲、服务等不同功能空间无法有效融合。

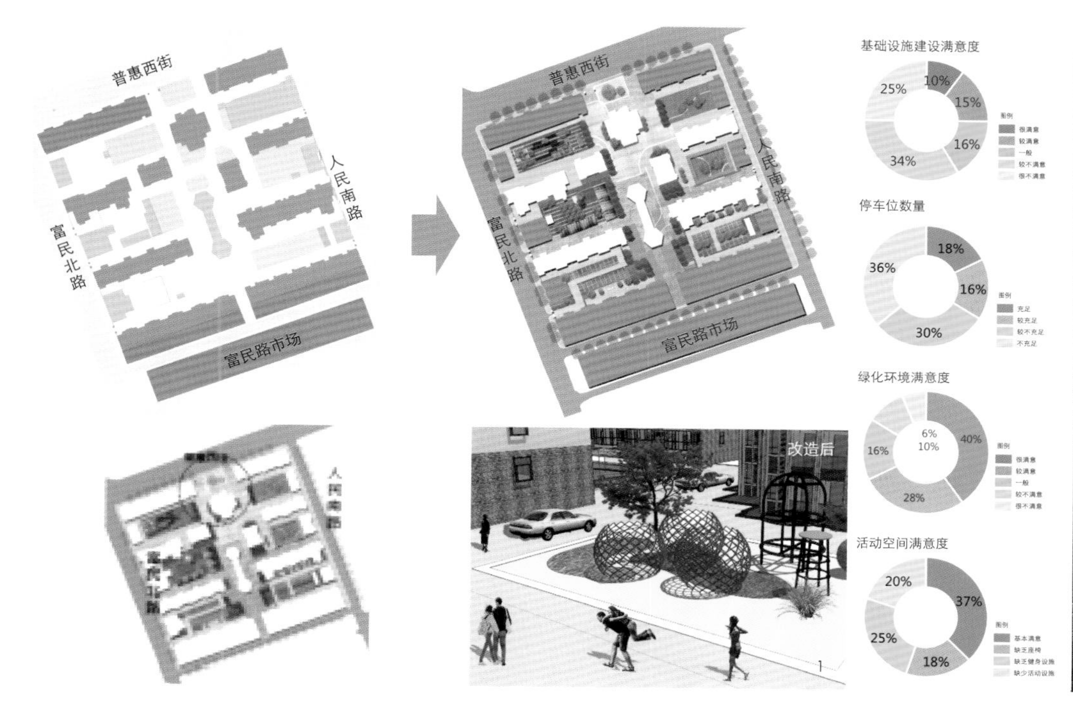

1.商业功能渗透及共享空间改造图（作者自绘）

2.乌兰浩特老旧小区空间肌理分布与民众意愿调查结果（作者自绘）

与此同时，针对居民意愿调查的结果表明，当前存在着围合的建筑空间形式与开放的居民生活方式相违、人车流线组织与居民活动组织需求相悖、单调的公共空间形式与居民参与体验追求相离三大现实矛盾。进而从社区活力、交通组织、公共空间三个方面提出共融共享，实现开放与围合的动态平衡；人车分行，促进人群的活动交流；以人为本，提升公共空间品质三大策略，以期缓和乌兰浩特城市老旧小区现实发展矛盾，提升居民人居环境品质。

（1）共融共享，实现开放与围合的动态平衡

引入社区商业共融，联动内外开放共享——规划将外围商业空间延展引入社区内部，结合宅间公共空间环境的塑造打造休闲邻里街坊，拓展服务性零售商业界面，同时丰富社区商业室外辅助设施空间，为居民提供交流游乐场地，展现乌兰浩特街区特色，塑造流动而鲜活的交往空间，提升社区活力。

强化入口共享空间，促进居民多重交往——改造强化入口空间，吸引引导人流，激活社区活力。通过增加休憩设施、游憩设施及景观标识来增加空间的共享性，营造活跃、融洽的城市生活氛围，推动城市社区向生态与可持续方向发展。

（2）人车分行，促进人群的活动交流

挖掘街区道路潜能，组织高效停车方式——结合城市“小街区、密路网”的特色，利用小区外围城市支路路边停车，在街区支路体系中选取具有两侧入口密度较小、商业聚集程度较低与人群活力值较小的街道，将其打造为“静态停车性街道”。规划改造利用光明西街、人民南路道路断面，沿街可停放车辆86辆，将内部车流限制在小区外围，实现内部人行空间的纯粹性。

完善内部慢行系统，引导居民多样活动——规划结合居民改造升级意愿打造一条特色线性跑道空间，串联宅间游憩空间，沿线设置丰富多彩的小品景观，配套照明路灯、休憩座椅等，将所有的开放空间和功能场所串联起来，激活消极空间，塑造浓郁的邻里生活气息，为居民提供多样化服务，同时带动社区内部活力。

（3）以人为本，提升公共空间品质

增加交往活动空间，重塑活力交流共享——兴安小区利用现有宅间空地，打造具有鲜明特色、边界围合的多功能构筑物，起伏的形态可承载居民休憩、交谈以及儿童游乐的功能，内部开敞空间满足运动、集会、表演等活动诉求。

巧用立体空间特征，激活多方体验乐趣——改造针对老年人活动的特点，突出平台空间的可达性、舒适多样性与可交流、交往性，利用坡道与台阶连接地坪，增加屋面儿童游乐设施，结合高度变化，强化不同平面活动的趣味性。

完善旧有都市农园，调动居民参与共建——以胜利小区为例，居民自发地对宅间荒废的公共绿地进行了菜园的种植，规划将进一步引导强化这一行为特征，引入“可食地景”的理念，用设计生态园林的方式设计菜园，使社区居民能够合理有序地完善都市农园，在植物种植方面以菜园和灌木丛为主，配以各种色彩的花卉进行点缀，突出居住区的田园风情。

2. 公共空间重整

乌兰浩特市老城区内现状公共空间较少，仅有部分沿街绿化带与小区内的庭院绿化，且环境品质较差。囿于公共活动空间的缺失，居民只能无奈地穿梭于街区之间以寻觅理想的活动空间，而较少的公共空间资源也会引起相应的防卫与竞争，进而阻碍了地区社会融合的进程。另一方面老城区内的街道体系均体现为较强的交通属性，对隔离绿化、慢行交通等设施与空间重视不够，步行活动空间被边缘化，街道空间未能串联起街区的公共生活体系，造成邻里生活链条的断裂，街区活力也相应地被削弱。因此，基于人本化规划理念，从“商业设施—绿化空间—活力街区”三个方面提出相应的修复策略。

（1）链接生活，人本布局的商业街区

综合考虑现状道路等级、街道商业聚集度以及街道人群活力状况将老城区街道体系划分为四种类型。并相应地分级组织片区级商业服务、居住区级商业服务以及社区级商业服务。在此基础上修补现

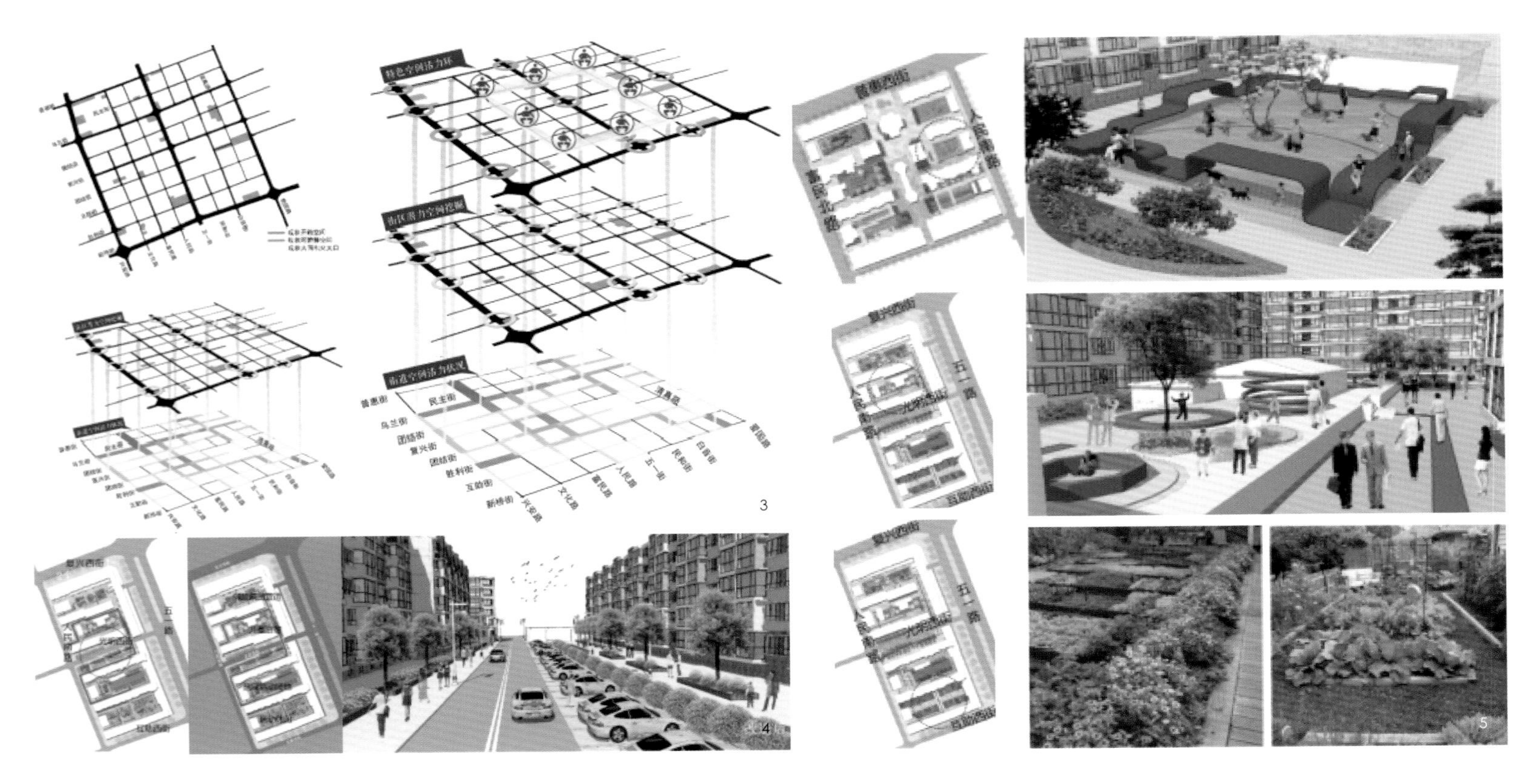

3.公共空间挖潜与特色商业街区构建
4.街区内部流线组织图
5.交往活动空间改造示意

状商业点较为破碎的街道界面，完善商业活力链，组织商业设施活态网；另一方面，结合街道属性增加娱乐、零售、商务、住宿等网点的数量，在提高街区业态结构的完整性和层次性的同时，进一步促进不同社区人群的融合。

（2）绿脉串联，乐享生活的路街绿地

改善道路沿街交通景观环境，并支持住区街道的多重用途，保持街道上行人设施、活动场所、停留空间等功能设施配置的多样性，塑造街道元素的多元性。首先根据人群活力点提倡积极利用城市边角地、弃置地进行绿化空间的拓展。主要结合现状开敞空间与可拆除的城市建设用地的挖潜，在街区内部置入绿地、广场、街心公园等微型公共空间。其次，以现状街道活力环为基础，结合胜利街带状绿化公园形成新的街区特色活动空间环，并结合三类潜力空间的挖掘，在现状的基础上增补重点改造空间，形成均衡布局，给予特色活动空间环的物质空间节点的支撑，营造社区艺术，提升地域文化氛围。

（3）多元共生，窄街密网的活力街区

在街道空间的塑造方面，以“提高效率、保障安全、促发活力”为目标，在结合街区内部街道现状特征的基础上，将街道体系进一步划分为三种类型，并进行分类引导。综合考虑街道体系中非机动车通行、行人通行、景观及城市活动等的多方面空间需求，打造乌兰街宜人的街道开放空间体系。规划通过引入海绵、丰富绿化层次，增加城市家具，优化步行空间，优化宣传和引导标识，彰显民族文化等手法，以线串点构筑多元共生的公共生活网络，全面激发街区活力。

3. 道路交通重织

街道体系兼有城市交通和公共空间的双重职能，是城市空间的重要组成部分。乌兰浩特市老城区的道路格局保留了传统的格网街区形态与肌理特征，开放的社区模式促使商业向社区内渗透，形成了流动而鲜活的交往空间。细密的网格道路结构、混合利用的小尺度街区，以及相互关联的街道步行空间所营造出的城市生活，成为乌兰浩特市的特色地域文化。经过与国内外经典网格城市进行比对，发现其街区形态与“小街区，密路网”的规划模式具有较高的一致性，即总体街区面积较小，而道路网密度远高于标准规定值。

通过对老城区内街道空间体系进行梳理发现，在留存下来密网窄街的特色空间形态与活跃的生活氛围的同时，日益增长的机动车交通与居民对生活交往空间需求之间的矛盾逐渐激化，城市干道网络与空间可达性不匹配，机动车无序停放等城市病日渐涌现，阻碍了城市交通流的通畅性，破坏公共空间的生活秩序与环境品质。因此，基于“城市修补”的规划理念，从“社区链接—交通疏解—静态交通”三方面修补街区生活，以期通过融入地域特色，延续老城区“小街区，密路网”的空间格局优势，促升城市品质。

（1）社区链接

在老城内外构建双环交通体系——区域交通环和老城周边交通环，分级组织内外交通。首先在老城外围构建由高集成度道路连接而成的区域交通环，实现城市交通外围疏解；其次结合现状街道交通等级与交通流分布构建老城周边交通环，并在此基础上依托集成地位较高的道路拉接区域交通环与老城周边交通环，形成层级分明、职能匹配、高效便捷的区域交通体系。

（2）重点地区交通疏解

为均衡布局城市交通，便捷居民日常出行，构建漫态速行纾于干道，静停交往解于街巷的交通疏解策略。首先，在老城内部选取现状交通流较大的五一路与复兴街两条主干路承担街区内的主要交通职能，进而与“老城周边交通环”共同构建交通性街路框架，缓解机动交通对街区内居住功能的不利影响；其次，保留乌兰街与胜利街两条干道的双行交通组织方式，组织街区“慢行性街道”；最后，对街区内的支路体系组织单向交通，并进行严格的交通限速，建设“静停交往性”街道体系，着力打造安宁化街区。

（3）重组静态交通

在街区支路体系中进一步选取具有两侧人口密度较小、商业聚集程度较低与人群活力值较小三类属性的街道，将其打造为“静态停车性街道”。同时根据街道现状空间尺度对老城区街道体系的停车空间进行精细分型，充分利用其沿街空间来满足停车需求。

三、文化凝魂——凝魂聚气铸就城市文化自信

我国正处于文化发展的关键时期，延续城市历史格局、传承优秀文化基因是城市双修工作的重点内容。规划在“民修”基础上，增加“文修”维度，从乌兰浩特城市格局塑造、历史轴线强化、文化空间织补三方面来凝聚城市灵魂、彰显城市历史底蕴、增强文化感知程度。

1. 城市格局塑造

“天地形胜，城以盛民，而文明兴焉”，乌兰浩特历史悠久，文化底蕴深厚。城市建设可追溯到1691年，从王爷庙的修建到成吉思汗庙落成期间，城市建设发展缓慢。直到成立蒙古自治政府，才给乌兰浩特地区的城市建设带来巨大转机，城市规划蓝图初显，北起北山、南至洮儿河与归流河两河交汇处，整体呈现方格网模式街道、轴线对称的格局。城市建设在这张蓝图上的基础上快速生长，直至今天日新月异的变化也基本上延续了最初的设想，重视大尺度的山水关系、紧密结合自然环境进行规划布局是其不变的核心思想，同时城市中轴线与北山、两河的关系，形成了一个历史性的轴线演进格局。

基于此，规划将以城市所在区域作为一个整体进行考虑，突出城市特色。一方面重视延续乌兰浩特山水空间意境，连结城市外围山体，打造郊野山体公园，扩展较大的活动绿化空间。同时建设城市绿道，将外围山体引入城

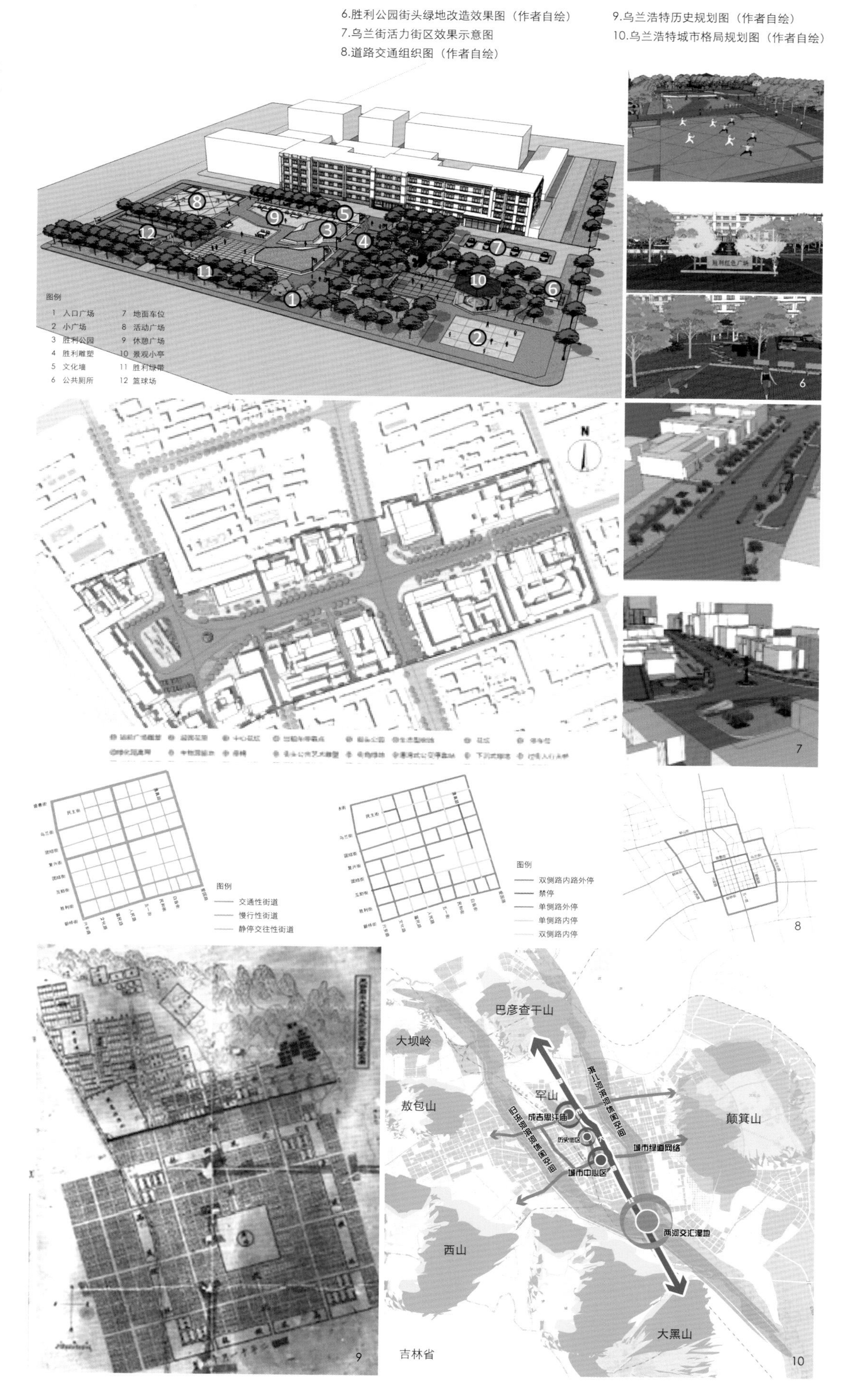

6.胜利公园街头绿地改造效果图（作者自绘）
7.乌兰街活力街区效果示意图
8.道路交通组织图（作者自绘）
9.乌兰浩特历史规划图（作者自绘）
10.乌兰浩特城市格局规划图（作者自绘）

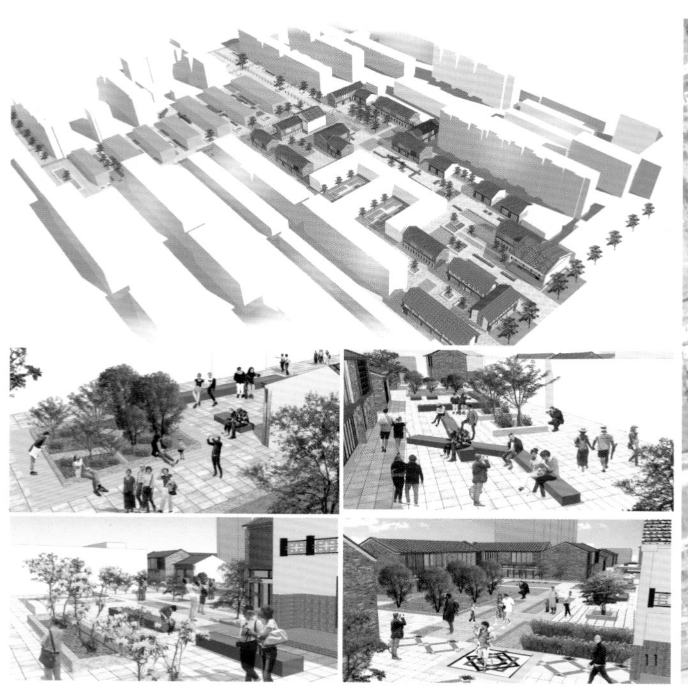

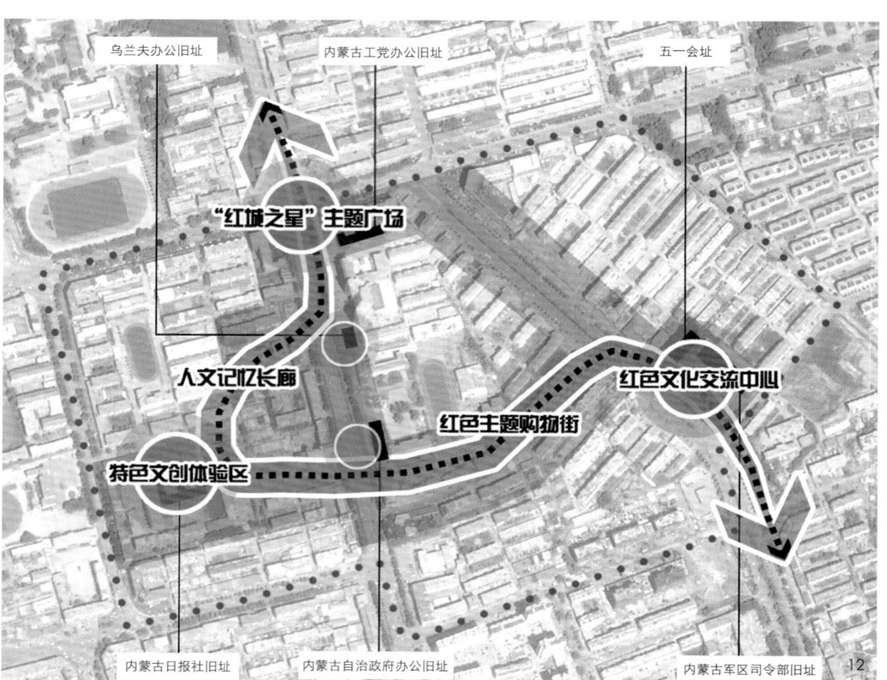

11.特色文创体验区公共空间景观（作者自绘）
12.八佰胡同历史街区空间组织图（作者自绘）

市，在城区外营造山水生态环，给城区打造良好的自然生态环境。结合城市洮儿河、归流河良好的滨水景观资源，打造多种形式的亲水空间，如林荫漫步道、娱乐休憩场地等，结合居民实际使用需求组织户外空间。另一方面梳理历史文化要素，将城市轴线向北延伸至罕山、南延伸至大黑山，将现阶段城市模糊的轴线空间拉长。整体形成一轴引领、三山拱卫、两水穿城、绿网交织的空间格局。

2. 历史轴线强化

结合乌兰浩特大尺度山水空间结构、历史文化空间结构、城市功能与产业结构和现代空间艺术结构等多个方面统筹考虑，本次双修规划针对城市轴线进行新的整体创造，北起罕山，依托北大路串联成吉思汗庙、历史文化街区、城市中心区、两河交汇湿地，直抵大黑山。

考虑到城市开发建设时序，规划重点提升轴线北段。作为城市北门户区域，着力延续历史轴线，打造城市客厅、展示城市形象。依托安泰新村拆迁改造，打通成吉思汗庙与五一北大路的城市视觉通廊，通廊空间设计采用具有韵律的绿色植被，引导人流视线，南部入口以高大乔木与北山成庙及广场雕塑形成对景，北部入口结合门球场改造以放大空间引导人流进入成庙景区。通廊上的节点设计以突出轴线，强化视觉廊道为原则，两侧采用软质绿化景观与硬质轴线形成鲜明对比。场地边界采用高大乔木不规则种植以弱化与住宅区的关系，使二者既融为一体又有所差别。

3. 文化空间织补

为了更好地保护乌兰浩特丰富的红色文化资源、延续历史风貌特色，规划依托五一会址、内蒙古军政大学遗址、内蒙古自治政府办公旧址、内蒙古党工委办公旧址、乌兰夫办公旧址、内蒙古日报社旧址等多处历史建筑来整体提升历史街区功能及风貌。化零为整，将分散的历史文化建筑通过空间流线进行组织，集中打造成为一个真正面向大众可以代表乌兰浩特红色文化展示的代表地。整合街区总体布局，在不断延伸的过程中改造和更新区域，主要包括公共场所、景观环境和街巷等，使其与历史建筑整体环境相协调，营造红城生态、人文、历史、商业和旅游等立体化空间模式，使得街区焕发出新的活力。

在营造街区系统化的公共景观上，从整体规划到线形布局再到点的分布，使其错落有致地融入各个板块的功能中，起到串联街区的作用。街区内部巷道渗透，层次清晰而丰富，结合自身特点，增设公共休息空间，同时将富有红色文化的元素融入雕塑、小品、座椅等载体上，增强空间趣味。此外，规划通过雕塑小品、植物配置、声光体验等来全方位展示红色文化，展示出不同时间段活动特色和空间环境特色，基于游人五感的体验，建立红城的感知标志。

乌兰浩特城市具有其独特的历史文化脉络，城市双修作为提升城市内涵的重要手段工具，从整体性的角度研究城市历史文化格局，挖掘城市特色，塑造城市精神文化内涵，找回城市地方认同感。

四、结语

"城市双修"理念是国家基于转型期城市发展特征提出的城市更新手段，是新常态下对城市存量土地和资源进行挖掘、改造和再利用的新方法。本文立足于"民本修筑，文化凝魂"的理念，构建"内修本，外修文"的城市修补优化路径，在对乌兰浩特城市居住空间、公共空间、道路交通和文化脉络特征总结与问题剖析的基础上，提出相应的民修，文修策略。其中民修依托"居住空间重理—公共空间重整—道路交通重织"以及民本为先筑造城市服务体系，提升物质空间环境。文修针对"城市格局塑造—历史轴线强化—文化空间织补" 凝魂聚气铸就城市文化自信，加强精神空间建设。旨在从"内外兼修"角度对城市双修的发展进行有益的探讨。

参考文献

[1]吴左宾，李虹，张雯，等.城市双修视野下乌兰浩特老城区街道体系优化策略[J]. 规划师，2018，34(05)：53-59.

[2]张雯. 优格·整序·提质：乌兰浩特城市老旧小区空间环境更新初探[A]. 中国城市规划学会，杭州市人民政府. 共享与品质：2018中国城市规划年会论文集（02城市更新）[C]. 中国城市规划学会，杭州市人民政府：中国城市规划学会，2018:10.

[3]杜立柱，杨韫萍，刘喆，等. 城市边缘区"城市双修"规划策略：以天津市李七庄街为例[J]. 规划师，2017，33(03)：25-30.

[4]王树声，李小龙，严少飞. 结合大尺度山水环境的中国传统规划设计方法[J]. 科学通报，2016，61(33)：3564-3571.

作者简介

张　雯，西安建大城市规划设计研究院，助理工程师；

钟　飞，西安建大城市规划设计研究院，助理工程师。

13-15.乌兰浩特城市轴线北门户效果（作者自绘）

城市双修与历史文化名城保护规划的融合设计

Merging Design For Urban Renovation and Restoration in Historic Cities

巨利芹 杨 彬
Ju Liqin Yang Bin

[摘　要] 历史文化名城是众多城市类型中具有鲜明属性的一类，其自身在文化遗存、城市肌理、文脉延续等方面具有特定的需求。城市双修设计涵盖的众多设计范畴在历史文化名城的保护规划中均有涉及。两者均从自身的专业方向提出了各自的设计要求。文章试图在历史文化名城这一特定城市类型中找到城市双修的最佳路径，量化两者的设计因子从而协调和优化两者共同关注和面临的突出问题与矛盾。

[关键词] 双修；历史文化名城；融合设计；评价模型

[Abstract] Historical cities are one kind of cities. It has special requirements for cultural relics, urban texture and cultural continuity. City Betterment and Ecological Restoration also has its own design categories. We are trying to find a way to combine the two into one. Merging Design is such an attempt.

[Keywords] city betterment and ecological restoration; historic cities; merging design; evaluation Model

[文章编号] 2020-83-P-088

一、城市双修的概念与设计范畴界定

城市双修主要的出发点在于解决我国当前面临的一系列城市病这一突出问题，着力提高城市发展的持续性和宜居性。国内部分城市早已先行启动了相应的探索，如深圳的城市更新单元规划和更新年度计划等一整套管理体制。

城市双修的载体是城市可以提供的用于功能修补和生态修复的城市物质本体与空间范围（表1）。

城市双修包含两大组成体系11个设计范畴，其中功能修补包括六大设计范畴，生态修复包括五大设计范畴。

二、历史文化名城保护的概念与设计范畴界定

历史文化名城是经国务院、省级人民政府批准公布的保存文物特别丰富并且具有重大历史价值或者革命纪念意义的城市。历史文化名城保护规划应坚持整体保护的理念，建立历史文化名城、历史文化街区与文物保护单位三个层次的保护体系（表2）。

历史文化名城保护规划包含三大组成体系13个设计范畴，其中历史文化名城体系包含8个范畴，历史文化街区包含3个范畴，文物保护单位包含2个范畴。

三、城市双修与历史文化名城保护设计范畴的交叉与重叠

类比两者可知，城市双修与历史文化名城保护产生交叉与重叠主要在4个设计范畴（表3）。

表1　城市双修的组成体系与设计范畴

组成体系	设计范畴	物质本体	空间范围
城市功能修补	填补基础设施	市政设施及管线 公共服务设施网点	——
	增加公共空间	公园绿地、城市广场、废弃地	城市公共活动空间
	改善出行条件	道路系统、交通换乘站点、停车场库与设施	街道空间、站场
	改造老旧小区	房屋、道路、绿化	小区公共活动场地
	保护历史文化	历史名城、街区、建筑	城市传统格局和肌理
	塑造城市时代风貌	山、水 城市重要街道、广场、滨水岸线、 建筑体量、风格、色彩、材质 街道家具、广告牌匾等	自然地理空间 重要城市节点
城市生态修复	开展山体、水体治理和修复	山川、江河、湖泊、湿地等	山体、水域
	修复利用废弃地	废弃、闲置、边角用地	——
	完善绿地系统	城市绿地	——
	改善出行条件	道路绿化、城市步道	街道空间、步行空间
	改造老旧小区	小区绿化	——

增加城市公共活动空间，保护历史文化，塑造城市时代风貌，开展山体、水体治理和修复城市，是双修与历史文化名城保护共同关注和需要协调融合的四个设计范畴。它们有着共同的物质与空间范围，城市双修的侧重点是基础性和广泛性，历史文化名城保护的侧重点更加具体和具有明确的导向性。在历史文化名城类城市开展双修设计，不能简单地仅从城市双修的角度出发，必须兼顾名城保护的要求，需要在其自身设计范畴侧重点的基础上与历史文化名城保护的要求保持一致。

四、城市双修与历史文化名城保护可利用空间资源评估体系

城市双修工作需要细化为可以量化、可以操作、可以考核的具体工程，需要通过扎实细致地抓好每一项工程的实施，把双修工作各项目标任务落到实处。也就是说，城市双修是以物质与空间资源的具体实施工程为目标和导向的，强调工程的计划性与可实施性。

历史文化名城保护工作是以保护历史真实载体、保护历史环境、合理利用、永续利用为原则，是以空间资源最终的存在和利用状态为目标和导向的，关注工程的最终整体性与远期可实现性，而并不强调短期的可实施性。

城市双修与历史文化名城保护两者最终都需要以物质与空间资源为落脚点，在不同的城市区域其主导性要求并不相同。因此，在城市范围极其繁复、数量众多的空间资源中，如何找到两者同时作用的可利用的空间资源并对其主导性要求进行评估

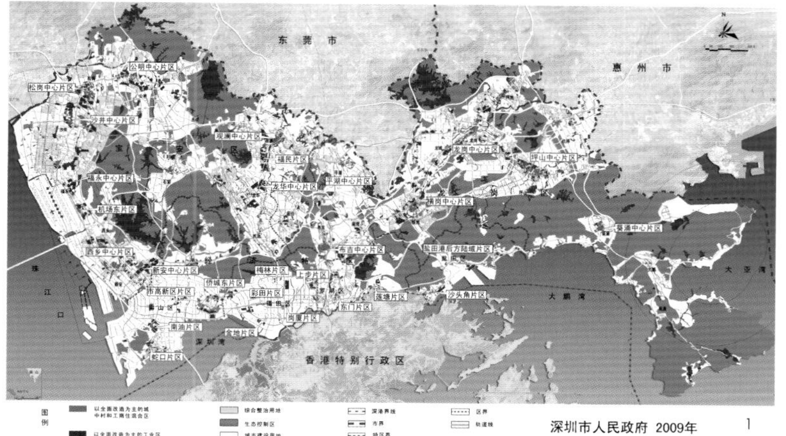

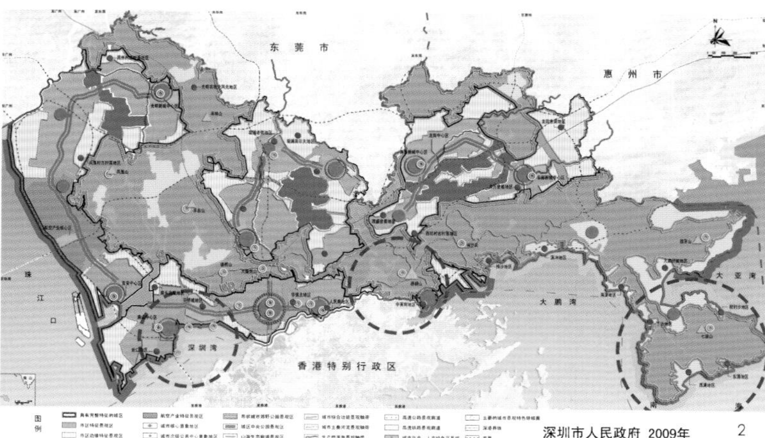

1.深圳市城市更新改造规划　　2.深圳市城市更新改造重点地区

确定是融合设计的关键。

1. 价值评估体系建立的目标

定量研究是以建立系统模型为前提的。因此，要在尽量不剧烈改变城市空间现有状况的目标下科学合理地建立可利用空间评价模型，就必须通过系统分析，较为全面地反映系统的构成，以明确指标体系所要评价的内容。

历史文化名城下的双修设计是一项涉及面广、综合性强的系统工程。为了科学地评价可利用空间资源的发展状况，建立一套设计合理、操作简便的开发评价指标体系是十分必要的。

2. 价值评估体系建立的原则

科学性和实用性：应当从科学的角度系统而准确地理解和把握空间开发的实质。同时要考虑数据取得的难易程度，最好利用现有的统计资料，尽可能选择那些有代表性的综合指标和重点指标。

系统性与层次性：评价指标体系必须能够全面地反映城市空间开发的各个方面。开发评价指标体系是一个复杂的系统，它包括若干个子系统，应在不同层次上采用不同的指标。

可测性和可比性：评价指标体系应充分考虑指标量化的难易程度，应尽可能量化。另外，空间开发评价指标体系应具有动态可比和横向可比的功能：动态可比是指在时间序列上的动态比较；横向可比是指在统一时间上对评价指标数值的排序比较。

完备性与代表性：指标体系应当相对比较完备，即作为一个整体应当能够基本反映城市空间开发的主要方面或主要特征。另外，在相对比

表2　历史文化名城保护规划的组成体系与设计范畴

组成体系	设计范畴	物质本体	空间范围
历史文化名城		山川、江河、湖泊、湿地等	山体、水域
		城垣、街巷、重要节点	街巷肌理、重要城市节点
	传统格局与历史风貌的保持与延续	山、水 城市重要街道、广场、滨水岸线、 建筑体量、风格、色彩、材质 街道家具、广告牌匾等	自然地理空间 重要城市节点 城市传统格局和肌理
	改善历史城区的用地与功能	公园绿地、城市广场、废弃地	城市公共活动空间
	调控人口容量	人	——
	疏解道路交通	道路系统、交通换乘站点、 停车场库与设施	街道空间、站场
	改善基础设施	市政设施及管线 公共服务设施网点	——
	地下文物埋藏区保护	地下文物埋藏	地下文物埋藏区
	重要视线通廊及视域内建筑高度控制	——	街道空间、步行空间
历史文化街区	建筑保护与整治	文物保护单位、历史建筑、传统风貌建筑	城市传统格局和肌理
	划定保护范围界线	——	核心保护范围和建设控制地带具体界线
	分类保护与整治	保护范围内的建筑物、构筑物 建筑高度、体量、外观形象及色彩、材料	城市传统格局和肌理
文物保护单位	划定保护范围界线	——	保护范围和建设控制地带的具体界线
	保护和修缮	文物保护单位和历史建筑	包括建筑本体和必要的建设控制区域

表3　城市双修与历史文化名城保护的交叉组成体系与设计范畴

组成体系	设计范畴	物质本体与空间范围	城市双修的侧重点	历史文化名城保护的侧重点
城市功能修补	增加公共空间	公园绿地、城市广场、废弃地	增加其数量和优化布局	改善历史城区的用地与功能
	保护历史文化	历史名城、街区、建筑	保护和延续城市传统格局和肌理	与其一致，并涵盖了文物保护单位和历史建筑的分类保护与整治
	塑造城市时代风貌	山、水； 城市重要街道、广场、滨水岸线； 建筑体量、风格、色彩、材质； 街道家具、广告牌匾等	保持自然地理空间 重塑重要城市节点	与其一致，并在此基础上更专注于与城市传统格局和肌理的保护密切相关的历史文化街区的分类保护与整治
城市生态修复	开展山体、水体治理和修复	山川、江河、湖泊、湿地等	自然环境的治理和修复	与其一致，并在此基础上更加重视城市传统自然地理空间的恢复与保持

3.三亚白鹭公园与解放路综合环境建设
4.淇县县城历史文化遗产保护框架结构
5.重庆两路老城片区城市双修项目分布
6.重庆两路老城片区城市双修与历史文脉保护整体空间效果

较完备的情况下，指标选取应强调代表性、典型性，指标的数目应尽可能地压缩，使指标体系易于分析与运算。

3. 价值评估着落点的确立及相关说明

空间资源的可利用性价值评估体系是一个涉及经济发展、环境安全、风貌稳定等多方面协调、有序发展的统一体。如果采用一个或几个指标，则很难达到理想的效果。总而言之，有了空间资源的可利用性价值评估体系，我们就有了对经济、环境、风貌三大体系协调发展状况进行综合评价研究的依据。该体系的最高综合指数为空间开发的可实施度，用来评价一个城市空间开展城市双修与历史文化名城保护可实施的程度。

（1）先决条件

①可利用空间规模：公园、绿地、广场、街道、废弃地等可用空间的可实施改造利用的面积不能超过整个用地面积的三分之二，且为保证工程的社会和经济效益，最小面积至少为3 000m^2。所以可利用的公共空间面积规模至少应为5 000m^2。

②周边是否有大型或特色商业、商务中心、居住区：选定城市公共空间周边1km^{2}范围内，是否有以上功能。这些区域是需求相对紧迫的地域。

③与历史城区的关系：位于名城核心区域或与之关系紧密且对城市整体风貌产生重大影响的地域。

④可利用空间权属：空间由于存在用地权属不同，开发利用其空间会涉及利益的纷争，所以建议待开发公共空间权属应归公共所有。

（2）经济发展指数

①近期周边是否有拟建项目可结合共同开发：若周边有拟建项目可结合开发，减少投入资金。

②开发建设成本：利用城市空间进行改造利用所需要的投资金额。

③周边交通拥堵指数：根据道路通行情况，设置综合反映道路网畅通或拥堵的概念性指数值。该指标反映了此片区域内交通情况。

④商铺，办公楼出租率：选定城市空间周边1km^{2}内大型商业、商务中心商铺，办公楼出租率。该指标反映了此片区域内经济繁盛程度。

⑤小区入住率：选定城市空间周边1km^{2}内小区入住情况。该指标反映了此片区域内常住人口情况。

（3）环境安全指数

①对原有绿地，景观的破坏程度：双修改造利用应尽可能减少对绿地、广场景观的破坏，尽可能保持其完整风貌。

②是否存在排涝、积水、沉降等安全问题：应排除危害生产生活的积水、土质沉降问题。

（4）风貌稳定指数

①是否影响文物保护单位或历史建筑的本体安全：应排除危害文物建筑本体的生产、生活的使用需求。

②是否存在与原有历史风貌不协调的问题：建筑物、构筑物的高度、体量、外观形象及色彩、材料等是否与周边的历史文化街区、文物保护单位协调一致。

③是否与古城保护远期规划要求产生冲突：是否与历史文化名城保护规划远期的发展愿景和规划要求相一致。

4. 评价标准的确立

评价指标体系包含先决条件、经济发展指数、环境安全指数和风貌稳定指数，

文化修补延续——总体分布

渝北区两路老城片区集中体现了重庆的历史文化与现代文化的交融，通过对地区文化的挖掘，总结了本地区的五种典型文化代表形式：抗战文化、巴渝文化、开埠文化、空港文化、三线文化，在此基础上，以"文化时空走廊"的理念延续和发展重庆文化。

巴渝文化

巴渝文化博大精深，源远流长，绚丽多彩，是中华灿烂文化的重要组成部分。独特的巴渝文化，铸就了重庆这块土地上深厚的文化底蕴，文化英才不断涌现，文化佳作业绩辉煌，文化艺术空前活跃。

开埠文化

曾经在漫长的历史中都籍籍无名、功能单一的重庆，从20世纪起，开始在全国甚至全世界扮演起重要角色：两次设立为直辖市，一度成为陪都，并在抗战时期成为西南大后方的重地。而今，在与北京、上海、天津并列的全国直辖市，及与西安、成都并列为"西三角"的大西部中，重庆以高度繁荣的经济和多元的城市功能，继续向全世界开放。而这一切，都是由100多年前的开埠打开大门的。

民国与抗战文化

抗战期间，重庆成为战时首都，全国大批文化名家云集在此。他们以笔、歌、舞、剧等多种形式，讴歌爱国情怀，痛斥日本侵略者，浓墨重彩地描绘出中华民族的战斗与不屈。正因为如此，重庆得以从西部一隅变为全国的政治文化中心。抗战文化也成为重庆文化的标杆，对今日重庆的影响至深至远。

三线文化

"三线建设"是新中国建设中不可磨灭的一页，"三线建设"文化是新中国重大建设时期形成的一种典型文化，具有很强的历史性、时代性、教育性、启迪性。全国"三线建设"的主战场在西南地区，其核心区正是重庆。

空港文化

空港经济是依托机场优势以及机场对周边地区产生直接或间接的经济影响，促使资本、技术、人力等生产要素在机场周边集聚的一种新型经济形态。空港经济区是指依托大型枢纽机场的综合优势，发展具有明显的航空枢纽指向性的产业集群，而在空港周边所形成的经济区。空港文化是依托空港经济区衍生出的一种新型文化。

7-8.重庆两路老城片区城市双修与历史文脉节点设计

称为四个子系统，而各个子系统下面，又包含若干个终极指标（表4）。

5. 主要评价指标的权重分数换算

（1）经济发展指数

近期周边是否有拟建项目可结合共同开发指数：若近期周边有可结合开发的项目，权重分数换算为10，没有则为0。

开发建设成本指数：结合不同城市的政府可承受投资额度进行划定，如1亿元以下的分数为10，超过1亿元少于3亿元的权重分数为5，超过3亿元的权重分数为0。

周边交通拥堵指数：全天平均交通拥堵指数为0~2，权重分数换算为10；若指数为2~4，权重分数换算为5；若指数为5，权重分数换算为0。

商铺，办公楼出租率指标：若出租率大于80%，则分数换算为10；大于50%而小于80%，则换算为5；若小于50%，则换算为0。

小区入住率：入住率大于80%，则权重分数换算为10；若大于50%而小于80%，则换算为5；若入住率小于50%，则换算为0。

（2）环境安全指数

对原有绿地，景观的破坏程度：若对原有景观，绿地基本无影响，则权重分数换算为10；若影响较大，则权重分数换算为0。

是否存在排涝、积水、沉降等安全问题：整体环境评估，达到标准则权重分数换算为10；若不能达到，则权重分数换算为0。

（3）风貌稳定指数

是否影响文物保护单位或历史建筑的本体安全：没有影响则权重分数换算为10；其他则为0。

是否存在与原有历史风貌不协调的问题：协调一致则权重分数换算为10；其他则权重分数换算为0。

是否与古城保护远期规划要求产生冲突：符合远期的发展愿景和规划要求则权重分数换算为10；其他则换算为0。

6. 评价模型的确立

首先对每个可利用的空间资源进行先决条件评

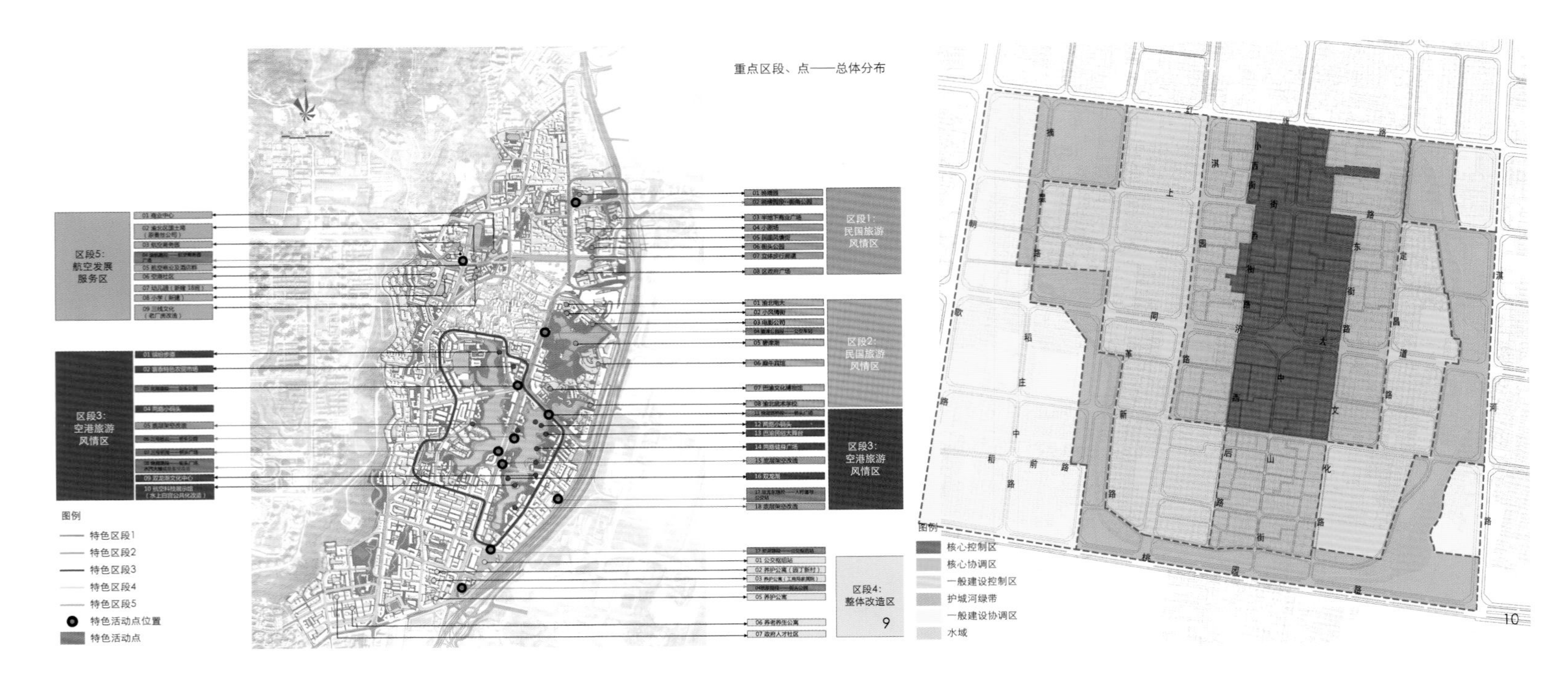

9.重庆两路老城片区空间价值评估分区库　10.淇县历史城区建设控制分区

估，若能同时满足四个先决条件，则对余下三个指标层各项进行观察，记为X_1，X_2，…，X_{10}。确定可实施度：

$$Z_j = X_1+X_2+X_3+X_4+X_5+X_6+X_7+X_8+X_9+X_{10}$$

根据所调查收集资料分析，若$Z_j \geqslant 70$，则可划分为近期可实施类；若$50 \leqslant Z_j < 70$，则可划分为中期可实施类；若$Z_j \leqslant 50$，则可划分为远期利用类。

表4　空间资源可利用评价模型指标表

目标层	准则层	指标层	权重分数/达标要求	指标性质	
空间资源可实施度	先决条件	可利用公共空间规模	可利用规模5 000m²以上	四个条件必须同时满足才能往下继续评分	
		周边是否有大型商业、商务中心、居住区、文化活动中心	必须要有一个		
		可利用公共空间权属	必须是公共所有		
		与名城核心区域的关系	位于名城核心区域或关系紧密且对城市整体风貌会产生重大影响		
	经济发展指数	近期周边是否有拟建项目可结合共同开发	10	X_1	正
		开发建设成本（万元）	10	X_2	正
		周边交通拥堵指数	10	X_3	正
		商铺，办公楼出租率（%）	10	X_4	正
		小区入住率（%）	10	X_5	正
	环境安全指数	对原有绿地，景观的破坏程度	10	X_6	正
		是否存在排涝、积水、沉降等安全问题	10	X_7	正
	风貌稳定指数	是否影响文物保护单位或历史建筑的本体安全	10	X_8	正
		是否存在与原有历史风貌不协调的问题	10	X_9	正
		是否与古城保护远期规划要求产生冲突	10	X_{10}	正

五、可利用空间资源评估体系在实践中的应用

我们以河南省的两座历史文化名城为例来说明其在实践中的应用情况。

河南省鹤壁市辖区内仅有的两个县（即浚县、淇县）均是历史文化名城，历史文化资源相当丰富。城市现实和历史文化名城保护规划目标之间矛盾最突出的问题集中在以下四个方面：历史文化名城的特色尚未完全建立；城市优质和吸引力场所的公共空间序列尚未完全建立；城市公共基础设施落后，示范性建设标准尚未完全建立；名城风貌特色设计与经济文化建设目标尚未完全协调。因此双修设计的目标设定即为塑造独具特色的历史文化名城时代风貌条件下的城市双修设计。

1. 在确定双修设计范围中的应用

基于城市中心城区用地现状评价和实地研究，我们将城区范围内所有可以用于双修开发设计的公园、绿地、广场、街道、废弃地等进行详尽的梳理和调查，进行评估体系中先决条件的验证。建立可利用空间资源项目库。双修设计的范围按照项目库的外边界进行划定，以此确立了双修设计的最终设计范围。

2. 在确定项目的建设分期中的应用

根据价值评估体系，我们对符合先决条件的可利用空间资源项目库进行量化评分。以此确立了城市双修与历史文化名城保护可利用空间资源项目库的近期、中期与远期项目和实施步骤。

3. 在示范性建设项目选取中的的应用

基于可利用空间资源项目库的评价模型，我们将近期项目库中每一类别赋值最高的最具有示范

性的建设项目最先启动、重点建设。行动指引围绕“一点、一线、一面”的格局来进行，以淇县为例。

（1）一点：高速出入口连接城市的门户片区

淇县东入口牌坊片区是京港澳高速进入淇县的门户，片区同时是城市水系及滨水空间设计中的重要节点“名邑序曲”的位置。主要包括两个方面的内容，即片区的整体城市设计和“古都朝歌”牌坊的改造。打造一个展现淇县历史文化名城特色的“门户”形象展示点，云梦大道和卫都路交叉口设交通转盘，引导外部交通进入淇县的新老城区。

（2）一线：衔接新老城区的云梦大道——中山街

打造一条具有淇县地域特色的景观大道即云梦大道——中山街。改造一批特色公共建筑，殷商文化在建筑上体现做不出来，建议建筑改造做出苏式线条，云梦大道道路平面改造，增加绿化、拓宽人行道等。

（3）一面：选取中山街周围老旧街区进行更新改造

选取核心保护区与建设控制地带交错的范围作为历史文化街区修补的示范片区。对富有特色的街巷，应保持原有的空间尺度；采用传统的路面材料及铺砌方式进行整修。拆除非历史建筑，恢复内部“胡同”结构，盘活老城区。

六、结语

历史文化名城概念的提出与实践已走过近35年的历程，城市双修的实践尚处于起步探索时期。当城市双修在历史文化名城中展开，两者必然会碰撞并产生与其他类型城市不同的设计需求与评价体系。科学合理的评估体系既是对体系进行准确可靠评价的基础和保证，也是对体系的发展方向进行正确引导的重要手段。城市双修与历史文化名城保护规划的融合设计尝试找到城市双修的最佳路径，量化两者的设计因子从而协调和优化两者共同关注和面临的突出问题与矛盾。

参考文献

[1]王鲁民，韦峰. 基于交通发展的郑州城市空间变迁研究. 未刊稿.

[2]王鲁民，吕诗佳. 空间的故事：丽江聚落景观形式意义读本. 未刊稿.

[3]王鲁民，乔迅翔. 营造的智慧：深圳大鹏半岛滨海传统村落研究[M]. 南京：东南大学出版社, 2008.

[4]巨利芹. 地方政府的职掌转变与现代城市观念的植入[D]. 深圳:深圳大学, 2009.

[5]杨彬. 惠州近代（1840—1949）城市景观构架变迁研究[D]. 深圳：深圳大学, 2010.

[6]杨彬. 结合城市公共空间的南山区公共停车场布局与重点区域停车场建设研究[D]. 深圳：深圳大学, 2014.

作者简介

巨利芹，深圳大学城市规划设计研究院，主任规划师，工作室负责人，注册城乡规划师；

杨　彬，深圳大学建筑设计研究院，主任工程师，工作室负责人，注册城乡规划师。

11.淇县城市双修设计示范性建设项目
12.淇县历史城区现状图
13.淇县中心城区双修设计用地范围

规划管理引导上海主城片区历史文化风貌区修复
——以上海七宝老街历史文化风貌区改造为例

Planning Management Guides the Historic Areas in the Main City Area of Shanghai
—A Study of Qibao Old Street Historic Area, Shanghai

刘秋瑾
Liu Qiujin

[摘　要]　城市历史文化风貌区，作为城市历史、文化重要载体，承载着整个城市地域的历史意义，如何保护、如何改造是城市管理中重要的环节。上海市七宝老街历史文化风貌区位于上海主城区，本次从规划管理的角度，以落实法定保护规划为前提，提出创新模式，从开发模式、街区更新、保护与再利用等多方面探讨历史风貌保护区的保护传承与合理利用，使城市更具活力。

[关键词]　历史文化风貌区；七宝老街；保护与利用；规划管理

[Abstract]　As an important carrier of urban history and culture, the urban historical and cultural area bears the historical significance of the whole urban area. How to protect and transform it is an important link in urban management.
Shanghai Qibao Old Street Historic Area located in the main urban area of Shanghai. From the point of view of planning and management, and on the premise of implementing statutory protection planning, this paper puts forward innovative models, and probes into the protection, inheritance and rational utilization of historic and cultural protected areas from the aspects of development mode, renewal of blocks, protection and reuse, so as to make the city more Vitality.

[Keywords]　historical conservation district; Qibao old street; protection and use; urban planning management

[文章编号]　2020-83-P-094

常说三分规划七分管理，特别是历史风貌区的改造项目，由于房屋权属、建筑现状等复杂情况，使得规划实施与发展蓝图有着天壤之别，本文以七宝老街历史风貌区保护与改造为例，希望从规划管理角度，探索历史风貌区保护规划新的发展模式。

一、七宝老街历史文化风貌区现状及存在问题

七宝古镇始于北宋，盛于明清，是留存至今距上海市区最近的江南古镇。七宝老街位于七宝古镇历史文化风貌区的核心保护范围，集中体现了典型的江南地区传统城镇中心的历史风貌。留存有丰富的物质及非物质文化遗产，物质基础方面具有历史价值的历史街巷、老建筑等；非物质方面，多元文化汇集，具有民俗文化传承宗教文化、皮影戏曲等文化底蕴丰厚。

1. 七宝老街现状

（1）现状发展模式

七宝老街历史文化风貌区现状发展模式为政府主导模式，旅游经济发展形势单一，缺乏整体开发成功经验，管理方面，处于以租赁、营销、服务和物业为主的基础管理状态，由古镇公司来做中间人，承担租赁及行政事务等。目前的老街开发模式缺乏市场开发的介入，相对单一，缺乏特色与活力。

（2）功能业态

七宝老街历来为商家汇集之地，业态核心为小吃、小工艺品，同质化较为严重，多处老字号真假难辨，能级低，有“过度商业化”的争议，与郊区历史文化风貌区较为均质，差异化特色化不够显著。

（3）物质基础方面

①空间布局

七宝老街具有江南水乡的典型特征，街巷按照前街后河布局，泗水而居，院落上以传统宅院式布局为主。

街巷空间上，通过外围道路与城市道路联系，内部道路以人行步道为主形成巷弄空间，街巷空间呈“鱼骨”状，街巷尺度窄小。

院落空间上，现有保留下来的大宅院较少，院落系统为自由式布局，院落面积较小，房屋间链接紧密且院墙高筑，形成私密性较强的内部庭院空间。

水网环境上，建筑依水而建，“窗外闻橹声，门前连市井”，河道可通游船，河、桥、古树等形成较为丰富的环境空间。

②建筑风貌

风貌区内商业街市和宗教建筑、特色传统民居保存较好，特色历史建筑包括七宝天主堂、东岳行祠斗姆阁、东祠四面厅、明代解元厅等，反映了上海原有市郊城镇的历史演进过程，具有较高的保护价值。另外，传统宅院式民居建筑，建筑形式因地制宜，灵活安排住宅，充分利用空间，地域特色明显。

（4）文化传承

①宗教文化

七宝有一千七八百年的历史，其形成与佛教有密切的关系，七宝来历还有另一种说法，传说七宝因有金字莲花经、氽来钟、飞来佛、神树、金鸡、玉筷、玉斧等“七件宝”而得名，其中有3件宝与佛教有关系，且存有实物。

②民俗文化

七宝除宗教文化外，也具有丰富的民俗文化底蕴，如“张充仁纪念馆”“棉织坊”“老行当”“七宝老酒坊”“七宝老当铺”“七宝蟋蟀草堂”“周氏微雕馆”“七宝皮影馆”等。举办民间文艺、民俗活动，沪剧、越剧、皮影戏、街景演出常见于戏台、广场，还有除夕守岁撞钟、正月半、中元节、蟋蟀节、重阳节等民俗活动。

2. 七宝老街存在问题

七宝老街与上海其他郊区的历史文化风貌保护区相比，均为“江南水乡”特色，建筑形态、空间布局等物质性遗产均质化有余，特色不足，历史文脉传承较为割裂，未迁出原住民的居住环境较差。

（1）整体环境亟待提升，基础设施不完善

建筑风貌方面，建筑密度大，街区区域安全疏散通道不畅，居住片区日常管理不完善，住区风貌与商业风貌相比差距较大，整体风貌不够完整，破坏及较大。建筑年久失修，具有历史价值的建筑因质量的原因，正处于风雨飘摇之中。

基础设施配置方面，存在街区区域安全疏散通道不畅、线路老化以及排水功能不完善等问题，在消防、房屋质量、人员疏散、安全用电、内涝等方面存在较大的安全隐患。

1.七宝古镇历史文化风貌区位置图　　2.七宝古镇实景照片

（2）所有权复杂，业态难以集聚

产权方面产权类型多样、权属分散、部分产籍信息不明确，现居人员结构复杂。建筑质量方面，老旧住房多，建筑密度大，多为木质结构且年久失修。

根据统计，现状该片区宅基地11户、私房68户、公房32户和镇级集体资产11户，共计122户，出租77户，出租率63%。

二、文化风貌区发展困惑

1. 国外案例

（1）法国——依法保护，适度整修

法国已形成以《遗产法典》为核心，以物质文化遗产保护为主体，与《城市规划法》《环境法》《商法》《税法》《刑法》等相互配合、有机协调的完整的法律保护体系，制订保护和继续使用的规划，纳入城市规划的管理。保护区内的建筑物不得任意拆除，政府的工作是整修住房和改善交通，对20世纪初建造的工人住宅，要求原样整修保存其外表，而在内部加建厨房、卫生间，使居民可以有好的条件继续居住。

（2）新加坡——政府主导，市场运作

在政府主导下的市场运作，保护片中对老建筑的修复。鼓励私人部门介入遗产保护，制定物质性框架并提供建筑修复的详尽指引。其政策允许市场运作，行业经营和其他活动，鼓励私人部门介入遗产保护，由市场力量和自由竞争来选择。活动上，保留并提升各种具有民族特色的活动；基础设施上，改善总体物质环境，引入新特色。

（3）日本——自下而上，市民参与

日本积极地推进历史文化街区的保护运动，确定“都市景观日”等倡导市民的都市美化意识，同时启动“历史街区及修复综合援助计划”制定地区保护及再开发计划等都市保护的综合方案，政府的保护措施也促进了地方保护街区运动的发展。提高市民的保护意识，市民自发开展保护运动，由下而上，重视市民参与，维护社区传统、改善生活环境、促进地区经济发展。

2. 上海案例

2003年上海正式颁布《上海市历史文化风貌区和优秀历史建筑保护条例》，进一步提高了历史建筑保护的法律地位，并正式将成片保护区域命名为“历史文化风貌区”，对于成片区域保护，全国有各种不同名称，较为统一的名称为“历史街区”，而上海颇具特色的“历史文化风貌区”其内涵更加强调历史街区的“文化”和“风貌”，更加强调城市历史风貌的文化整体性和连续性。

上海的历史文化风貌区保护中，不仅强调历史建筑的单体保护，更强调城市整体风貌的保护。在规划编制中对构成文化风貌特色的各个要素包括历史建筑、街区肌理、空间布局、街道尺度、环境绿化等都进行了细致的研究，不但提出切实的保护要求，同时还要去做城市更新发展的过程中延续和强化地区的历史风貌特色，并满足城市自身功能完善、品质提升的内在需求。例如，为保证历史风貌区原有的街道尺度和界面，在城市建设和更新中得以延续，允许建筑密度、建筑退界、后退红线、绿化覆盖等方面突破城市规划管理技术规定要求，如建筑密度偏高、建筑连续展开面偏长、绿化覆盖率偏低等，以保证原有的建筑肌理得以延续，城市文化的载体得以物质传承。

3. 发展困惑

七宝老街作为纳入上海主城区，距离上海市区最近的江南水乡特色古镇，区位优势明显，现状及规划多条地铁线路交通优势明显。

在本次改造中如何把握自身条件，充分发挥地域优势，如何使七宝老街晋升为上海古镇文化的首选地是应主要思考的问题。同时在本次改造更新中如何保持“原真性”“整体性”“本土化”，如何达到新旧建筑的协调与平衡、在传统建筑空间和建造工艺与现代功能空间达到平衡，在原住、文化、商业及旅游功能之间达到平衡，同时与其他古镇老街形成特色，在老街发展模式中创新模式，突出“闪光点”，打造成文化品牌，都是值得深刻思考的。

三、规划管理引导文化风貌区修复

1. 开发管理模式创新

（1）政府主导，绅士化修复

政府作为公共利益的代表，在城市历史风貌区保护中处于主导地位，制定好的《上海市历史文化风貌区和优秀历史建筑保护条例》和编制好《上海市七宝老街历史风貌保护区规划》能够指导风貌保护区的相关建设。

（2）开发商主导，创新型修复

历史风貌保护区的稀缺性带来了直接的品牌价值和商业价值，开发商的参与一方面能够解决保护资金短缺问题，另一方面其资本意识也强势影响了风貌特色。 在保证符合风貌区保护规划的前提下，引入商业模式创新，借鉴石库门街区上海新天地中引入香港瑞安集团的开发经验，在旧区更新模式中突出重围。但是这种模式可能会脱离老街生活文化实质，商业氛围过剩将影响“原汁原味”的文化特性。

（3）公民主导，创新激励

借鉴国内外相关案例，无疑市民在历史风貌区的保护和开发中发挥着实质性的主导作用，市民对历史、文化等的精神诉求更能吸引市民对风貌区保护和开发的激情，公众对于城市的记忆及对主流文化的理解能更好地顺应时代特点，“怀旧情结”等更能引起共鸣，满足公民的精神需求，而强化“保护意识”，从而逐渐成为历史文化保护的主导者。现有条件下，风貌保护区规划中的公众参与，更多的是“原住民”，但“原住民”更多的从自身的房屋土地权属等权利去思考，且现实环境造成了原住民往往更加向往现代生活，迫切希望外迁，去往更好的居住环境。街区记忆越来越模糊，物质与文化难以传承。

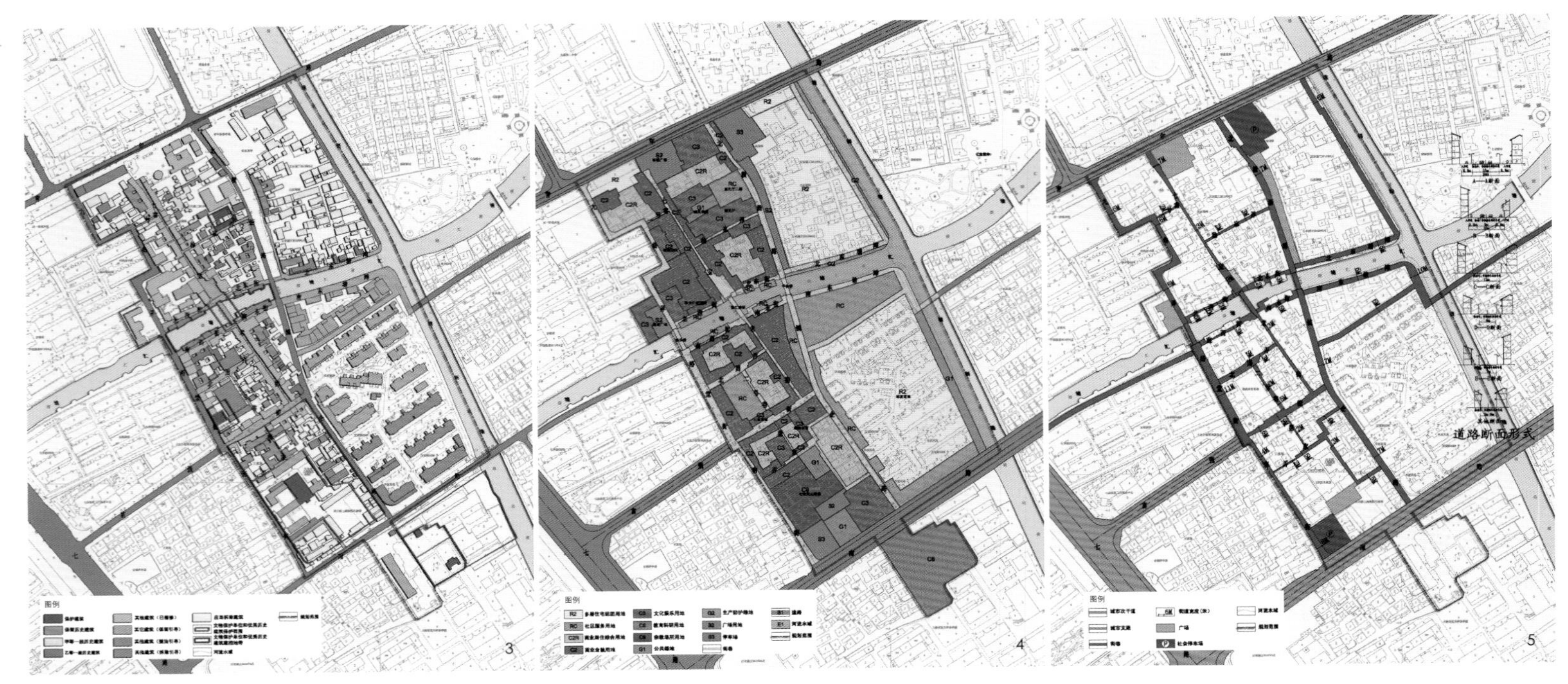

3.建筑保护与更新类别规划图
4.土地使用规划图
5.道路交通系统规划图

2. 老街更新模式创新

（1）开发模式中的思维转换

转变思维意识，政府角色提升服务意识，转变为组织者与协调者，同时从公众利益的维护角度出发，加强日常监管与监督，保障风貌区保护规划的实施，定期组织实施评估。开发商角色从开发者转变为参与及引导者，根据不同人群意识特点，综合考量，制定相应的发展策略，“政府、市场、社会”合力发展，混合租赁与投资开发的发展模式。企业主导、政府配合、社会参与是老街修复的创新之路。

（2）组织结构设定

为保证老街改造复兴顺利实施，政府专门成立了七宝镇老旧住房改造工作领导小组办公室，下设综合协调、安全整改、抽户置换、修复改造、成套改造、宣传、法律服务等7个小组。搭建综合平台，同时牵头协调区级部门规划、房管、财政、建管、消防等多部门排摸现状情况、确定发展模式、进行方案比选等多方面工作。

（3）划定开发区块，制定开发公约

综合七宝老街风貌特点及各开发主体特点，同时考虑到实际开发要点难点，在开发中以政府服务为前提，保障风貌保护区规划的实施，同时引入开发商资金支持，以整体开发为前提，划定商业性开发、自主性开发等不同开发模式片区。

对于商业化开发为主导的片区，以开发商经营为主，保留百年老店，非遗老店等特色文化，对于一般店面进行梳理，改善现有业态，增加公共及文化属性，扩展展演活动公共空间，增加“停留”体验。对于自主性开发片区，以原住民、公民开发为主，与政府及开发商共同制定“开发公约”，明确经营范围、功能使用范围等，对于色彩、构筑物、绿植等做详细“公约化”自主开发，保障风貌统一的同时，确保个性、特色。

（4）规划管理方面

规划行政管理部门健全最严格的保护制度，统筹考虑城市更新与历史文化风貌保护。根据上海市历史文化风貌区保护条例，编制《上海市七宝古镇历史文化风貌区保护规划》，在保护规划的框架下开展工作。确定风貌区的功能定位、保护原则及保护对象，同时对建筑保护与更新提出规划控制要求。

整体规划，分区指引，梳理保护规划中不同分类建筑的保护利用级别，与现状建筑形态、产权信息进行再评估。实地考察，了解现状各功能分区的组织流线、公共空间、风貌、业态特点，对原有规划进行评估，对组织流线、公共空间等做详细设计指引。

提高服务意识，提前服务，保护规划解读，主动与市级部门对接，简化审批流程、主导制定开发公约，专家论证，制定相关建设及监管规则。

加强公众参与，开展问卷调查。采取线上、线下同时开展问卷调查，收集原住民、社会人士、专业人士、旅游者的意见，从多角度剖析不同人群需求，以更好地对分区业态、风貌特色及活动类型进行研究分析，以作出最精准的决策。

建筑管理方面，对保留的历史建筑进行保护修缮及外部的环境整治，对于建筑内部进行保护原有构件或特色装饰部分，合理新增管线等基础设施；对“一般历史建筑”和“其他建筑”部分采取内部改建；对拆除引导的建筑部分拆除或改建；建筑修缮设计整体保证在《文化保护法》及《上海市历史文化风貌区和优秀历史建筑保护条例》的规定下开展，大修等申请建设工程规划许可证。

（5）产权管理方面

产权方面，基于现状分散产权的情况，建立一户一档管理机制，开发上模式上，采取“多类多策”模式。对于现有镇级资产层面，主动开发，将其作为文化展示等公共服务设施；对于政府回购再租赁方面，由开发商进行商业开发；对于原住民方面，鼓励原住民自住自用或者自开发。各方面均在整体开发公约引导下开发使用，政府部门加强监管。

（6）综合管理方面

在整体规划的前提下，分区域开展工作，建立开发商、社会、原住民及公众，各人群形成和谐共生的老街生态圈。

原住民是非物质文化的传承者，是特色空间形态的创造者、使用者和维护者，应保障原住民生活环境的宜居性。

（7）老街民俗文化再挖掘

民俗演绎文化，七宝镇皮影戏是七宝重要的文化特色之一，但目前七宝皮影面临剧本散佚、乐谱丢失、皮影毁坏等状况，且能够进行表演的皮影艺人越来越难找，爱看皮影的人也越来越少。斗蟋蟀文化，

表1

建筑类型	结构类型	产权类型	现状问题	修缮方式
甲等一般历史建筑	砖混结构	镇级资产	现状风貌损坏较大，建筑质量较好	外墙涂刷、门窗更换、青瓦屋面更新等风貌统一；结构加固、内墙粉刷
甲等一般历史建筑	砖木结构	私房	建筑屋面破损，柱子严重腐朽，存在严重安全隐患	落架大修。修缮和更换木结构（梁、枋、柱、檩条、椽子），原样更新屋面，墙体原样砌筑，恢复原有古建筑门窗形式。外立面恢复原样粉刷

在“蟋蟀圈”较为突出，但是受众面较窄；汤团等民俗饮食文化，目前54%的游客首选，但是同质化较严重，店铺的制作保存方式等亟须提升。

本次古镇深度挖掘桥、酱菜、典当、酒坊、文房四宝、雕塑等民俗文化，更新将现有皮影文化等打造规模效应，并引入专业文化宣传及活动推广；同时注重民俗文化传承，新增“民俗文化体验学习院”，加强民众体验性。

（8）现有模式的创新思考

借鉴市区田子坊风貌区的发展经验，开辟文创聚焦区，吸引原创艺术家驻扎，使原住民、旅游者、艺术家和谐“共生”，创建新型的古镇社区文化。

3. 老街复兴实践

（1）梳理整体风貌

为保证老街改造复兴顺利实施，政府专门成立了七宝镇老旧住房改造工作领导小组办公室，在整体规划的前提下，分区域开展工作。对先期启动抵抗进行了细致的现场排摸，掌握每间房屋的属性等。在对老街现状了解到基础上，对整体风貌提出改造复兴方案。风貌上，确定不同的风貌功能片区，开放空间再梳理并明确路线与活动空间定位，梳理现有景观、植被等条件，确定景观主要节点，打造不同特征的开放节点。对构成历史风貌的文物古迹、历史建筑确定具体保护方案，还要保存构成整体风貌的所有要素，如道路、街巷、院墙、小桥、溪流、驳岸乃至古树等。维护社区传统，改善生活环境，营造充满活力的整体氛围。

（2）交通流线与公共空间

街巷格局与院落空间是历史文化街区肌理的重要体现，应当充分保留街区内道路格局，路幅宽度和空间尺度，在原有街巷格局的基础上把道路梳理，形成主巷—次巷—支巷的空间层次。

在保护风貌区院落布局的风貌特色的基础上，拆除乱搭乱建的建构筑物，恢复传统民居的院落空间形象，保护、恢复院内绿化环境，保护院内名木和特有植被。

（3）功能业态

明确文化展区、特色活动区、商业区、原住区、新住区等功能分区，为老街注入经济活力。确保公共属性，保留部分原有生活方式，在不破坏原有风貌以及文化内涵的基础上进行精准定位，整合周边资源，引入有特色的活动，进行科学合理的开发，吸引游客，开发经济价值（表1）。

（4）建筑风貌

梳理风貌区内的建筑现状风貌及建筑属性，明确房屋的如私房、民房、公房等权属属性，同时与保护规划对照，并结合整体功能分区方案，明确征收房屋、动拆迁、签订合作协议等不同的开发方式，明确建筑物的具体改造利用方式。

“修旧如旧、风貌协调”：风貌区建筑因建造时间久远，历经数十年乃至数百年的风雨，年久失修、结构安全性下降、内部设施陈旧等原因已无法满足现代化功能的使用，根据七宝老街风貌保护区规划，不同的建筑的保护改造方式和技术手段均不同。通过前期调研梳理，发现现有建筑存在立面混乱、乱搭乱建等问题，本次更新则根据现状问题，分别采用外墙及屋顶修缮更新、结构落架大修、建筑内部功能完善等方式，保持风貌区原有的历史氛围，保留建筑原有的沧桑感。

四、结语

当今对历史文化风貌区的保护并不意味着对其圈养，真正的保护是让历史文化街区重新焕发生机，为现代人们提供一个了解城市文化脉络的空间。历史文化风貌区要在保护的基础上进行一定程度的改造，即历史文化街区的再更新。

最好的保护是利用，作为城市的脉络与记忆，七宝老街历史文化风貌区的发展需要群策群力，在保护规划引导的前提下，加强公众参与，创新思维，激发地区活力，更多地去思考如何保留，如何共赢，如何平衡文化传承与改造利用的关系，以使历史文化风貌区的改造修复能够最大程度地发挥其资源价值，使历史文化风貌区的未来更加美好，使城市焕发新的活力。

作者简介

刘秋瑾，上海市闵行区地名管理中心，专技人员，上海市闵行区规划和自然资源局，建设工程管理科，科员。

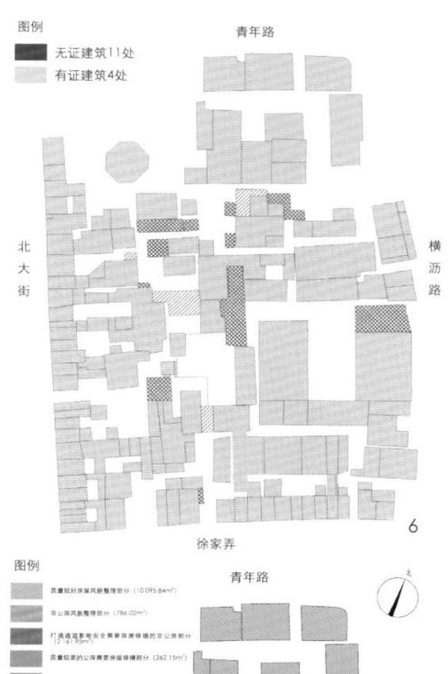

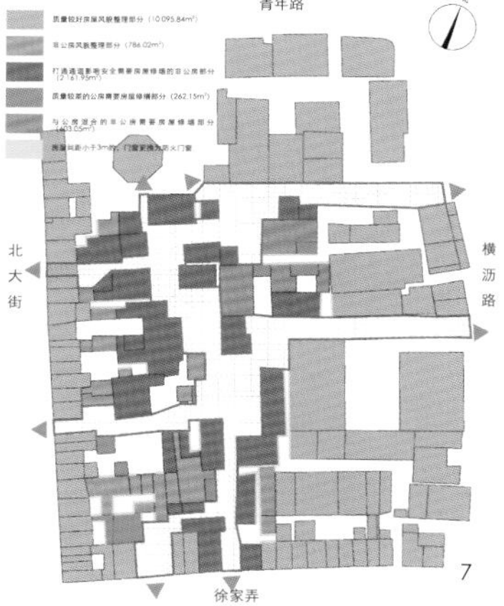

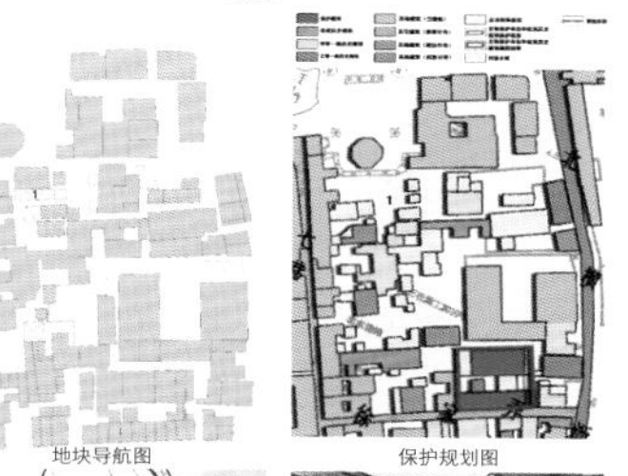

拆除建筑现状照片

拆除建筑现状照片 9

6.拆除建筑示意图
7.改善修缮分类规划图
8.无证建筑拆除示意图
9.有证建筑拆除示意图

专题案例
Subject Case
城市生态区域双修规划
Urban Ecological Area Double Repair Plan

青岛市海岸带生态修复方法研究与探索

Research on the Method for Ecological Restoration in the Coastal Zone of Qingdao

王天青 叶 果 仝闻一 宿天彬 田志强
Wang Tianqing Ye Guo Tong Wenyi Su Tianbin Tian Zhiqiang

[摘　要]　海岸带地区具有重要的生态价值，文章旨在通过对近年来青岛市海岸带生态保护与修复的工作实践经验进行总结，为其他地区的海岸带生态修复提供理论和实践指引。文章分析了当前青岛海岸带存在的滨海湿地减少、原生自然岸线退化等生态问题，介绍了近年来青岛市开展的胶州湾岸线整理保护三年行动计划、青岛西海岸新区蓝色海湾整治行动等海岸带生态保护与修复工作的情况，并对工作的经验进行了总结，包括：规划引领突出海岸带生态空间资源保护、减法为主实施疏解和清理行动、分类施策制定有针对性的修复措施。

[关键词]　海岸带规划；城市双修；海岸带；生态修复；青岛市

[Abstract]　Coastal areas possess unique ecological values. Therefore, this research seeks to summarize the successes and failures of management measures taken so far in Qingdao area, as well as dilemmas to cope with, are given. This paper analyzes emerging issues of wet land protection and the continuous fall back of coastline while introducing the current opreations of Qingdao's 3-year costal protection guidelines and Qingdao's West coast Blue bay improvement initiative project. This article then concludes the way to preserve or regain in a sustainable way ecological value. In general, coastal restoration should focus on the redirection of protection towards Coastal ecological resources, reducing the emissions and developing pluralized solutions for varies of costal issues.

[Keywords]　coastal planning; urban double repair; coastal zone; ecological restoration; Qingdao
[文章编号]　2020-83-P-098

1.青岛市海岸带范围

海岸带是受海洋影响的陆地区域和受陆地影响的海洋区域，作为陆地和海洋两大生态系统的交汇地区，海岸带具有重要的生态意义。然而海岸带地区同时也是全球城镇快速发展、人口高度集聚的区域，具有经济体量大、城镇密集、人口密度高的特点。经过改革开放40余年的快速发展，海岸带地区已成为我国空间开发保护矛盾最集中的区域之一。目前我国的城乡建设已经进入到内涵式发展的新阶段，在“生态文明”和“城市双修”思想的指导下，开展海岸带地区的生态保护与修复是缓解海岸带地区空间利用矛盾的客观需要。笔者对近年来青岛市海岸带生态保护与修复的工作实践经验进行总结，旨在为其他地区的海岸带生态修复提供理论和实践指引。

一、青岛市海岸带概况

青岛海岸带陆域以滨海第一条主要城市道路或公路为界，海域以临岸第一条主要航道内边界为界，海岸带空间范围3 291km^2，包括1 021km^{2}的陆域和2270km^{2}的海域。海岸带范围内岸线绵长、曲折、多湾，共有大陆岸线780多km，拥有形态各异的海湾49处。 海岸带是青岛城市地方特色和魅力所在，青岛海岸带集高、深、秀、奇、幽、显、动、静、刚、柔、雄、媚于一体，形成“海光山色、碧海蓝天，青山绿树、赤礁绿岬、金沙白浪”的自然景观。2007年10月，青岛获得世界最美海湾组织及与会者的认可，成为第一个来自中国的“世界最美海湾”。

二、青岛市海岸带存在的生态问题

在自然演变和人类活动的双重影响下，青岛海岸带生态系统出现较大的退化现象：

一是滨海湿地减少。由于填海造地及自然的淤积等原因导致滨海湿地大面积减少，其中较为严重的胶州湾地区据统计湿地面积自1932年以来减少近1/3，约75km^2。

二是原生自然岸线退化。由于上世纪五六十年代以来鼓励围海养殖的政策，青岛市郊地区自然岸线受到较为严重的破坏，据统计青岛海岸线的45.6%（约357km）被围堰养殖占用，其中包括崂山、凤凰岛、琅琊台等景区的岸线。

三是填海造地严重。由于近年来城镇建设的快速发展，青岛海岸带地区填海造地现象较为严重，据统计2008年以来人工填海面积达到167km^2（依据现状岸线与908岸线数据对比结果）。填海形成的人工岸线多为直立砌筑岸线，硬质化的利用方式切断了海陆生态空间之间的联系。

四是沿岸城市过度开发。城市发展逐渐连为一体，不断压缩、包围预留的入海河道、山体等生态间隔地区，对海岸带地区生物的栖息地造成较大的影响。

三、青岛市海岸带生态保护与修复实践

1. 胶州湾岸线整理保护三年行动计划

胶州湾是青岛的母亲湾，是青岛的生态核心和赖以生存发展的空间资源，由于多年来的填海造地和围海养殖，胶州湾面积急剧缩小。据有关数据显示，自1928年到2008年，胶州湾面积由560km^{2}缩小到362km^2，其中，湿地面积减少75km^2，水面减少198km^2，水质持续下降，海洋生物锐减。为保护母亲湾、修复胶州湾生态环境，2013年青岛市人大相继审议通过了胶州湾保护控制线和《青岛市胶州湾保护条例》，将胶州湾保护与生态修复纳入法制化轨道。

为确保胶州湾生态安全，进一步提升胶州湾景观品质，根据胶州湾保护立法的要求，青岛市政府于2013年制定实施了胶州湾岸线整理保护三年行动计划。主要目标是将环胶州湾地区建设成为水清岸绿的生态海湾、旅游设施完善的休闲海湾、城市与海湾和谐共融的美丽海湾，行动计划主要包括七个方面的生态修复内容：

一是清理填海项目。梳理胶州湾内各项填海项目，结合生态保护和修复要求，分类实施清理，并明确胶州湾保护控制线范围内严禁任何围、填海行为，不得进行与生态资源环境保护无关的各类建设。

二是实施退池还海工程。结合保护控制线内养殖池塘的性质、用途、使用年限，分期分批予以拆除，恢复滩涂、海域原状。

三是陆域违法建设整治。由相关区、市政府组织对辖区胶州湾岸线陆域一侧500m范围内的各类违法建筑逐步实施清理拆除。

四是岸线整理工程。因地制宜实施胶州湾岸线环境整治与生态修复工作，修复岸线堤坝，改造建设岸线景观，建设环胶州湾慢行系统，提升景观和休闲旅游功能。

五是建设环胶州湾交通体系。结合胶州湾核心圈层交通体系规划，改造环胶州湾道路体系，构建轨道、常规地面交通、慢行系统、海上交通系统相互衔接的综合交通体系。

六是整治入胶州湾河道。对汇入胶州湾的大沽河、墨水河等21条河道进行综合整治，完善河道行洪、截污等功能，改善河道水质及沿线景观环境，疏浚河流入海口水道，提升胶州湾水质和沿岸景观环境。

七是实施胶州湾流域污染综合整治。新建、改建污水处理设施，优化流域环境基础设施，提高各流域污水集中处理能力与排污状况匹配度，合理确定污水处理厂的排放标准，实施中水回补河道，增加河道生态径流。

胶州湾岸线整理保护三年行动计划实施以来，胶州湾海湾面积和湿地缩小的局面得到彻底遏制，

2.青岛市海岸带破坏情况

3.规划保护控制线

4.青岛西海岸新区岸线修复效果图

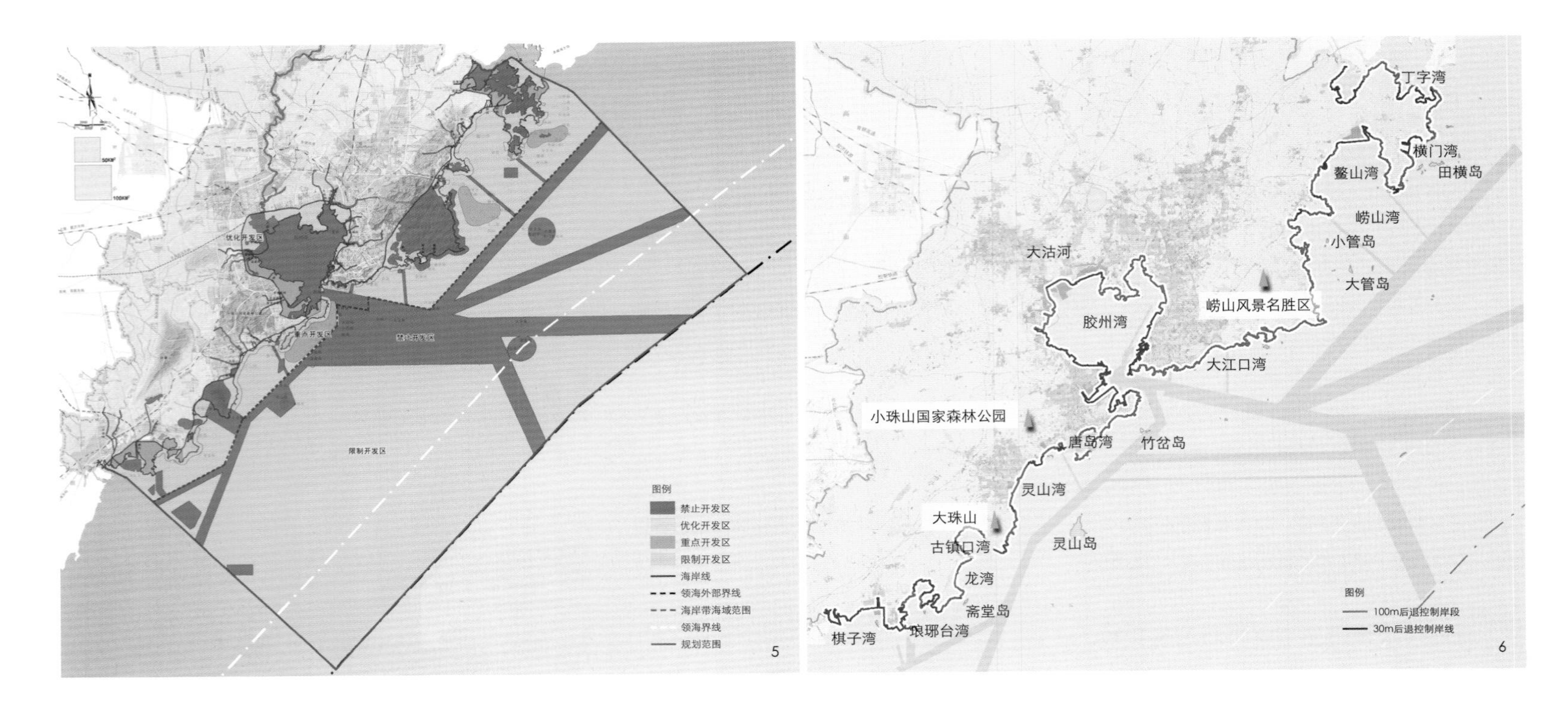

5.青岛市海域和海岸带四区划定　6.青岛市海岸带建设后退线要求

水质环境明显改善，环湾绿道基本贯通，环胶州湾优质生活圈雏形基本形成。

2. 青岛西海岸新区蓝色海湾整治行动

青岛西海岸新区拥有282km的优质海岸线，滩、岛、湾、礁、河天然一体，是中国北方不可多得的珍贵资源，然而近三十年“竭泽而渔”的开发模式对新区海岸带造成了严重的损害：大量礁石被沿海养殖、围海造陆破坏；大部分滩涂被围堰养殖占用；不合理的岸线人工化改造引起海砂流失。为保护新区不可复制的自然资源，2016年3月青岛西海岸新区在全国率先启动蓝色海湾整治行动，主要包括五个方面的生态修复内容：

一是清理占礁项目。清理薛家岛后岔湾至灵山湾国家森林公园段、琅琊台旅游度假区范围内的岩礁池、参鲍池、沙土池、工厂化养殖大棚以及沿线建（构）筑物，恢复自然礁石面貌。

二是修复受损岸线。采用退池还海、还滩的方式恢复自然岸线形态尚存的凤凰岛、唐岛湾等岸段，采用加固和植被修复的方式修复过度人工化的红石崖、古镇口等岸段。尽量恢复岸线的自然形态，同时积极防治海岸侵蚀现象。

三是调整沿岸项目。将滨海大道向海侧的140余宗土地用途进行调整和置换，由工业、住宅项目向旅游业、现代服务业转型，并且腾挪出滨海大道和海岸线之间空间，还市民一个亲水、休闲的自然环境。

四是污染综合治理。完成沿海20余处直排污水口、20条污染河道、100处垃圾和废弃物堆放点整治任务。

五是建设滨海慢行系统。在不破坏海岸线的前提下，修建自薛家岛甘水湾至琅琊台129km慢行道，将滨海地区的景点进行串联，配套服务驿站、交通换乘点等旅游服务设施。

六是挖掘历史文化底蕴。将历史文化资源融入到绿化景观塑造与慢行系统建设中，综合考虑徐福东渡遗址、琅琊台遗址、阳武侯薛禄故居、马濠运河、宋金海战遗址等历史遗迹和文保单位的保护和活化利用。

通过蓝色海湾整治行动，西海岸新区清退了沿岸的围堰养殖和违章建筑，基本贯通了滨海慢行系统，对受破坏的海岸线实施了有计划的恢复手段，使得海岸带成为了西海岸新区一张靓丽的名片，也成为了青岛市的新地标。

四、青岛市海岸带生态修复的经验

1. 规划引领，突出海岸带生态空间资源保护

早在2000年青岛就开展了海岸带规划的编制研究工作，形成相对完善的海岸带规划体系，基本建立起了由海域、海岸线、海岛和近海陆域构成的海岸带保护与利用总体格局以及多样化的管控方式，在指导海岸带生态修复方面起到了积极的作用。

（1）构建陆海统筹的生态格局

2015年发布的《青岛市海域和海岸带保护利用规划》，打破了原有规划编制陆海分割的固定思维，在综合考虑各区段自然属性、经济社会发展需求的基础上，以是否适宜进行大规模、高强度、集中开发与利用为基准，将全市海域和海岸带空间规划为禁止开发、限制开发、优化开发和重点开发四类主体功能区段，分别提出功能定位与发展方向，并制定管制要求，构建了陆海一体的生态格局。虽然这个规划只是属于宏观层面的引导规划，但通过主体功能区划的方式首次提供了陆海统筹的结合点，自此以后青岛市陆海功能布局在统一的主体功能区划框架下进行，有效地缓解了陆海功能冲突。

（2）实施岸线分类管制

原有的涉海城乡规划往往专注于岸线的用途类型管控，而不重视岸线的自然形态保护。2015年发布的《青岛市海域和海岸带保护利用规划》中依据岸线的自然属性将782.7km的大陆岸线划分为严格保护、优化整理和重点修复三类岸线，实施分类管制，其主要目的在于保护自然岸线资源，修复岸线自然属性，

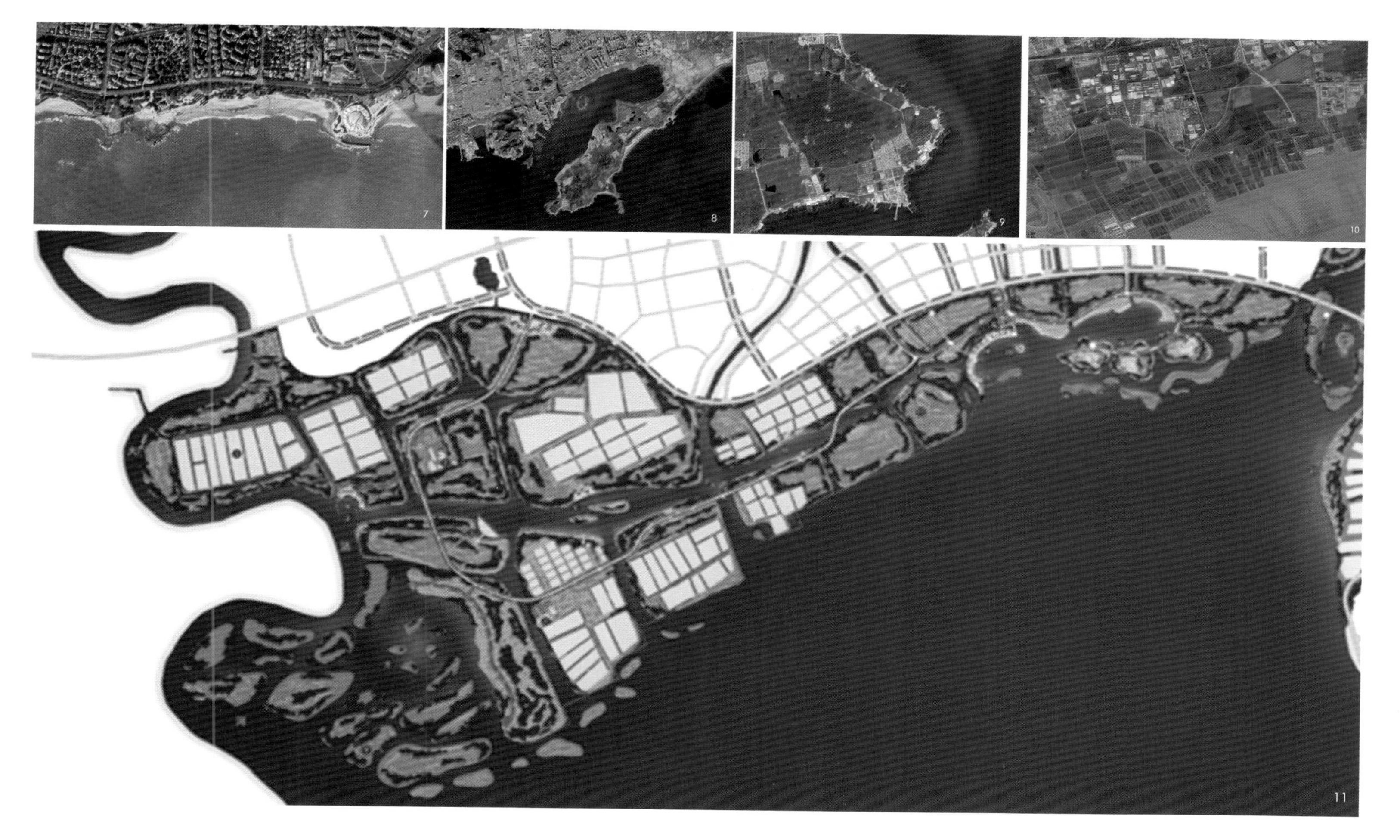

7.青岛市雕塑园段岸线影像图
8.青岛市唐岛湾段岸线影像图
9.青岛市琅琊台段岸线影像图
10.胶州湾人工湿地生态系统现状影像图
11.胶州湾人工湿地生态系统优化方案

其中：

严格保护岸线，合计288.2km，包括栲栳湾与横门湾之间岸线、凤岛至小岛湾岸线、文武港至团岛岸线、脚子石至月亮湾岸线、两河至胡家山村岸线。严格保护现状自然特性和属性，禁止围填海，采用自我恢复模式实施海岸带生态修复。

优化整理岸线，合计384.7km，包括丁字湾南部和栲栳湾岸线、横门湾至凤岛岸线、小岛湾和王哥庄湾岸线、团岛至墨水河岸线、洋河至脚子石岸线、月亮湾至两河岸线、董家口岸线。结合岸线实际情况，以景观恢复为主，修复岸线生态系统。

重点修复岸线，合计109.8km，包括莲阴河河口岸线、墨水河至洋河岸线。禁止新增围填海，加强湿地保育。结合具体情况实施退池还海，恢复滩涂现状或重新设计生态系统。

（3）完善控制线划定与管控

2019年编制完成的《青岛市海岸带空间管控规划》中，划定了海岸带建设后退线、入海河道控制线等重要的管控边界，为实现海岸带的精细化管控提供了依据和保障。

海岸带建设后退线是指沿海一定类型的建构筑物退后海岸线的距离控制线，制定的目的主要是综合防灾、公共性维护以及风貌保护。青岛市海岸带建筑后退线的制定采用了结合岸段具体情况的划定方法，其中：乡村郊野地区满足至少100m；一般城市建设地区满足至少30m。此外，对于重大基础设施、赖水产业等则不作具体的规定允许“零退线”。

通过划定入海河道控制线的方式，在入海河道两侧控制一定的生态缓冲区，保持河口湿地的原始面貌与功能，保持生物多样性以及河口地带的景观开敞性。入海河道控制线的划定在河道蓝线的基础上适当放宽，以确保河口湿地生态空间的完整性。具体划定时在河口位置拥有滨海湿地的大沽河、洋河等河道优先落实湿地生态保护的范围，而无湿地生态保护要求的自然河道则以落实河道蓝线为主。

2. 减法为主，实施疏解和清理行动

在海岸带生态修复方面，青岛市以做减法为主。一方面调整以往紧贴海岸线发展的思路，将大量批而未建或计划选址的非赖水项目进行调整，提高临海一线项目的准入门槛；另一方面对沿岸建成地区进行彻底的调查，开展拆违整治行动。

为有效的对海岸带地区进行“减法瘦身”，2016年青岛市在西海岸新区成立了蓝色海湾建设指挥部，该机构是一个综合协调机构，以“拆违建、清岸线、调项目、修慢道、植绿化、保文化”为主要职能。由于打破了之前陆海执法部门、规划部门、建设部门相对分割的状态，该机构在“拆违建”“调项目”等实施难度较高的方面取得了良好的效果，清理了占用岸滩的违章建筑、垃圾、废弃工程设施并对各类项目进行了集中调整置换，有效地遏制了海岸带地区进一步的破坏趋势。

为整治海岸带地区的违法建设，2017年青岛市对海岸带全域进行了彻底的摸底调查行动，梳理

12.青岛市海岸线生态修复措施示意
13.胶州湾红石崖地区互花米草蔓延

了各类项目建设手续情况、改扩建情况、围占岸线情况、围填海情况等。除了通常关注的城市集中建成区，摸查行动还重点关注了村庄地区以及景区等以往的盲点地区。通过这次行动，整理出了违法建设的项目清单，为随后开展的拆违整治明确了目标。

村庄地区围堰养殖是一个普遍的现象，一方面城市对于海产品具有一定的民生需求；另一方面部分围堰养殖也具备合法的手续，因此青岛市对于围堰养殖并非采取一概拆除的态度。首先是鼓励深远海养殖，将近岸的过密过多的水面养殖业迁往远离岸线的深水区，恢复近岸景观；其次是远近期结合，对于西海岸新区贡口湾、即墨丁字湾等地区的围堰养殖采取近期保留远期结合实际情况逐步改造的方式；最后针对村庄已搬迁、池塘已废弃等改造条件成熟的区域以及生态敏感区域的养殖围堰，则采取集中拆除改造的方式。

3. 分类施策，制定有针对性的修复措施

（1）结合受损程度制定修复措施

①自我修复模式：根据生态自我修复理论，在破坏程度很轻、没有人为干扰、且不缺乏原始种群的情况下，随着时间的推移，海岸带要素可以根据环境条件自我组织优化内部要素体系，最终发展形成新的稳定的生态功能。青岛市海岸带生态修复中，对受到各种因素影响，但没有超过生态系统承载能力或者可以自然形成新的稳定状态的岸线采用自我修复的模式。以做好资源保护和空间管制为主，不采取过多的人工干预措施。如青岛市雕塑园段岸线，在修建雕塑园时部分礁石遭到破坏，但高潮位以下的礁石和滩涂保存基本完好；再如青岛市唐岛湾段岸线，在上世纪末进行的大规模填海工程中形成了人工砌筑的岸线，在“岸线推移”作用下经过了20多年的发展变化，沿人工砌筑的岸线形成新的滩涂潮间带，形成了新的岸线生态服务功能带。对于该类型的海岸带，主要是加强规划保护和空间管控，控制人工干预，给予其充分的自我修复时间。

②景观恢复模式：按照生态学中的限制因子原理，生物的生存和繁殖依赖于各种生态因子的综合作用，其中限制生物生存和繁殖的关键性因子就是限制因子。通过针对性地解决或减少限制因子影响的方式修复海岸带生态系统，可有效控制生态修复的投资总量。对于过度围海养殖导致自然调节作用丧失，但海岸线自然形态尚存的地区采用该模式。该模式是青岛海岸带生态修复的主要模式，典型的岸段包括古镇口、琅琊台等岸段，主要的方法是通过拆除围堰的方式恢复滩涂、潮间带的原貌。采用该模式修复海岸带的困难是当地海洋渔业发展和原有渔民的就业安置问题，需要同附近的村庄改造统筹考虑。

③重新设计模式：按照生态系统重塑理论，根据历史生态系统特征，通过工程或植物重建的方式人工营造具有生态服务功能的环境，直接恢复退化的生态系统。在海岸带生态修复中的应用就是通过改造人工岸线的断面结构，营造适宜近岸生物生存繁衍的小环境，重建自然岸线的生态服务功能。对填海造地形成的直立型的人工岸线，采取局部岸线断面改造形成生态化岸线的方式，提升生态服务功能。对于现有养殖池塘修建历史久远的胶州湾湾底、丁字湾等岸段，当前已经形成了稳定的人工湿地系统，此外考虑到拆除面

积过大所需资金投入较多，因此采用重新设计的模式。

（2）针对空间资源类型制定修复措施

①岸线修复。岸线生态修复方式分四种类型：一是自然岸线形态尚存，潮间带被养殖池塘占用的岸线，采用退池还海、还滩的方式进行修复。二是现状直立人工岸线、破损人工岸线，在高潮位线以上建设加固设施，修建滨海开敞空间、慢行道路，高潮位以下通过抛石对堤岸进行加固，建设人工滩涂。三是砂质岸线。保留现状自然砂质滩面，在沙滩与陆域分界线设实体护岸结构，尽量保留沙滩规模。四是自然基岩岸线。原则上保持现状，针对自然因素或人为破坏造成的基岩岸线，采用生态工程措施防止岩体进一步崩塌，部分或全部恢复岩体原貌，同时优化近岸陆域植被防止水土流失，阻止岩体侵蚀加剧。

②植被修复。依据物种入侵理论和生物多样性原理，青岛海岸带植被修复中采用本地树种，并尽量采取树种搭配，乔灌木相结合的方式。青岛作为北方城市，海岸带的植被主要分布在潮上带，乔木主要有柳树、柽柳、淡竹、榔榆、水冬瓜、白蜡、南迎春等；草本主要有结缕草、匍匐剪股颖、酢酱草、三叶草等；在河口湿地内有芦苇、香蒲、碱蓬、水葱等湿地植物。现状青岛市潮间带多为“光滩”没有植物分布，胶州湾北岸等部分地区则存在互花米草等外来物种蔓延等问题。根据青岛市的气候特点，海岸带植被修复着重于潮上带，潮间带维持“光滩”即可，切忌为提高视觉效果盲目引进外来物种，现状外来物种入侵问题则应引起重视并及时治理。

③潮间带、潮下带修复。潮间带时而被水淹没，时而又暴露出地表，环境变化大，水动力强，受这种特殊环境条件的影响，潮间带极易受到外来物种或人为的破坏。潮下带位于平均低潮线以下、浪蚀基面以上的浅水区域。此区域水浅、阳光足、氧气丰、波浪作用频繁，从陆地及大陆架带来丰富的饵料，海洋底栖生物发育状态良好，多为海洋生物的产卵场，对海洋生态系统影响重大。应清除敏感地区的围海设施和过密的水面养殖设施，恢复原有生物种群的生存环境，控制外围污染物的排放，必要时增加人工增殖、放流等措施。

④地下水资源保护与修复。海岸带内的地下水位的高低对海水入侵程度影响很大，地下水位低于海平面时，海水就会侵入陆域，造成海岸带土壤碱化、建筑基础侵蚀。只有地下水位和海平面持平或高于海平面，才能防止海水侵蚀。针对过去青岛部分区域地下水超采造成的海水侵蚀问题，目前青岛市已全面禁止开采地下水，并逐步完善海岸带及周边的海绵城市改造，提高雨水渗透率。

⑤近岸污染防治。海岸带近岸海域的污染源除近岸水面养殖外，主要是陆域面源污染和入海河流的输入污染。“治陆保海”是青岛海岸带污染防治的重要措施，通过流域污染企业的搬迁改造和转型升级，污水收集处理设施的完善，有效控制了海岸带地区的输入性污染。

五、结语

海岸带是世界上最复杂和最不稳定的生态系统之一，目前对海岸带的生态系统退化的影响因素有所认识，但是海岸带内部各生态系统之间以及陆海生态系统之间的关系和相互作用认识的还不够深入，在生态恢复技术的应用方面仍存在一定的盲目性和不确定性，修复的效果还有待时间的检验。此外，目前青岛海岸带生态修复主要限定于生态学方面，还需要与海岸带管理法律法规、社会经济发展做好进一步的结合，构建长效机制。

参考文献

[1]沈清基. 城市生态修复的理论探讨：基于理念体系、机理认知、科学问题的视角［J］.城市规划学刊.2017（4）:30-37.

[2]李红柳.李小宁等. 海岸带生态恢复技术研究现状及存在问题［J］. 城市环境与城市生态. 2003(12):36-37.

[3]唐迎迎,高瑜等. 海岸带生境破坏影响因素及整治修复策略研究[J]. 海洋开发与管理.2018(9):57-61.

[4]青岛市城市规划设计研究院.青岛市胶州湾保护控制线划定与岸线整理规划[Z] .2013.

[5]青岛市城市规划设计研究院.中国海洋大学.青岛市海域和海岸带保护利用规划[Z].2015.

[6]中国城市规划设计研究院，青岛市城市规划设计研究院. 青岛市海岸带空间管控规划[Z].2019.

[7]自然资源部第一海洋研究所，青岛市城市规划设计研究院. 胶州湾湾底风暴潮安全防护工程实施方案研究[Z].2018.

[8]赵琨. 等. 海域海岸带空间管制规划探索——以青岛市海域海岸带规划为例[C]. 中国城市规划学会.城乡治理与规划改革——2014中国城市规划年会论文集（07 城市生态规划）.中国城市规划学会:中国城市规划学会,2014:450-464.

[9]赵琨. 等. 从弹性引导到刚性控制——胶州湾生态控制线划定的思路与方法[C]. 中国城市规划学会.多元与包容——2012中国城市规划年会论文集(09.城市生态规划).中国城市规划学会:中国城市规划学会. 2012:157-167.

[10]陆柳莹. 等. 世界海湾、蓝色家园：青岛市环胶州湾概念性城市设计研究[C]. 中国城市规划学会、沈阳市人民政府.规划60年：成就与挑战——2016中国城市规划年会论文集（06城市设计与详细规划）. 中国城市规划学会、沈阳市人民政府:中国城市规划学会. 2016: 1531-1546.

作者简介

王天青，青岛市城市规划设计研究院，教授级高级规划师，设计总监，注册城乡规划师，注册咨询工程师；

叶　果，青岛市城市规划设计研究院，高级工程师，注册城乡规划师，一级注册建筑师，注册咨询工程师；

仝闻一，青岛市城市规划设计研究院，高级工程师，注册城乡规划师；

宿天彬，青岛市城市规划设计研究院，建筑与景观所，所长，高级工程师；

田志强，青岛市城市规划设计研究院，规划一所，所长，高级工程师。

城市更新背景下的矿山生态修复与工业遗产再利用研究
——以山西太原西山为例

A Study on Mine Ecological Restoration and Industrial Heritage Reuse under the Background of Urban Renewal
—Take Case of Xishan Mountain in Taiyuan, Shanxi Province

洪治中
Hong Zhizhong

[摘　要]　太原市西山地区原为太原市矿业开采与加工的重点地区，经过多年的生态治理，目前已经初见成效，但是仍然存在残余污染治理、水资源和生物多样性保护有待提高，以及以旅游产业为主的替代产业发展等诸多紧迫需求，在理论与实践方面亟待研究。本文通过对工业遗产、生态修复等理念内涵的深入解析,分析梳理国内外矿山生态修复与空间再利用的相关理论与实践,总结矿山生态修复以及工业遗产再利用方法、特点和趋势，结合太原市转型发展的需求，深入研究国家地方土地利用政策机制以及运用市场化方式推动棕地修复与再利用的方式方法，并探讨西山地区生态修复与工业遗产再利用的模式和措施,以确保未来西山的开发利用具有可持续性。

[关键词]　城市更新；工业遗产；生态修复；模式；太原西山

[Abstract]　Xishan area of Taiyuan city was originally the key area of mining and processing in Taiyuan city. After years of ecological treatment, it has achieved initial results. However, there are still many urgent needs such as residual pollution control, water resources and biodiversity protection to be improved, and the development of alternative industries mainly based on tourism industry lags behind, which are urgently to be studied in theory and practice. Based on the in-depth analysis of the concept connotation of industrial heritage and ecological restoration, this paper analyses and combs the relevant theories and practices of mine ecological restoration and spatial reuse at home and abroad, summarizes the current methods, characteristics and trends of mine ecological restoration and Industrial Heritage Reuse, and in combination with the needs of Taiyuan's transformation and development, studies deeply the national local land use policy mechanism and the application of marketization In order to ensure the sustainable development and utilization of Xishan Mountain in the future, this paper discusses the ways and methods to promote the restoration and reuse of Brownfield, and discusses the modes and measures of ecological restoration and Industrial Heritage Reuse in Xishan area.

[Keywords]　urban renewal; industrial heritage; ecological restoration; pattern; Taiyuan Xishan
[文章编号]　2020-83-P-104

一、研究背景

建设生态文明是中华民族永续发展的千年大计。党的十八大将生态文明建设纳入“五位一体”总体布局，十九大报告进一步明确和强化了生态文明建设在我国“五位一体”总体布局中的战略地位。“绿水青山就是金山银山”是习近平总书记提出的重要发展理念,山西省是我国重要的能源基地和老工业基地，是国家资源型经济转型综合配套改革试验区，在推进资源型经济转型改革和发展中具有重要地位。太原西山地区原为太原市重要的矿业开采与加工区，环境污染严重。2008年以来，省委、省政府作出了太原市西山地区综合整治的战略决策，将西山定为太原市推动生态环境治理、产业转型升级的示范区，经过十数年的治理，西山在生态修复治理方面取得了很大的成绩。总结西山地区生态治理的成功经验并为地区今后的发展提出更好的建议是本文研究的议题。

二、国内外矿山生态修复与工业遗产再利用研究

1. 相关概念界定

城市更新：指一种将城市中已经不适应现代化城市社会生活的地区作必要的、有计划的改建活动。

矿山废弃地：指采矿活动所破坏和占用、非经整治而无法使用的土地，包括裸露的采矿岩口、废土（石、渣）堆、煤矸石堆、尾矿库、废弃厂房等建筑用地，地下采空塌陷地及圈定存在采空塌陷隐患的荒废地等。

矿山废弃地生态修复:即对矿山废弃地进行污染治理与生态恢复与重建，实现对土地资源的再次利用。

工业遗产：国际工业遗产保护协会《下塔吉尔宪章》（Nizhny Tagil Charter）的定义为——“工业文明的遗存，它们具有历史的、科技的、社会的、建筑的或科学价值。”这些遗存包括建筑、机械、车间、工厂、选矿和冶炼的矿场和矿区、货栈仓库、能源生产、输送和利用的场所，运输及基础设施，以及与工业相关的社会活动场所，如住宅、宗教和教育设施等。

2. 矿山废弃地的主要类型和典型危害

（1）矿山废弃地的主要类型

矿山废弃地的主要类型包括：排土场废弃地、采空塌陷区废弃地、矸石山废弃地、露天矿坑废弃地、废弃工业建筑及设施用地等。

排土场废弃地：由于煤矿开采过程中剥离的表土、矿坑中排放的岩石堆积形成的废弃地。

采空塌陷区废弃地：由煤矿开采后留下的采空区和塌陷区形成的采矿废弃地。

矸石山废弃地：经过筛选分级选出精矿物后的剩余煤炭固体废弃物堆放形成山体式尾矿废弃堆。

露天矿坑废弃地：由于采矿作业面遗留形成的废弃地。

表1 矿山废弃地分类及其生态修复方式一览表

类型	形成原因	特点与危害	改造与利用方式
排土场废弃地	由于煤矿开采过程中剥离的表土、矿坑中排放的岩石堆积形成的废弃地	破坏并压占了大量土地，硫化物、氮氧化物和悬浮颗粒物等对环境污染严重，污染了土壤和地下水，破坏生态环境	生态复垦、场地改造后作为农业生产用地、休闲公园、活动集散场地、停车场等；妥善存放的剥离表土作为场地的绿化表土，弃土用于地形塑造
采空塌陷区废弃地	由煤矿开采后留下的采空区和塌陷区形成的采矿废弃地	煤矿采空区不进行加固回填会造成地面沉降，形成塌陷坑，造成积水，农田植被无法生长，同时易引发山体滑坡等地质灾害	对采空塌陷区进行回填改造后，可作为农业生产用地、城乡建设用地、休闲公园、活动集散场地、停车场等
矸石山废弃地	经过筛选分级选出精矿物后的剩余煤炭固体废弃物堆放形成山体式尾矿废弃堆	占据大量土地资源，煤尘大，易自燃，重金属含量高，植物难以生长，严重影响周边环境	煤矸石砖及砌块作为铺地材料，直接作为路基材料；对原有煤矸石山进行生态修复覆绿，可作为景观绿地等
露天矿坑废弃地	由于采矿作业面遗留形成的废弃地	占用土地资源，农作物、植被生长差，生态环境不佳	视地质条件，可以结合地区产业发展与休闲旅游需求，进行生态复垦、建设休闲旅游（如矿山公园、酒店、攀岩等）项目
废弃工业建筑及设施用地	关停的矿业生产作业设施、管理设施、辅助建筑物、道路交通等形成的废弃地	通常地质条件较好，建筑设施有一定的工业遗产价值和标志性，可适当改造或保留	生态修复和改造后，可以转化为工业遗产旅游地（公园）、工业博物馆、文化创意产业园、综合性产业园等使用

资料来源：笔者整理

废弃工业建筑及设施用地：关停的矿业生产作业设施、管理设施、辅助建筑物、道路交通等形成的废弃地。

（2）矿山废弃地的典型危害

矿山废弃地带来了一系列的环境问题和社会问题，主要包括:环境污染、生态功能退化、地质灾害、破坏地表景观、占用大量土地等。

环境污染：指煤矿开采工作破坏了原本的自然生态系统平衡后造成的污染，主要有大气、土壤、地表水和地下水污染等。

生态功能退化：破坏煤矿开采区的植被，或者使土地退化，难以支撑植物生长，导致地表生物量减少，生态服务功能减弱或完全丧失。

地质灾害：主要指煤矿采空区地表塌陷诱发的滑坡、崩塌、塌陷、地裂、泥石流等地质灾害，影响和破坏了矿区及周围的建筑设施安全。

破坏地表景观：使原有地表形态、自然外貌特征发生巨大改变。

占用土地：煤矿开采挖掘和初加工等生产方式，带来了诸如露天采矿废弃地、采空塌陷区等占用了大量土地。许多煤矿工业广场建立在城市的边缘或近郊，或者本身就在城区范围内，煤矿开采造成大量城市土地被压占，加剧了我国人多地少的矛盾。

3. 国内外主要研究和实践现状

（1）国内外城市更新研究

城市更新（urban renewal）起源于产业革命，迄今已有200余年的历史，初期主要集中于对城市建设的反思和提出城市改良计划。现代意义上大规模的城市更新运动则始于1960年代的美国。著名学者简.雅各布斯、L.芒福德等提出了“人本思想”成为城市更新的重要理论依据。进入20世纪后期，可持续发展的思想又成为城市更新的重要思想基础。

在我国，1980年代初期，陈占祥把城市更新主要定义为城市“新陈代谢”的过程。吴良镛从城市的“保护与发展”角度，在1990年代初提出了城市“有机更新”的概念。进入2000年以来，学者们开始注重城市建设的综合性与整体性，城市传统产业转型、可持续发展等方面得到关注，在实践中从以城市老旧居住区改造向老旧工业用地等多元存量用地改造转变。

（2）国内外矿山废弃地生态修复与再利用研究

20世纪初，西方发达国家就开始了矿山废弃地生态修复的相关工作，最初废弃矿山的生态修复理论主要来源于修复生态学的发展。研究领域逐步扩展到废弃矿山的土地复垦、植被修复、固废再利用、酸性矿山排水、重金属去除、工业遗产再利用、传统产业转型等。在相关法律政策建设方面，英、美、澳等发达国家均对矿山废弃地的生态恢复制定了相关的法律法规和治理措施。其中，美国于1977年颁布了《露天矿管理及生态修复法》，严格规定了矿山开采的复垦程序，明确了矿山废弃地生态恢复的责任权属问题。德国于1950年颁布了第一部土地复垦法规《普鲁士采矿法》，随后又颁布了《废弃地利用条例》《矿山保护法》《联邦环境保护法》等，到20世纪90年代，德国土地复垦率达到61.8%。

国内对矿山废弃地的治理与再利用研究起步较晚。20世纪80年代初,我国学者翻译了《露天矿土地复垦》和《矿区造地复田中的矿山测量工作》等国外著作,向国内引进了国际土地复垦和生态修复技术。1998年10月，我国修订了《土地管理法》，提出了“占用耕地与复垦耕地相平衡”的要求。进入21世纪后,我国加大了对生态环境和矿山治理的重视,国土资源部于2015下发的《历史遗留工矿废弃地复垦利用试点管理办法》中明确提出应科学合理地编制工矿废弃地复垦利用专项规划,标志着我国的土地复垦工作进一步规范化、科学化和法制化。矿山废弃地生态恢复研究则呈现出多元化、综合化、跨学科化的研究趋势，生态修复技术不断发展，并涌现出许多代表性的生态修复和再利用优秀案例。

（3）国内外矿山废弃地再利用的主要模式和成功案例

现有的矿山废弃地再利用模式主要包括生态复绿模式、休闲与旅游景观再造模式、综合利用模式等（表1）。

①生态复绿模式：主要指对原有矿区的破损山体和生态环境进行修复，愈合采矿遗留的伤疤，使矿区的生态环境逐步恢复。同时，结合当地农业生产需求，进行农林牧副渔业的复垦。如

1.加拿大布查特大花园
2.中国上海辰山矿坑花园
3.日本淡路梦舞台
4.中国上海佘山矿坑花园酒店

美国汉森采石场（Hansen Quarry），通过场地治理与生态修复，恢复了场地原有的植被和生态环境。

②休闲与旅游景观再造模式：挖掘场地旅游资源进行生态修复、工业遗产的改造和旅游景观再造。目前采用的方式主要包括改造建设为城市开放空间（城市公园广场等）、工业博物馆、工业遗产旅游地等。如加拿大布查特大花园，是由原来废弃采石场改造而成的城市花园；中国上海辰山矿坑花园，为原有废弃场地经生态修复和景观改造后，建设而成的城市植物园。

③综合利用模式：利用矿区废弃地，通过延伸城市功能，建设新兴的城市功能板块，带动周边地区发展，包括利用原有工业遗留厂房建设文化创意园区，以及利用旧矿区改造建设形成城市工业仓储用地、公共设施、居住区、商业办公区及综合功能利用区等。如日本淡路梦舞台利用原有废弃采石场生态修复后的场地建设了包括露天剧场、度假会议中心、餐厅、商店、广场等在内的综合休闲区。上海佘山利用原有矿坑废弃地自然山体落差与特殊景观环境，建设矿坑花园酒店等。

三、太原西山生态修复实践

1. 太原西山概况与开发历史

太原西山地区位于太原市中心城区西侧，西山地区属于吕梁山脉东麓，主要包括崛围山、蒙山、太山、龙山、悬瓮山、天龙山、庙前山等山体，海拔高程在800~1 800m之间。历史文化悠久，文物古迹众多。

因其丰富的自然矿产资源，成为我国近代民族工业发源地之一，是阎锡山创办的西部矿业公司的主要经营地区，也是建国后太原市重要的矿业开采与加工区域。

近年来，随着山西省产业结构调整及转型综合改革工作的推进，西山地区产业转型与生态治理工作得到快速推进。2017年省政府批复，设立西山生态文化旅游开发区（以下简称旅游区），总面积483km^2，并纳入省级开发区管理序列。是山西省首个以生态文化旅游为主要发展方向的省级开发区。

2. 区域资源

太原是一座具有4 700多年历史，2 500年建城史的城市，是历史悠久的九朝古都。太原市历史文化遗存集中分布于西山一线，西山范围内主要国家级文物保护单位包括晋祠、天龙山石窟群、兰村窦大夫祠、净因寺、多福寺、太山龙泉寺、龙山道教石窟、前斧柯悬泉寺等，以及众多的省、市、县级文保单位，共五十多处。文化遗存由西周至近代，历史跨度极大，见证了我国民

5.太原西山生态修复前照片
6.太原西山生态修复后照片

族融合发展的历史进程，也是三晋大地各时期历史遗存的代表。

3. 太原西山的生态修复与建设现状

历史上西山地区由于私挖乱采泛滥等原因，形成煤矿“多、小、散、乱”的格局。各类煤矿、多井口、腐煤矿、无证矿山在最多时达到了1000多个坑口。多年的采矿活动导致地区山体破损、水土流失、存在地质灾害（泥石流、采空塌陷等）隐患、地区环境污染等问题。1995年以来，国家实行矿业秩序整顿，西山矿产资源管理秩序得到全面好转。然而，这个阶段西山地区的生态修复工作却进展缓慢，生态损耗仍在加大。

2011年太原市政府于全面启动了西山地区生态环境综合治理工作，发布了《关于加快西山城郊森林公园建设的实施意见（试行）》（并政办发〔2011〕73号），提出采取“市场化运作、公司化承载、园区化打造”的模式，鼓励吸引社会资本参与，推动西山地区的生态修复和景区建设工作。提出的政策包括：以地换绿的“二八政策”：企业投资完成修复面积80%，政府出让不高于20%的开发建设用地作为对企业生态修复的补偿；市政设施配套政策：市政府投资建设道路、供水等基础设施到各公园边界，公园建设单位负责园区内公共基础设施建设；林地林木认养政策：企业对区域内国有林地林木实施认养，享有林地和已有林木的使用权，对新栽林木享有所有权和使用权。通过政府牵头，企业参与、市场化运作的方式，西山地区的生态环境治理工作得到快速推进，受损的山体界面得到了初步的修补。

目前，除了政府前期投资建设的万亩生态园等项目外，先后有16家企业与市政府签订合作框架协议，投资建设16个城郊森林公园。西山地区先后关停、搬迁、淘汰污染企业30余家，清运垃圾、煤矸石约700万吨。造林绿化近8万亩，栽植乔灌藤草1 520余万株、治理破坏面550万m^2。

基础设施建设方面，西山地区相继建成贯通西山南北全长136km的旅游公路，园区道路382km，其中西山旅游公路是太原市举办“国际公路自行车赛”的主要赛道。西山地区实施引水上山工程，新建绿化供水管网184km，覆盖面积约90km^2；新建蓄水池、景观湖91万m^3，新增水面面积33万m^2。

4. 太原西山的主要生态修复措施与建议

（1）矿山废弃地改造

西山地区的矿山废弃地主要集中于前山地区，在16家参与生态修复建设的景区中均有不同程度的分布，各景区建设中均对矿山废弃地进行了大规模的修复工作，目前废弃地修复工作已经初见成效。各类型废弃地主要生态修复方式与提升措施建议详见表2。

（2）水资源保护

由于区域水资源短缺，山体破坏导致水源含蓄不足等原因，导致西山地区水系水量减少，地下水水位降低，著名的兰泉、晋泉断流。西山地区河流沿线由于工业污染、城乡生活污水排放等原因，作为太原市区集中供水水源地的汾河二库等受到严重的威胁（水环境质量标准Ⅲ类），地表水的各种水体均受到了不同程度的污染。

近年太原市重视水生态环境治理，加大了汾河流域和西山地区的水环境治理力度。提出的主要措施包括从区域层面加强对汾河沿岸城市的水污染治理与排放；加强区域供水协调；河道疏浚清污,生态河堤建设；逐步调整产业结构及其布局，对水污染严重的企业，逐步实施搬迁改造。并颁布了关于晋泉、兰泉水资源的保护条例，明确了水源保护区范围和保护要求；提出进一步加强晋祠泉域地下水资源动态监控与保护工作。西山地区绿化工程的维护需要大量的灌溉用水，结合太原市西山城市供水工程等项目，通过绿化用水引水上山，目前多数景区通过自身灌溉系统的建设解决了绿化养护用水问题。

建议进一步采取的主要措施包括：加强对西山及周边地区地下水资源情况的勘查工作，尤其应注重研究矿山开采、工业生产对地表及地下水资源的影响和污染，加强水资源保护和生态治理。推进西山水保工程，兴建水库，充分利用现有径流，尽可能调蓄并利用雨、洪，补充水源，在景区内适当增建蓄水池、水窖等储水设施，绿化浇洒积极推广滴灌、微灌等技术。在山体附近有冲

表2 太原西山矿山废弃地现有生态修复方式及提升措施建议一览表

类型	现有主要生态修复方式	提升措施建议
排土场废弃地	·清理废弃物，将有污染的废弃物剥离，进行安全防护处理与隔离； ·进行地形整理，覆土覆盖和土壤基质改良后，进行场地景观重新塑形与植被种植覆盖； ·整平后的土地进行景区建设。	·建议加强综合地形整理，注意满足排水功能和边坡稳定； ·加大运用生态有机肥、种植固氮植物等手段增强土地肥力。
采空塌陷区废弃地	·对废弃地下巷道和采掘面，采取垃圾填埋、废弃物回填、混凝土加固等技术手段进行加固与回填； ·加大土地复垦措施，恢复和重建土地原有生态系统，加强采空区生态治理，防止各种有可能的灾害发生。	·加大采空区勘查监管力度，进行环境影响评估，针对不同危险程度的采空区制定合理的管控措施； ·加强对采空区水资源情况的勘查与修复工作，尤其应注重对地下水资源的保护和生态修复。
矸石山废弃地	·整理矸石堆，对于边坡较陡，山体过高的矸石堆进行削坡整形（边坡角固定以30°为宜）与坡面防护； ·采用煤灰粉或其它化学改良法进行土壤基质改良，并进行绿化栽植； ·预防自燃，主要方法一是通过加入强碱性物质降低Fe发生的氧化反应；二是通过在自燃部位直接覆土，阻隔其与空气中可燃气体接触。建设排水沟，将矸石山汇集的水排出，避免因雨量大时冲刷边坡覆土层，使矸石再一次裸露出来，引起自燃。	·建议采用生态植生毯（以麦秸秆、稻草、草种及营养剂制成）进行坡面防护； ·结合生物土壤基质改良法，利用动植物提取、吸收分解、转化或固定土壤沉积物； ·建议多选择乡土先锋树种、防火树种，采用乔灌草相结合的种植模式进行栽植。
露天矿坑废弃地	·清理废弃物，将有污染的废弃物剥离，进行安全防护处理与隔离； ·进行地形整理，绿化复垦。	·可以根据矿坑地质情况，进行分类处理，地质情况稳定良好的进行场地平整后可以安排适应场地特点的项目建设；地质情况需要改善的，进行地形整理、覆土覆盖和土壤基质改良后可安排绿化和项目建设。
废弃工业建筑及设施用地	·清除建筑和场地（包括土壤、水体等）原有污染物。对场地地形进行景观化处理； ·拆除有危险、危害的建筑、设施设备。保留有利用价值的建筑及设施； ·进行项目建设和景观绿化。	·加强场地污染情况的深入研究，有针对性地进行清理和生态修复，建议多选用环境生物技术等先进技术清除污染； ·种植选择应多选择抗污染、抗病虫害、耐瘠薄等要求； ·可以结合工业遗产展示和旅游发展要求进行项目建设。

资料来源：笔者整理

沟的位置，通过设置拦水坝，利用雨季降水形成小的水面，提高山体的水利状况；在自然形成的冲沟较少的位置，可以利用道路边沟拦蓄雨水，在边沟的最凹点，开凿渗水井，以改善山体的浅层地下水状况；在水体重塑过程中，应尽量减少水资源的消耗。

（3）植被生态修复

西山地区由于长年采矿对地表的植被破坏较大，山体复垦绿化种植成为西山地区生态修复的工作重点之一。目前16家景区的绿化复垦指标基本已经完成，但绿化种植仍存在树种单一、植被群落结构较为简单等问题。

建议后续植被生态提升，宜进一步以乔灌草相结合的种植模式进行栽植，并增加绿化植物种类。建议初期绿化种植可多选择抗污染、抗病虫害、耐瘠薄等要求的乡土先锋树种，如抗性较强的桧柏、沙地柏、油松、刺槐、侧柏、沙棘、白扦、青扦、白蜡等，并配低矮灌木，如沙打旺、胡枝子、桑、杏、连翘等。后期，待植被生长形成一定规模后，可以根据旅游景区的建设需求进一步丰富观花、观叶、观果等景观树种。

此外，考虑矸石山生态修复区土壤贫瘠、存在自燃风险等情况。在矸石山阳坡可以适应干旱、高温的乡土植物选择为主，先锋草种可选择黄蒿、苜蓿、蒺藜、猪毛菜、荠菜、狗尾草等；灌木种可选择固氮树种沙棘等；乔木可选择刺槐、侧柏、臭椿等。

（4）西山地区生态修复建议

太原西山地区生态修复工作目前已经初见成效，但仍然存在树种单一、水体、土壤污染尚未完全解决等问题。在西山治理与建设的下一步工作中应充分响应国家生态文明建设理念，以构建“山水林田湖草”一体化的生态系统为目标，促进规划区从要素修复到系统修复的进一步提升。进一步加强山体保护、森林保护、水源保护、农田保护，构建景观安全格局，维护大地肌理的连续性和完整性。并加强国内外先进生态修复技术的引进工作，推动地区生态环境综合治理（包括采石破坏面、采煤沉陷区等治理）工程。建设形成服务于全市的生态和绿色基础设施，打造城市绿色生态名片。

5. 太原西山矿山废弃地的主要改造利用方式

（1）重建为公园或旅游休闲地

森林公园（植物园）：主要包括钢盛、亚鑫、玉泉山、梗阳、长风、官山、西山枫情、万亩生态园等公园，为西山地区矿区改造转化利用的主要方式。通过山体和植被修复，发展森林生态观光、农业观光、户外休闲等内容。如西山万亩生态园，历史上由于多年过度私挖滥采，垃圾废渣堆积，生态环境遭到严重破坏。从2008年开始进行生态修复和污染治理，进行了山体绿化、河道治理、蓄水工程、电厂沉灰池改造等工程，并陆续建设了中心游园、采摘园、黄坡遗址区、清风廉政教育基地等休闲旅游项目。玉泉山公园经生态修复改造后，森林植被覆盖率大幅提高，生态环境得到极大的改善，自2014年开始每年举办以赏樱花为主题的“春之约”活动，赏花期年平均接待游客达60万人次。

体育主题公园：主要包括西山奥申体育城郊森林公园等。在对原有矸石山清理整治的基础上，通过生态修复，场地整理，形成以足球、攀岩等体育运动场地为主的项目建设区。目前，已经举办了中华人民共和国第二届青年运动会（The 2nd Youth Games of the People's Republic of China）等重要国际赛事活动。

工业遗产公园：主要包括西山国家矿山公园，为待建设项目，现状为西山煤电工厂、矿坑入口主要分布区域，始建设于民国时期，为民国时期西北实业公司在山西省投资建设的第一家国有煤矿。项目建设拟通过工厂建筑转化利用等方式，建设集山西煤矿工业文化展示、休闲娱乐、文创办公等于一体的遗产公园。

（2）其它改造利用形式

旅游地产类项目：主要位于靠近城区的浅山地带。对接太原市国土空间规划和相关规划法规要求，利用西山地区生态修复后形成的森林生态环境，利用政府以地换绿的“二八”政策，少量选取场地整理后形成的可建设用地，进行康养度假、旅居等项目的开发建设（表3）。

（3）西山地区矿山废弃地改造利用建议

西山地区矿业整顿、矿山生态修复后进行的景区建设以及以旅游为主的替代产业发展均取得了初步的成绩。但目前地区整体产业发展仍然较为滞后，旅游产业尚处于起步阶段，景区开发建设普遍存在旅游产品单一，档次参差不齐，旅游品牌特色不突出等问题。

综合西山地区基础与发展条件，本文建议西山地区在进一步的发展中应对接太原市全域旅游发展，面向太原城市群乃至京津冀旅游市场的需求与发展趋势，创新旅游产品开发。梳理地区丰富多彩的历史文化、宗教文化、名人文化等资源，结合现代旅游休闲需求，予以创新创意与整合利用。并通过空间创意设计，将地域文化展示体验与景区规划建设相结合，打造不同类型的景区景点与丰富的景观游赏体系，实现西山地区旅游产业升级、旅游效益提升。并应充分利用太原市政府针对西山地区土地、林地使用权等相关政策，整合规划区资源环境、现有开发项目，形成旅游区开发总体思路，变分散点状开发为整体性有序开发。此外，可以文化旅游产业为主导，进行产业链延伸拓展，统筹地区城乡资源，大力发展大健康、教育、体育、养老、文创、都市农业等关联产业，促进产业结构转型与升级，实现西山地区的跨越式发展。

表3　太原西山现有主要公园景区改造利用情况一览表

序号	公园名称	公园规模（hm^2）	拟改造利用的主要功能和项目
1	钢盛城郊森林公园	889.6	生态观光、休闲运动
2	亚鑫城郊森林公园	670.9	生态观光、休闲运动
3	国信城郊森林公园	686.1	旅游产业孵化、疗养
4	盛科城郊森林公园	1633.9	宗教及文化展示、农业观光、康养度假
5	中医药城郊森林公园	113	中医药文化产业、生态观光
6	梗阳城郊森林公园	922.2	宗教文化展示、自然生态旅游
7	玉泉山城郊森林公园	1097.5	休闲运动、康养度假、科教研学
8	长风城郊森林公园	587.1	生态观光、休闲运动、会议会展
9	官山城郊森林公园	461.5	生态观光、休闲运动
10	康培城郊森林公园	259.7	画家村、生态观光
11	爱晚城郊森林公园	1097.7	康养度假、休闲娱乐
12	环投天丽城郊森林公园	1284.9	生态观光、农业观光、文化体验
13	煤气化城郊森林公园	933.2	文化体验、休闲度假
14	西山奥申体育城郊森林公园	591.9	体育赛事、休闲运动、康养度假
15	西山国家矿山城郊森林公园	716.3	矿业文化观光、科教研学
16	西山枫情森林公园	1653	生态观光
17	万亩生态园	652.2	生态观光

资料来源：笔者整理

四、结语

随着我国经济社会的进一步发展，原有的矿山废弃地的生态修复和改造利用将会得到社会各界的进一步的重视。在城市更新的视角下，如何改变现有的矿山废弃地，变废为宝，并通过传统产业转型，实现城市地区的可持续发展，是一个重要的课题。

太原西山地区，通过“政府主导、多方参与、市场化运作”的方式和较为先进的生态修复理念和技术进行相关改造和利用，极大地推动了该地区的生态修复和改造利用。使西山地区由原来的矿山废弃地，初步建设成为一个有特色的、有利于当地人民的生产和生活的新兴生态文化旅游区，是矿山改造与再利用的一个有益的探索。在太原市实践生态文明的工作中，应进一步通过政策激励，资金支持，更多先进生态科技引进，以及区域统筹、资源整合、创意策划等手段，加强西山生态文化旅游区的生态修复和旅游区建设发展，构建太原市推进生态文明建设的重要抓手，形成太原市践行“绿水青山就是金山银山”理论的样板。

参考文献

[1]席北斗、侯立安、李鸣晓、姜玉等.村镇场地污染防治与生态环境修复[M].化学工业出版社，2019.

[2]郝喆、徐连满、毛伟伟、宋有涛.矿山生态退化区修复治理关键技术研究[M].辽宁大学出版社，2019.

[3]葛书红.煤矿废弃地景观再生规划与设计策略研究[D].北京林业大学，2015. 6.

[4]杨澈．“城市双修”视角下矿业废弃地再生规划研究[D].中国矿业大学，2018.6.

[5]卢春江.漳州市矿山生态环境修复治理研究[D].福建农林大学，2018. 11.

[6]刘建忠，韩德军，顾再柯.煤矿采空区的灾害预防与生态修复措施[J].中国矿业，2008（8）：46-48.

[7]张成梁，B．Larry Li.美国煤矿废弃地的生态修复[J].生态学报，2011（1）：276-285.

作者简介

洪治中，中国城市规划设计研究院，高级城市规划师。

"城市双修"理念下温州市七都岛滨水空间规划设计探析

Analysis of the Waterfront Landscape Planning and Design of Qidu island under the Background of Urban Renovation and Restoration in Wenzhou

屠旻琛 郑 捷
Tu Minchen Zheng Jie

[摘 要] 面对新时代发展中出现的各类城市问题，住建部发布关于《加强生态修复城市修补工作的指导意见》，提出2017年各城市制定"城市双修"实施计划，"生态修复"是其中重要的规划理念。本文以七都岛滨水空间的规划设计为主题，在分析现状城市生态格局的基础上，通过对滨水空间的生态研究，有针对性地完善相关规划设计内容，创建属于七都岛独有的滨水景观和生活体验模式，运用规划设计手段，突出其在城市发展中的区位优势，并融合城市的山水格局，进一步完善城市景观结构格局，营造与环境相匹配的城市门户形象，从而提升七都岛的魅力和综合实力，增强温州城市整体的吸引力和竞争力。

[关键词] 城市双修；生态修复；滨水景观；空间规划；温州七都岛

[Abstract] In the face of various urban problems, the Ministry of Housing and Urban-Rural Construction issued the guidance on strengthening the work of ecological restoration and urban repair, and proposed that all cities should formulate the implementation plan about this theme in 2017, especially concerned with "ecological restoration" as an important planning concept. Qidu island waterfront space planning and design based on the analysis of urban ecological pattern. Through the ecological research of waterfront space, this project targets to perfect the related infrastructures, and to create unique Waterfront Landscape and a new mode of life, in order to highlight its location advantages in urban development, and integration of urban landscape pattern, further optimize the structure of urban landscape, visualize an figure of Wenzhou, so as to raise the overall strength of seven island charm and, make Wenzhou as a whole more attractive and competitive.

[Keywords] urban repair; ecological restoration; waterfront landscape; space planning and design; Qidu island in Wenzhou
[文章编号] 2020-83-P-110

一、"城市双修"与七都岛发展定位

2015年召开的中央城市工作会议提出了"城市双修"的概念，即"生态修复"与"城市修补"，其中"城市修补"的重点是不断改善城市公共服务质量、改进市政基础设施条件，同时发掘和保护城市历史文化和社会网络，使城市功能体系及其承载的空间场所得到全面系统的修复、弥补和完善。城市生态修复是指修复城市中被破坏的自然环境和地形地貌，改善生态环境质量，旨在保护自然资源，其可以表现在河岸线、海岸线的修复等方面。这是我国进入城乡发展新阶段后对城市发展规划提出的新要求。七都岛的规划设计结合温州市总体开发建设节奏，考虑其新城开发的城市地位与"生态保护、修复"的历史使命。

浙江温州作为我国东南沿海重要的商贸、工业、港口、旅游城市，在城乡发展新时代的背景下，也面临着城市更新、城市转型等诸多问题。近年来，温州市委、政府以"全球温商家园、对台合作示范、民营经济先锋、民资汇聚之都、时尚文化高地、靓丽山水智城"为城市发展目标，致力于由"沿江城市"向"滨海城市"发展，七都岛在温州城市山水格局的重要地位日益显著，是体现城市风貌重要的组成部分。

1. 温州城市山水格局的演变

在"城市双修"的规划理念引导下，七都岛的滨水空间规划首先需要对城市的总体山水格局进行分析。晋代风水家郭璞曾利用纵横的河渠，营造内部"水城"交错的城市脉络，依托密布的山丘，结合北斗七星的方位，构建了外围"斗城"环护的布局，形成了温州城最初的"水城"+"斗城"的风水格局。

在此风水格局之上，融合外围大尺度山水空间，温州逐渐形成了"前有大海、后阻重山、水路相错、斗水护城"的城市山水格局。随着温州城的发展更迭，城市格局突破了原有依托七组山丘形成的"斗城"式，与外围山脉水系相衔接，形成"双圈围合"的城市山水格局——"内圈"以郭公山、松台山、中山公园等围绕老城区形成了历史文化极核，瓯江演变为城市山水主轴和景观通廊；"外圈"以远山（瓯北罗浮群山、景山、吹台山、大罗山）围合的元宝型平原形成温州山水城市整体背景。因城市向外扩张发展，原有的山林水系都逐渐成为城市圈层结构的组成部分。

"岛"是河海冲击作用下所自然形成的空间格局要素，也是温州城市空间中重要的组成部分。瓯江温州段上主要有三个岛：江心屿、七都岛和灵昆岛。七都岛位于江心屿与灵昆岛之间，靠近温州市城市中心，南岸通过七都大桥与城区相连，温州大桥横跨于岛连接起南北两岸，是从甬台温高速进入温州的门户。"一江三岛"的滨水空间格局中，七都岛始终占据着重要的中心位置，也是城市山水空间格局中重要的组成部分。

2. 七都岛的变迁与发展定位

随着时间的推移，七都岛的形态伴随着温州城市的发展呈现动态的变化，也在空间距离上与主城区逐步靠拢。城市主城区快速的拓展与路桥技术的日新月异推进了七都岛与城区间的联系。这种联系加速了城市滨水空间的发展，使过去沿江的发展战略逐步向跨江通海、全域联动发展靠拢，城市与水有了更多互动，也为城市景观的多样性建设创造了有利的条件。

在《温州市城市总体规划（2003—2020）》中"具有滨海山水特色的历史文化名城"是对城市性质的定位，而从"沿江城市"向"滨海城市"的发展转变更是明确了滨水空间将成为城市成长发展中的重要地位，七都岛将成为这一目标的"新支点"和"新平台"。

《温州市七都片区控制性详细规划（2011）》中明确指出："七都片区总体功能定位为：面向温州都市区，是滨江商务区功能补充区，集高档居住、都市休闲娱乐、会展商务区延伸功能为一体，充分展现

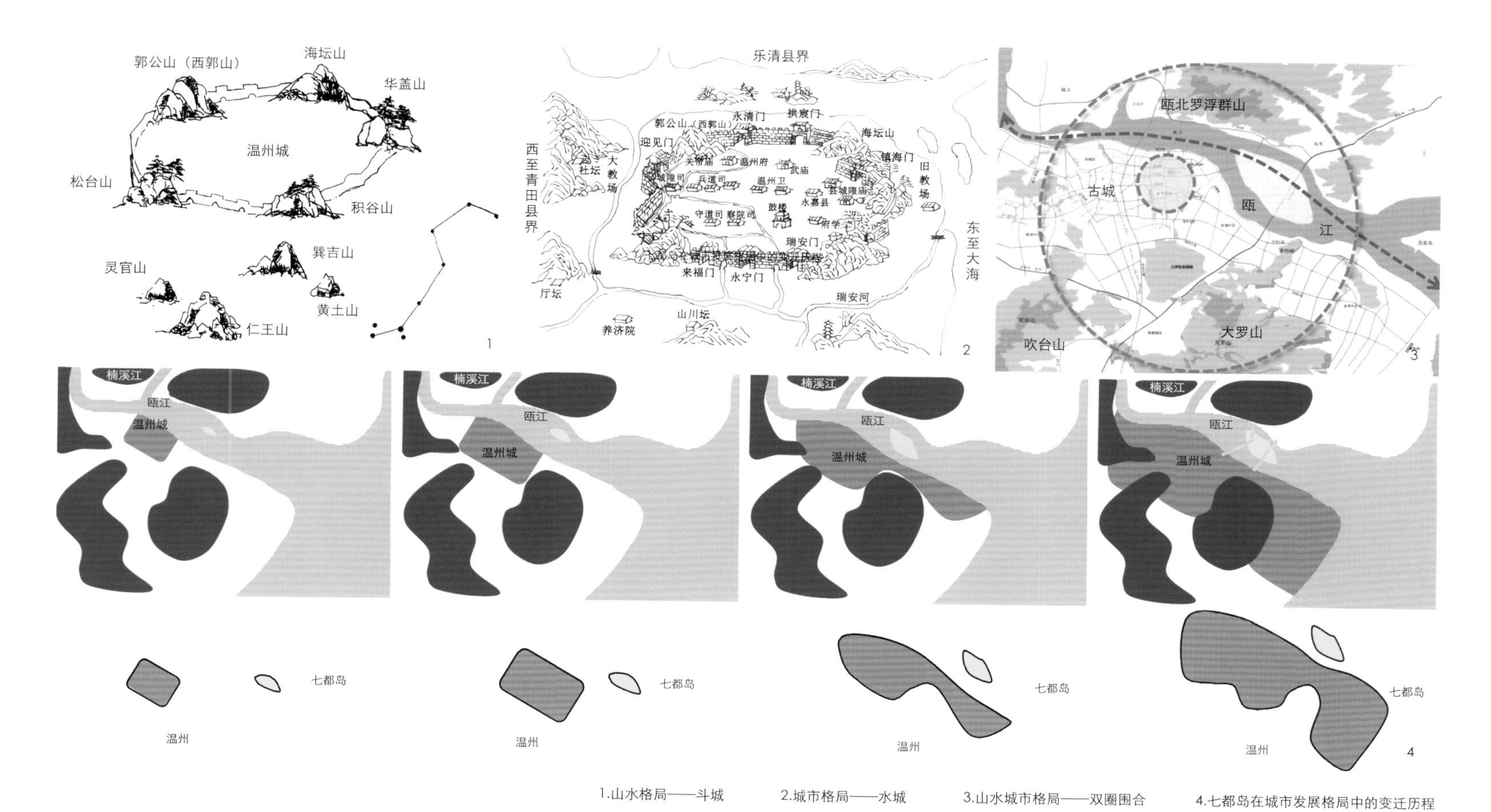

1.山水格局——斗城　2.城市格局——水城　3.山水城市格局——双圈围合　4.七都岛在城市发展格局中的变迁历程

‘生态水都’城市形象的综合功能区。”其中明确了七都岛“居住、休闲、商务”的功能定位。此外，《温州市七都片区城市设计》的设计目标中要求“打造生态水都、魅力七都、幸福之岛”。

综上所述，七都岛未来的发展应该是“滨海城市”发展定位中的重要支点，是集幸福生活、休闲娱乐、商务会展功能为一体的“生态水都”。滨水空间的规划设计将体现七都岛的资源价值发挥七都岛“支点”和“平台”的功能作用。

二、七都岛规划设计分析

1. 项目资源概述

七都岛位于温州市中心城区东部，瓯江中央，隶属于温州市鹿城区。七都岛南与温州市龙湾区、滨江新区隔江相望，北临永嘉三江片区、乌牛山脉，东临乐清琯头，西眺温州主城区，距温州市区13km，距永嘉县城18km，全岛总面积约12.7km^2，滨水岸线总长约17.78km。

七都岛自西北向东南呈现出建筑、绿地、水网由密到疏的状态。交通规划预留了五座跨瓯江的城市桥梁，作为进出七都片区车行交通的主要通道。土地利用模式对应了七都岛屿河海冲积的形成过程。西北端开发强度较大，已建成大面积的别墅、高层住宅区。全岛自西北向东南，将呈现“从人工到自然生态、从现代都市到湿地郊野”的风貌特征。生态植被方面，七都岛滨水生态系统由滨海湿地和水岸消落带构成。滨海湿地在自然与人工双重作用下形成，成为典型的河口型的滨海湿地，具有较高的生物多样性。由于瓯江季节性涨落和潮汐作用，七都岛水岸消落带呈现周期性变化特征，成为岛屿水、陆生态系统的重要衔接过渡地带。而岛屿内部则呈现出“岛中有岛，湖中有湖，水网密集”的特点。景观视线方面，利用瓯江和对岸的景观视觉感受为切入点，将七都岛滨水沿线划分为四个不同的体验段落：东南段为瓯江入海口，回望堤间湿地，可感受七都岛的历史变迁；北段是绵延的山脉，眺望永嘉、乐清连绵的大山全景，感受瓯江流域的山水文化；西北段为双江交汇，可观滨江CBD及三江口，面对双江汇流，感受中流砥水、乘风破浪的豪迈；南段主要展现了城市天际线，与温州市区隔江相望，守望一江两岸，感受江、岛、城浑然一体的景观。景观元素丰富，视线要素变化各异，给多样的滨水景观设计提供了素材。

对比土地利用现状和规划，可知七都岛现状用地多以村落田园、乡土自然景观基底为主。西北端以现代都市风貌为主，西南端逐渐形成自然生态风貌。因此，应对七都岛近、远期滨水空间景观风貌建设的差异性。需强调滨水规划的灵活性，以及景观建设的动态性。大量的地产开发建设，主要集中在岛屿北端。滨水堤坝沿线多为村庄和农田，设计需要充分考虑现代都市（岛北端）和自然生态（岛南端）两种模式，并利用现有资源寻求两者的联系。

2. 滨水空间建设开发模式

滨水空间作为城市的一个地理分区与功能分区，受到城市经济、社会、文化、生态等无形因素的影响。滨水空间形态，是多种因素长期作用下，滨水空间不断和城市生活产生互动的结果。如何选择适宜的滨水空间开发模式，以实现七都岛南北两端滨水空间的串联，并更好地促进七都岛在城市发展中发挥核心地位是规划设计思考过程中的重要课题。

在学习和研究了国内外诸多滨水城市空间发展的案例后，城市滨水区的主流开发建设模式可归纳为两种：以欧洲城市为代表的“自我有机更新模式”和以北美、澳洲城市为代表的“整体发展建设模式”。七都岛的项目需考虑城市滨水区域不同时段的发展目标，采用有针对性的综合方式——既要根据上位规划的定位进行“整体开发”，又要在建成区域采用“自我有机更新”的方式，两者相叠加，引导建设发展向

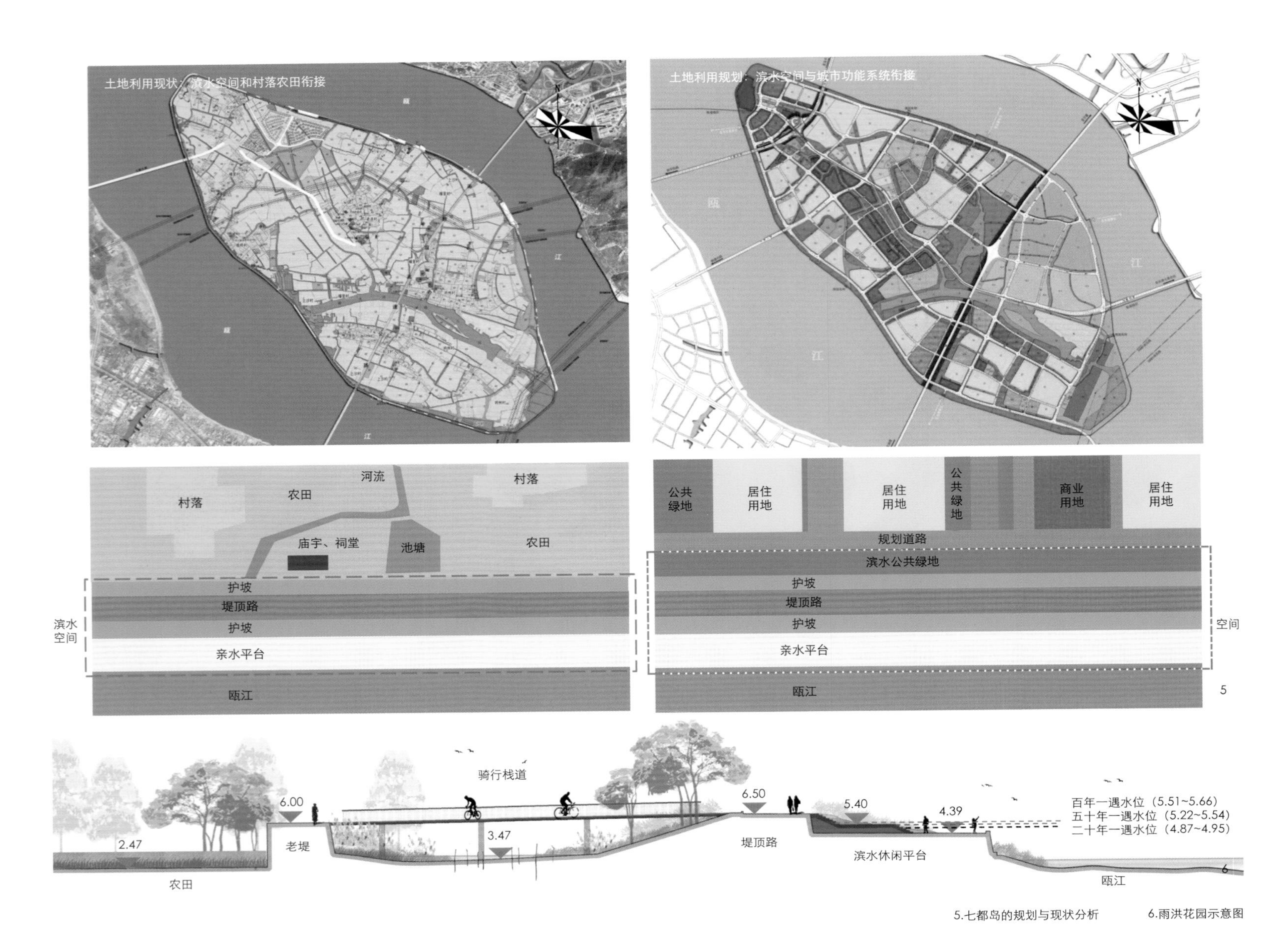

5.七都岛的规划与现状分析　6.雨洪花园示意图

目标定位靠拢。

在“城市双修”规划理念下，对于滨水空间的规划设计首先应考虑城市发展的定位，其次应该重点关注生态区域的设计策略——顺应自然发展规律，尊重和保护自然，对生态要素进行合理的引导与分配，旨在恢复当地的生态价值链，并为栖息生物提供涵养生境。在滨水生态区规划建设方面，尤其是生态系统的规划应以自然资源为优先考虑位，具有长期持续性。滨水区内陆的景观风貌的形成与自然资源调配是一个动态的、循序渐进的过程，滨水空间景观的现在和未来，将会存在较大差异；而已有的生态区域分布与外部的城市山水景观资源，则是滨水地区近期建设的重要依据和出发点。

作为落实“滨海城市”战略发展转型的“新平台”，七都岛将依据现状资源条件提出近期和远期规划的目标，根据景观风貌建设的差异性，强调滨水规划的灵活性，以及景观建设的动态性。近期滨水建设主要衔接现状的农田、村落、荷塘、湿地、祠堂等景观资源。随着七都岛远期开发和建设的进程，动态地衔接七都岛城市滨水功能和业态，灵活链接城市交通系统和公共绿地系统，构建完整的滨水空间脉络，并进一步完善总体功能布局。

3. 总体规划布局

七都岛滨水空间规划的实施是一个动态的、循序渐进的过程。总体规划布局的切入点源自清乾隆《温州府志》中，针对温州山水城市特点所做的概括性描述：“前有大海、后阻重山，水陆相错、斗水护城”。依托“山、水、海、城”四个最关键要素，打造环岛的不同景观面感受“东看海、北观山、西迎水、南望城”四组滨水主题空间体验。

在规划工作中，强调每组体验段落的文化主题性、景观识别性和滨水空间体验性的塑造。其中，岛屿东部为“观海”区块，围绕其“生态自然、疏朗纯净”的空间特质，结合田园休闲、湿地科普走廊、湿地观鸟廊道、雨洪花园等内容引导本段滨水规划建设；岛屿北面为“观山”区块，围绕其“山水联动、动感活力”的空间特质，结合山水文化休闲、瓯江山水长廊、七都历史记忆等要素进行规划设计；西面为“迎水”区块，围绕其“现代时尚、开阔豪迈”的空间特质，结合七都观景台、渔人码头、迎水弄潮等空间功能进行规划设计；南为“望城”区块，围绕其“守望都市、慢活休闲”的空间特质，结合演艺广场、观景台、避风荷塘等节点设施进行规划设计。

三、滨水生态系统设计特色

七都岛滨水空间的规划设计以“生态修复”为核

心，根据区域的原生特征与景观特点，侧重于“形态”和“功能”两大方面，形态的修复是通过把控场地整体风貌，增加不同形式景观设施，完善丰富和完善空间的体验感；功能的修复在现状基础上，统筹布局相关业态功能，运用植物造景手段，有针对性地对生态系统的构成和形式提出改善建设措施，达到健全提升生态功能的特性。

七都岛的滨水空间主要由滨海湿地和水岸消落带构成。在“生态修复”的理念原则引导下，七都岛城市滨水空间的设计目标包含并将围绕这三方面内容展开有针对性的设计：

（1）开展山水自然生境修复，全面恢复动植物栖息地，建设湿地观鸟区、利用水系资源打造以雨洪收集、过滤、净化为主要功能的“雨洪花园”。

（2）在生态文明视角下进行城市功能修复，建立符合生态保护要求的功能体系，盘活存量用地，在保护的前提下开发岛屿东侧的滩涂区域，提出滩涂动态变化的应对策略。

（3）在人文精神提炼与乡愁记忆再现方面加强城市风貌提升。近期滨水建设主要衔接现状的农田、村落、荷塘、湿地、祠堂等景观资源，伴随七都岛远期的开发和建设，动态衔接七都岛城市滨水功能和业态，灵活连接城市交通系统和公共绿地系统，对滨水消落带和滨海湿地部分做重点的修复，构建完整的滨水生活空间脉络。

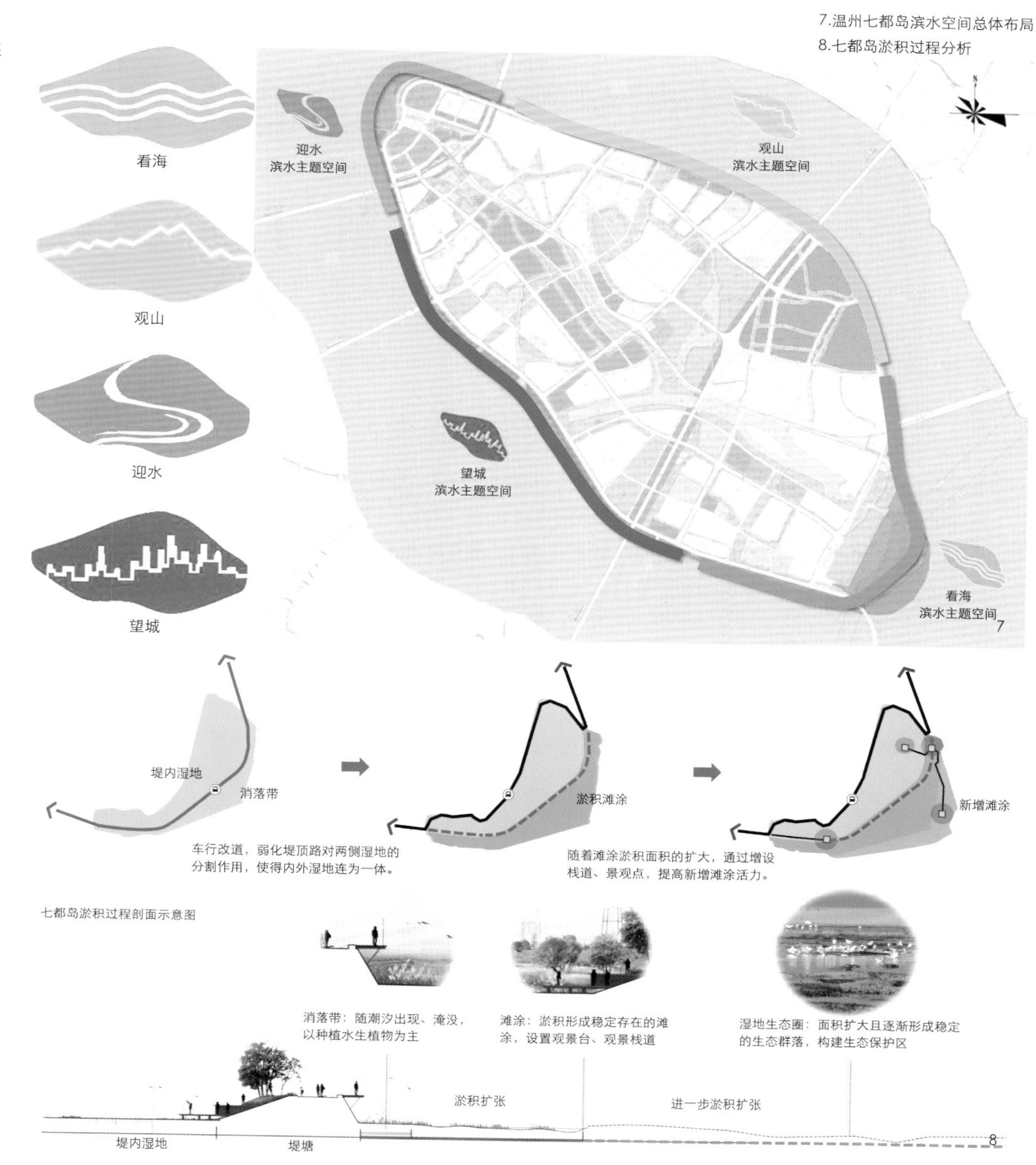

7.温州七都岛滨水空间总体布局

8.七都岛淤积过程分析

1. 雨洪花园的生态设计

雨洪花园的设计主要是对现有绿色基础设施的完善，促进传统雨洪管理向可持续的雨洪管理转化。狭义理解下的绿色基础设施，可通过模拟自然水循环引导发挥整体基础设施的功能作用。七都岛滨水环线雨洪系统，依托现有新旧堤间湿地，利用其狭长的地形走势，引农业灌溉用水进入系统，完成生态净化后汇入瓯江。雨水则经路面径流、排水沟等汇入雨洪花园。

雨洪花园位于“看海段”西南侧，北侧为现状农田，东侧为湿地滩涂，利用场地竖向高差和水体径流方向特点，营造一处以雨洪收集、过滤净化为主要功能的湿地花园。在新、旧堤之间设置可骑行的廊桥、汀步和湿地植物介绍牌，以提升堤湿地科普体验。

雨洪花园能充分发挥其滞洪、调蓄、净化、过滤、渗透等功能，与其他类型绿色基础设施相比，进行可持续雨洪管理的潜力尤为凸出。

雨洪管理设施对应的设计要素如表1所示。

雨洪系统构建技术选择如表2所示。

表1　七都岛洪管理设施对应的设计要素

雨洪管理设施	类型	主要作用	设计要素
储水池	滞留式	滞洪、调蓄	水体景观
渗透池	渗透式	渗透雨水	水体景观
雨水花园	过滤式	滞洪、调蓄、净化、过滤、渗透等多重功能	植物景观或湿地景观
雨水湿地	生物式	多重功能	湿地景观
植草沟	生物式	渗透、净化、径流传输等	植物景观

表2　七都岛雨洪系统构建技术选择

场地类型	技术措施	功能
建筑	绿色屋顶	对雨水进行源头消减、截污
	雨水储罐	对雨水进行收集回用
堤顶路 休闲广场	生物滞留设施	对雨水进行收集、截污、调蓄、下渗
	透水铺装	下渗雨水
	植草沟	对雨水进行收集、传输、截污
绿地	背水面草坡	对雨水进行收集、截污、传输、下渗
水系	滨海湿地	对雨水进行调蓄、净化、回用

2. 滩涂动态变化的应对策略

七都岛的淤积状况主要集中于岛东南侧，由最初潮落才出现的消落带转化为长期存在的滩涂，且面积有不断扩大的趋势。针对七都岛的淤积问题，看海段以绿化弱化堤顶路的方式，连接堤顶路两侧湿地，使之形成完整的湿地保护区。同时结合七都岛丰富的鸟类资源，以“点状布局”的方式，在保护区外围布置观景、观鸟台，随着岛的生长不断向外围延伸，随着滩涂淤积面积的扩大，通过增设栈道、观景点，提高新增滩涂活力。这种方式既能满足游人对湿地的探知，同时又确保湿地生态的完整性，同时也可作为宣教展示区，组织观鸟等宣传活动。

在湿地两侧布置栈道、驿站、观鸟屋和垂钓平台等设施，结合生态乡土的材料，利用生态低干预的方式进行规划设计，兼顾湿地景观体验与湿地生态保护。

3. 滨水消落带与滨海湿地的生态修复

七都岛滨水消落带与滨海湿地的生态修复是滨水空间规划中重点的设计部分。水岸消落带受瓯江季节性涨落和潮汐作用，伴随水位的变化呈现出周期性变化特征，形成七都岛水、陆生态系统的重要过渡区。七都岛消落带分布较广，根据构成要素可分为草滩式、树木式和石滩式三种。其中草滩式消落带多集中于北段与南段，由于水流作用导致滩涂淤积，为湿地植物生长创造条件，局部岸线被水生植物遮挡，与其融为一体；树木式消落带主要分布于北段与西段，表现为植物孤植或沿岸线线性生长，形成消落带景观特色，范围较小；石滩式消落带集中在西段，湿地植物生长较少区域，岸线受水流冲刷，大量石滩堆积。三种消落带各有特色，因滨水带建设需求，需对部分区段的消落带进行改造。出于防洪和安全的考虑，对消落带采取阶梯式改造策略，以保证不同水位条件下都具有较好的景观效果。

因现状部分消落带，景观生态品质及亲水性较差，首先需要进行适当的生态改造——将消落带适当改造成阶梯状，种植湿生植物，形成丰富的滨水空间，保证消落带在不同水位下均能有较好的景观效果。在尽量保留消落带现状已有植被基础上，结合改造加以利用，营造自然野趣的消落带景观风貌。消落带的修复改造需遵从“尊重现状、较小干预”的原则，在尽量保留原有消落带植被前提下，根据现状利用生态的改造手法，可采用松木桩式或石笼式措施对消落带进行改造，既增加其稳定性，又可丰富景观层次。

由于滨海湿地生态环境独特，通过对滨海湿地的研究和分析，结合七都岛湿地的实际情况，可得出以下特点概述：

（1）有盐盘、潮沟等微地形——受潮汐及地表径流影响，滨海湿地多有盐盘、潮沟等微地形。盐盘，指盐沼中几乎不存在植被的低洼地，潮沟是由于潮汐作用而形成的潮水通道。

（2）受盐度、水分影响，湿地植物呈带状分布——滨海不同种盐沼植物各自占据在随距海距离渐远而高程较高的环境梯度上适宜其生长的一定的带状区域，形成了其带状分布特征。其中以海三棱藨草、芦苇和入侵种互花米草为主要优势植物。这些湿地植物可以降低流速、消减海浪、促进泥沙沉积。

（3）潮滩湿地以地下隐芽植物为主——地下隐芽植物是指抗性芽受土壤或水层保护的植物，它们能从地下储存器官出芽生长，芽埋在土中或水体下。

以上的特点分析为湿地生态修复、植物群落体系完善的植物种类和种植方式选择提供了依据。

七都岛滨海湿地的形态可分为坑塘式湿地与滩涂式湿地。坑塘式湿地位于场地内部，水环境相对稳定，可适当改造其地形，配置大量水生植物，形成稳定的生境，满足野生动物栖息需求。临江的滩涂式湿地受海水影响，其生境变化较为丰富，需在现状草滩基础上，多营造小水域空间，便于野生动物栖息、繁衍。

针对形态特征，环岛滨水区规划设计以保护生态为优先级，根据现状自然基底及其景观特征，对其湿地生态环境进行营造，形成生态净化、宣教展示、休闲游赏等三个区域。通过雨水花园、观鸟活动、游憩设施等使七都岛湿地具有生态、教育、游赏等功能，从而形成温州特色滨海湿地景观。

按其在对于城市生态资源修复的功能分区如下：

①生态净化区：利用滨海湿地构建雨洪花园，展示湿地生态净化功能。

②宣教展示区：组织观鸟等宣传教育活动，展示滨海湿地生态特征。

③休闲游赏区：在不损害滨海湿地系统前提下，开展休闲、游览活动。

此外，七都岛的生态系统需要在湿地植被群落的基础上，营造湿地生境及野生动物栖息地，使其形成循环的滨海湿地生物链，最终构成稳定的滨海湿地生态系统。

通过对雨洪花园、滨水消落带与滨海湿地不同空间区域细致的分析研究可总结出其不同的特性，有针对性地围绕“生态修复”理念提出具体的实践举措有助于从形态和功能两方面，点、线、面三个空间层次优化滨水生态系统。七都岛滨水空间规划设计的特色与重点是通过梳理生态格局，丰富其形态和功能，进一步促使七都岛滨水空间生态系统的完善和可持续的发展，从而使其成为温州城市发展新阶段最具活力和吸引力的亮点。

四、结语

在“城市双修”的新时代规划要求下，城市设计应以集约发展为目标，尊重自然，注重发展的持续性，优化城市资源分布、提升城市人居质量，尤其需要引入和考虑生态的概念。七都岛滨水空间的设计充分考虑“岛”四面临水、复杂多变的特征，更有挑战性。作为温州从“滨江向滨海”发展的新平台与新支点，七都岛在城市规划中有着明确的定位与目标，城市山水格局、历史演变的研究、生态环境和资源条件的分析是“生态修复”重要的规划前提，针对滨水生态系统提出的雨洪系统重建、滩涂动态变化应对策略、消落带改造与滨海湿地生态修复等一系列设计是“城市双修”中滨水空间的“生态修复”设计特色，从形态和功能两方面的修复和完善出发，规划设计在顺应自然、保护自然的前提下，对环岛城市空间的总体布局，景观生态系统等整体空间风貌进行了提升优化，突出了七都岛在城市发展新阶段的地位。

参考文献

[1]黄浴曦，郭璞：温州城的缔造者[J].沧桑：1996(05)：43.

[2]林观众. 温州古城特色和历史街区保护刍议[J]. 规划师. 2005. 21(007). 36-39.

[3]李琬. 温州府志[C]. 乾隆二十五年刊本,1760.

[4]严玲璋. 上海市滨海盐渍土绿化的时间与规律探索[J].园林. 2012(11)：86-87.

[5]魏巍，冯晶. 城市生态修复国际经验和启示[J]. 城市发展研究. 2017(05)：13-19.

作者简介

屠旻琛，中国美术学院风景建筑设计研究总院有限公司，人文景观研究院，院长助理，中级工程师；

郑　捷，中国美术学院风景建筑设计研究总院有限公司，人文景观研究院，院长，教授级高级工程师，一级注册建筑师。

城市双修视角下生态区域规划设计策略探索
——以信阳市海营片区概念性规划及城市设计为例

Exploration of Ecological District Planning and Design Strategy from the Perspective of Urban Renovation and Restoration
—Taking the Conceptual Planning and Urban Design of Haiying Area of Xinyang City as an Example

陈 波
Chen Bo

[摘　要]　近年来，中央城市工作会议对城市双修提出明确要求，“生态修复、城市修补”理念在城市规划建设过程中的运用和实践，有效解决了新时代城市发展中存在的问题，作为治理城市生态功能、营造美好人居环境的重要举措。本文基于城市双修工作视角，以信阳市海营片区概念性规划及城市设计为例，探索在城市双修视角下生态区域的发展，以底线控制思维合理化山水生态构建同时，从规划设计角度出发，置入适宜本土生态发展的多样化设计策略，提升城市生态区域的空间活力。

[关键词]　生态修复；水系构建；功能补充；活力空间

[Abstract]　In recent years, the Central Urban Work Conference has put forward clear requirements for urban double repair. The application and practice of the concept of "ecological restoration and urban repair" in the process of urban planning and construction has effectively solved the problems existing in urban development in the new era as a way to govern urban ecological functions 2. Important measures to create a beautiful living environment. Based on the perspective of urban dual-repair work, this article takes the conceptual planning and urban design of Haiying District, Xinyang City as an example, explores the development of ecological areas from the perspective of urban dual-repair, and rationalizes landscape ecological construction with a bottom-line control thinking. Incorporate diversified design strategies suitable for local ecological development and enhance the spatial vitality of urban ecological areas.

[Keywords]　ecological restoration; water system construction; functional supplement; living space
[文章编号]　2020-83-P-115

改革开放以来，我国城镇化经历了高速发展，快速的城镇化，使得城市不断地向外扩张，而实质上却是以空间换发展的过程。在这个过程中，城市不可避免地从城市周边生态要素较好的区域索取土地，这种快速城镇化的进程也不同程度的对环境产生了破坏。如何在城市建设过程中，既治理保护自然生态环境，又能成为城市新的增长空间，是城市规划者不可忽视的问题。

2015年中央城市工作会议提出开展“生态修复、城市修补”工作并明确相关工作的要求，习近平总书记在中央财经领导小组第五次会议上也明确坚持山水林田湖草是一个生命共同体的工作方针。结合相关研究发现，“生态修复”的内涵本质也就是将“山、水、林、田、湖”看作一个“生命共同体”，其本身就存有较多复杂性特征，通过明确生态系统中众多不确定性影响因子，合理量化其运行规律，基于客观规律进行生态修复和城市修补，使得城市空间塑造重点在于顺应自然发展规律。

近年来，生态修复、城市修补作为城市发展方式转型的必然要求，立足于传统粗放的城市扩张规划向提升城市可持续发展规划转型，以此改善城市生态功能和美好人居环境。在城市建设过程中充分运用城市双修的理念，使得城市在生态环境治理与保护方面取得显著的成效，与此同时，能够结合生态环境和特色文化内涵，提升城市生态空间的价值，实现美好人居的愿景。本文，以信阳市海营片区概念性规划及城市设计为例，探索在自然环境本底较好、水系丰富的城市生态区域规划建设时，保证生态优先底线思维与独具特色活力空间打造是文章的核心议题。

一、项目背景

信阳，位于河南省南部、淮河上游。居中国之中，位于秦岭淮河（南北对称轴）和京广线（东西对称轴）的交点上。地处河南、湖北、安徽三省交界边缘，是江淮河汉之间的战略要地，也是中国南北地理、气候、文化的过渡带，地理区位优势明显。信阳位于大别山北麓和淮河上游，地势南高北低，呈现岗川相间、形态多样的阶梯地貌。同时，信阳水资源丰富，河流众多，气候条件四季分明，各具特色，空气质量优良，形成丰富的自然景观资源，素有“北国江南、江南北国”之美誉，连续九年入选中国十佳宜居城市。海营片区位于信阳市中心城区东北角，高新区行政管辖范围内。

1. 守住生态底线控制的城市总体规划的要求

（1）信阳城市生态格局特征

从组团城市群区域范围来看，信阳城市依托西南部桐柏山和大别山生态安全屏障，以田园、山林、湿地、河湖为生态基底，形成了山水环抱的自然生态格局，是典型的山水城市，处在桐柏山—大别山向淮河平原过渡的丘陵缓坡地区。

信阳中心城区周围环境资源丰富，形成“七山环抱，两湖相映，一河带城，水网纵横”的山水格局。主要水系浉河串联城市东西，形成自然有机的城市生态廊带。良好的自然山水是信阳构建生态保护、保育、修复等多元功能生态网络的重要空间载体。

（2）城市内部主要生态廊道

信阳城市内部水系丰富，绿化景观层次较好，所以在信阳城市总体规划中，明确提出由横向浉河滨水景观带和纵向八条主要生态廊道组成的城市生态廊带体系，海营片区位于信阳市高新区，为城市八条纵向主要生态廊道之一，与龙飞山公园生态相结合，形成

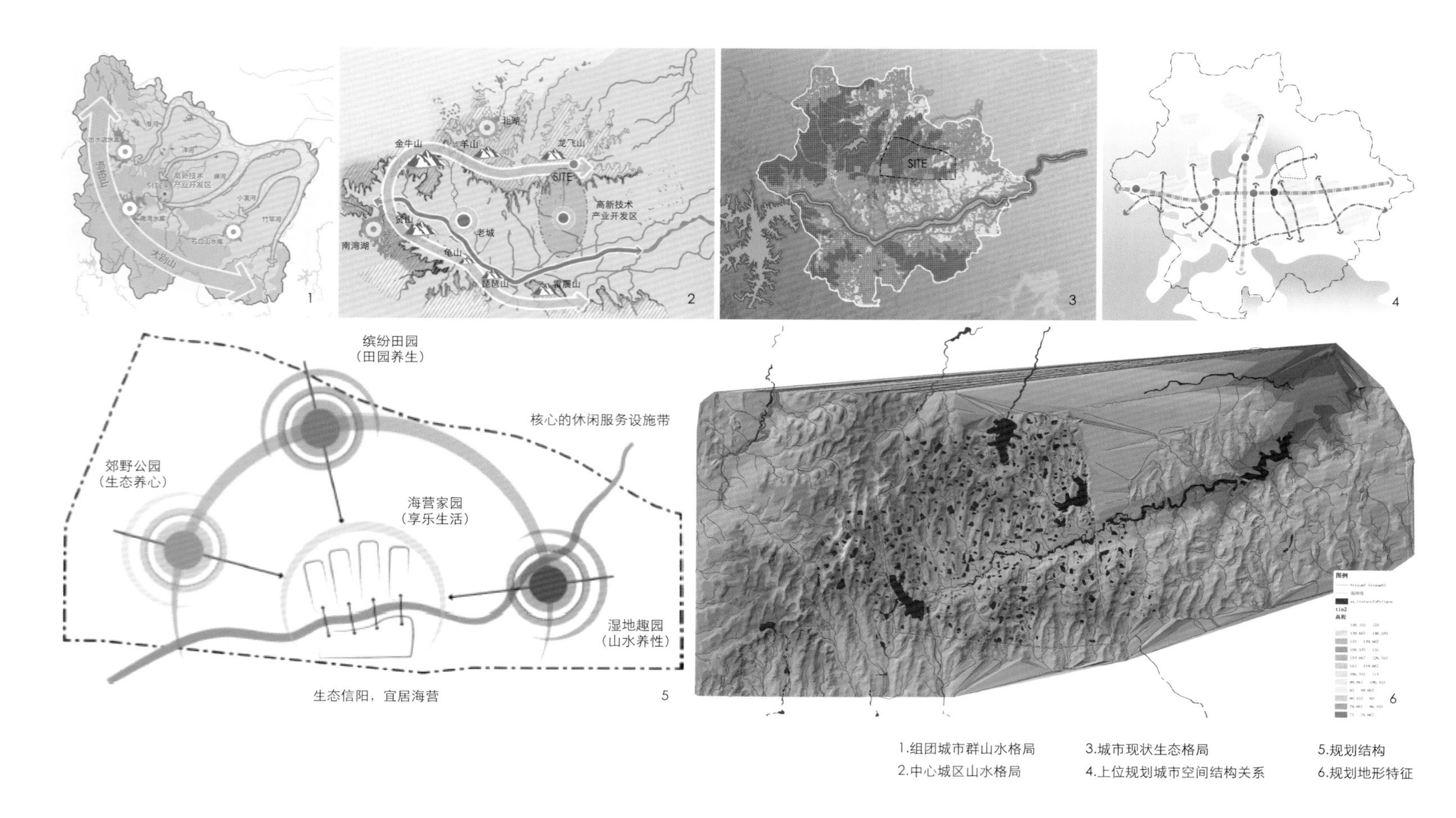

1.组团城市群山水格局
2.中心城区山水格局
3.城市现状生态格局
4.上位规划城市空间结构关系
5.规划结构
6.规划地形特征

中心城区主要生态渗透节点。

2. 弥补城市快速发展过程中存在的功能需求

近年来，信阳市经济飞速增长，城市快速发展，城市人口不断扩张，城市功能也日益缺乏。以目标和问题为导向研究分析信阳城市发展过程中存在的问题，可以看出信阳在生态宜居、文创旅游、康养休闲等方面都需要进一步的功能补充，海营片区的建设，将弥补信阳城市生态休闲功能的不足，满足人们对康养旅游、生态宜居等功能的需求。基于高新区和基地周边发展现状，未来海营片区将成为重要生态、居住、服务的核心板块。

3. 基于生态本底的高标准开发基本条件

海营片区位于信阳城市东北角，隶属于信阳高新区，规划面积约12.43km^2。基地东、北、西三面被2条高速、3条铁路环绕，南面紧邻城市主干道北环路，交通区位优势明显。

片区内部低丘缓坡，现状大部分为村庄建设用地及农林用地,内部地势高低起伏，山水环抱，水网贯穿，现状水系主要有海营水库、白土堰水库、龙窝水库等大型水系，以及海营水库下游水系组成。河流流向受构造控制变化极大，蜿蜒曲折，但总体是由南北两边向中间、由西向东流出。河流水系分支较多、水系发达、水资源丰富，主要分为七个汇水面。总体生态本底条件良好，具备高起点、高标准的开发建设条件。

二、发展思路

1. 问题导向

（1）如何把握底线思维。本次规划基于保护海营片区现状生态本底条件，通过山体保护、水体治理、建设规模管控等，解决常规规划中生态区域保护与发展之间的问题，提出高生态效能和低环境冲击共生的开发建设思路。

（2）如何注入新的功能。结合城市发展需求分析和区域可承载能力分析，注重与生态区域相关功能的引入，积极引导城市空间及产业的发展，提升城市空间活力的同时，可将生态效益转换成经济效益。

（3）如何提升人居品质。海营片区作为信阳市中心城区的生态居住板块，除生态本底条件良好，周边资源也较好，但现状公共服务设施等缺乏，严重制约生活水平和旅游服务的发展，本次规划考虑如何打造信阳生态宜居样板，并借助于城市文化内涵创建区域活力空间，以达到提升城市美好人居目标。

2. 目标策略

本次规划结合海营片区的资源特征和城市双修理念，以保护生态条件、关注生活环境、体验慢生活节奏作为核心理念，注重低冲击、蓝绿渗透、组团开发，以海营为区域发展核心，打造“山、水、田、园”四位一体的生态海营。整体空间由四大板块构成，包括西面豫龙山郊野公园、东面湿地趣园、北面缤纷田园、南面海营家园。对外交通，打破交通瓶颈，贯通东西，联动南北，强化城市主干道与海营片区的联接；对内交通，依山就势，顺应山水格局。同时，建立多层次的慢行系统，推动健康与生态的互动融合。智慧引领，充分引入和运用大数据、云计算、人工智能等新技术，打造虚实结合的共生城市。全面部署感知设施系统，构建智慧生活、智慧交通、智慧旅游、智慧产业、智慧市政五大智慧系统。

城市设计形象定位为“豫南水湾、凤舞海营”。豫南水湾：强调信阳“北国江南”城市品牌在海营具象化地提炼，充分运用好水环境设计；凤舞海营：将水形与楚文化进行了一个匹配，以凤为形，也是城

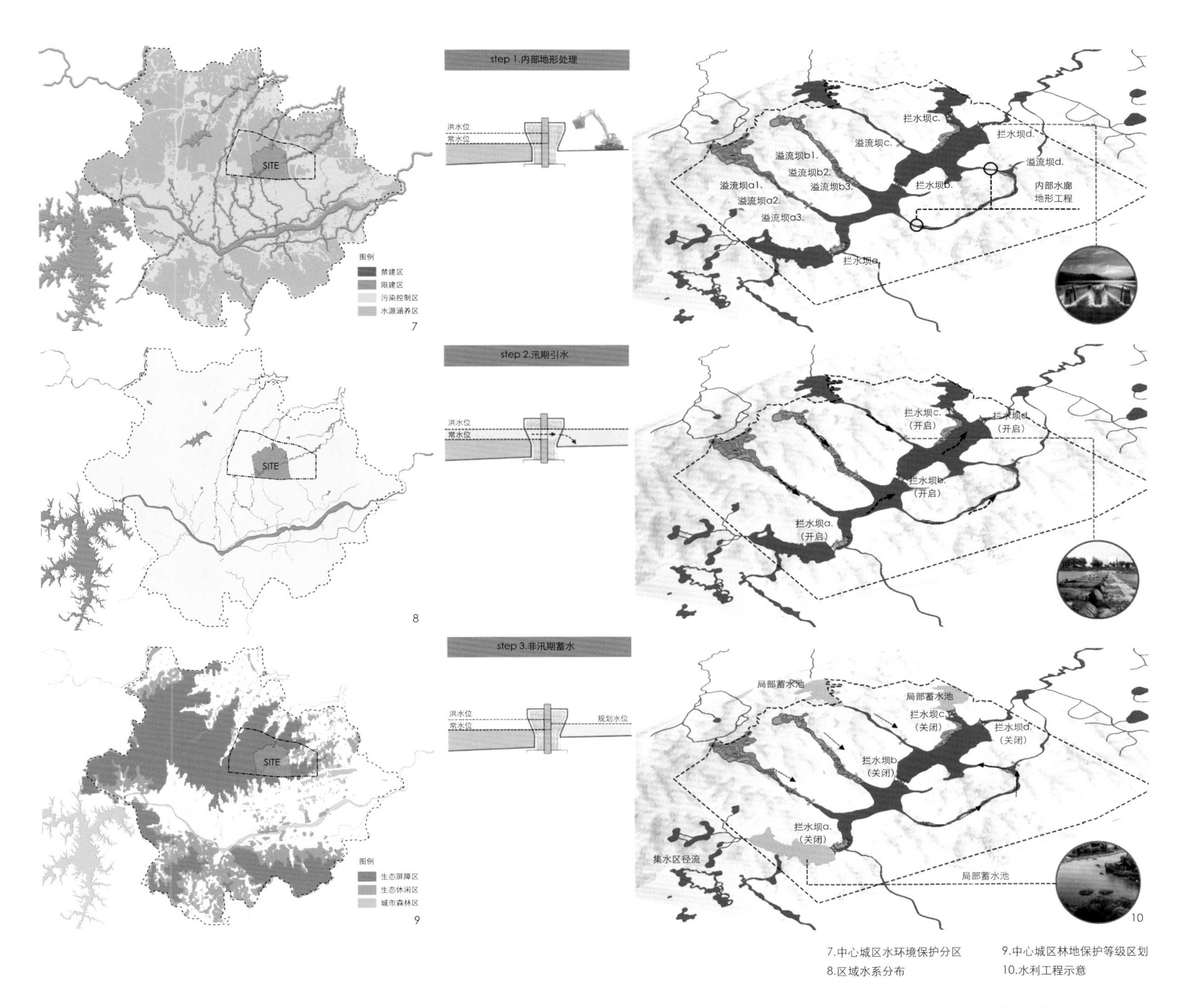

7.中心城区水环境保护分区
8.区域水系分布
9.中心城区林地保护等级区划
10.水利工程示意

市文化的一个外在体现。总体形象凤化水形，水绿结合，形成组团化、细胞状的空间格局，同时运用海绵城市理念打造丰富的生态湿地，也是作为整个片区的生态景观核心，构建良好生境。片区内整体建筑风貌萃取豫南建筑特色，融入现代建筑元素，形成山水田园，新时代的现代豫南风。

三、规划实践

1. “理水显山”——自然生态的有机修复

整个规划设计以水生态环境修复为原则，保护好在地的湿地水系和山林景观成为发展的重要基础，在水治理方面，以水系贯通、水质净化、水景构建三个层面强调区域内水环境的修复与功能再造。在开发建设的层面考虑尊重现状，减少对山形地势的开挖，结合主要生态廊道构建指状渗透格局，突出生态景观空间的营造。

（1）水环境的工程修复与艺术创造

①水系贯通——因地制宜提升水循环

规划选取中心城区区域范围内自然山水围合形成的生态单元，综合分析山林、河流等系统及现存问题，作为区域制定生态策略的基础。在规划区建立与周边生态要素的联系通道，保护区域生态格局的完整性。

结合地形地貌特点，选取水廊道可行路径。选取海营水库、白土堰水库、龙窝水库等现状水库、湖泊之间可能沟通的路径，对其进行高程、汇水路径进行分析，以基地原有地形汇水路径为基础，尽量在高程低的地方联通形成规划汇水路径，结合山形地势，适度人工改造，筑坝蓄水，减少对山体的大面积开挖。通过对场地的平均高程和土方平衡的经济高程等要素综合计算，选取将各个湖泊水系沟通的最佳路径和理想标高。

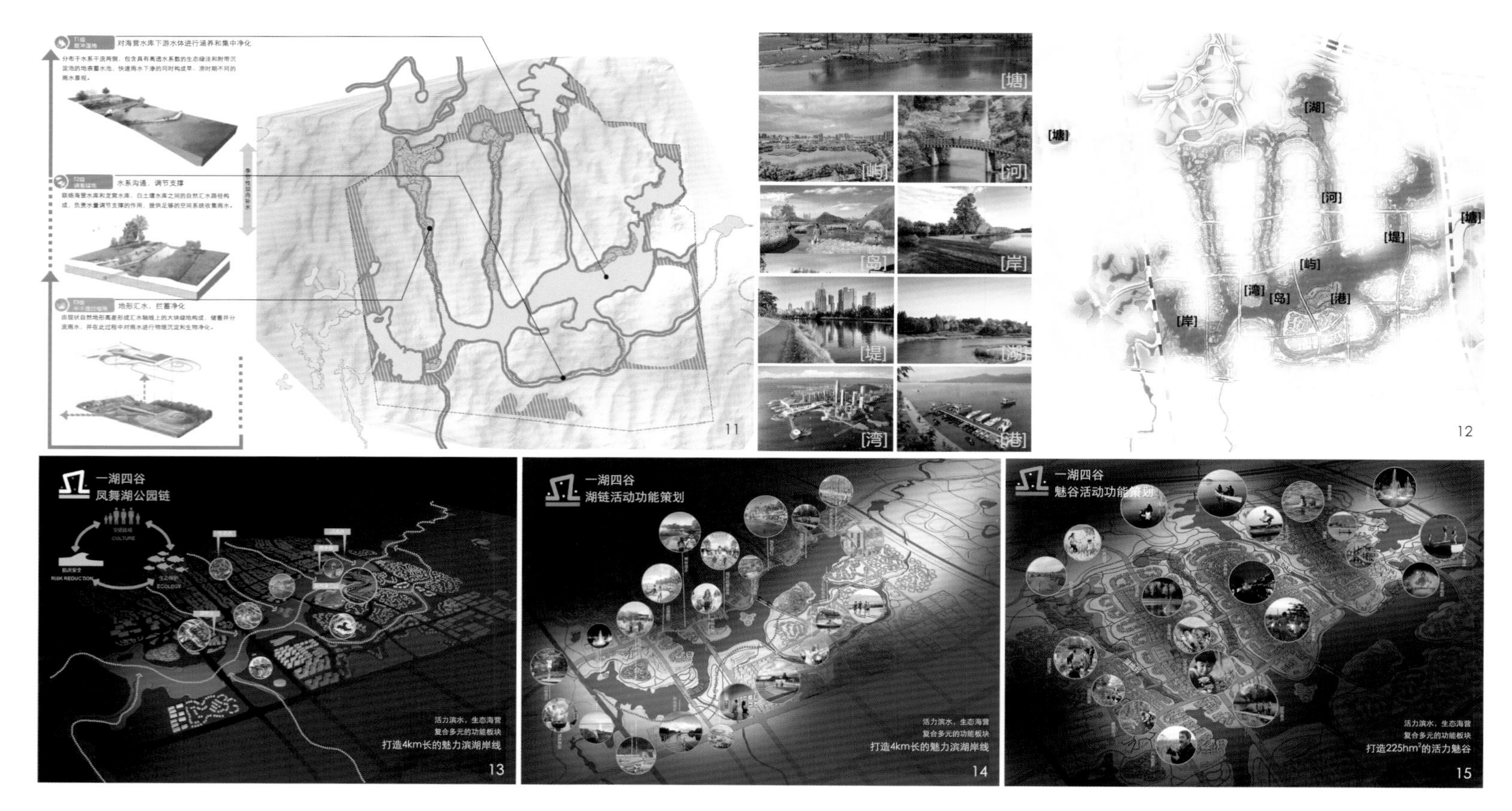

11.规划水廊道示意
12.水形态分析
13.一湖四谷湖链体系
14.湖链活动功能策划
15.魅谷活动功能策划

通过自然降雨，形成地表径流，雨水廊道储水。构建分级雨水廊道，建设海绵城市调蓄固水。规划三类绿色廊道，T1级：缓冲廊道——湿地公园，针对海营水库下游干流水体进行涵养和集中净化；T2级：调蓄廊道——生态调蓄绿地，调蓄廊道中的集中储水地区；T3级：补蓄廊道——半干湿地和植被过滤土壤，调蓄廊道中的截留和净水地区。通过这三种不同类型的绿色廊道，达到对雨水净化与储蓄的作用。

②水质净化——多层次处理水环境

运用海绵城市理念，讲海绵微单元覆盖所有建设用地，以汇水分区为基础，每个微单元利用低影响设施，进行雨水和中水的首次收集与处理。结合人工开挖水廊道，打造海绵走廊，借助高差设置净水设施，海绵走廊间距生态绿廊的作用，为区域内生物多样性提供可能。同时，利用现状以及人工开挖水系在海营水库下游中断形成中心湖面，作为雨水和中水汇入水系的净化处理，同时也可以承担整个基地内部水系的净化作用。

③水景构建——凤舞海营展示空间艺术

规划区内几条主要生态廊道作为区域重要的生态要素，严格控制两侧的开发建设，修复湿地生态系统，构建湿地生态体系。结合规划水系，将不同的驳岸赋予特殊功能，打造“湾、河、湖、堤、岛、屿、岸、港、塘”九种不同的水岸风情。

在水生态保护、水工程保障基础上进行水空间艺术化构建，融入地方文化，打造“豫南水湾、凤舞海营”的空间形态。依托凤舞湖和四大主题板块之间的绿谷，形成“一湖四谷”的特色景观形式，结合生态保护、防洪安全、文化体验三方面的要求，打造4公里长的凤舞湖魅力滨湖岸线和225hm^{2}的活力魅谷，奠定城市蓝绿空间，其间进行系列活动策划，不同多样的文化体验休闲功能的引入，营造生态宜人的活力空间。

（2）依山就势的低冲击开发模式

从山形地势出发，尊重现状，保留海营片区南部、中部、北部的山体，尽量减少对现状山形破坏，因势利导，形成“城在山水间”的生态格局。整体路网的设计遵循山势，注重开发建设的土方平衡，减少对山体的开发。

信阳市地处河南省最南部、淮河上游，东连安徽，南接湖北，属温带季风气候，夏季主要为西南风，冬季主要为东北风，3级以下风力为主。从规划设计角度出发，遵循信阳当地风力风向，因地就势，纵向多组团，多生态廊道布局，形成四条南北向廊道，与城市风向的耦合，形成自然通风廊道，实现城市微气候调节。

通过城市设计引导的技术方法，研究山形关系，山体作为城市自然环境的要素，应当在城市特色展示时相应的予以体现。根据山体与天际线的关系，结合前景、中景、背景三层次，划分为冲突型、顺应型、保护型三种类型，分类进行天际线管控。

2. “控局引智”——城市发展的有机修补

（1）城市功能的片区补充

拓展城市功能。由于海营片区内现状产业、居住生活、休闲等功能层次较低，未来发展要综合考虑自然与发展的完美结合，既能实现生态目标，也能合理地注入新鲜功能。海营片区未来将形成以生态功能、休闲功能和居住功能为主导的片区，在空间上形成三大功能分区：北部生态居住带、中部公共服务带、南部产业服务带。这三大分区形成了极

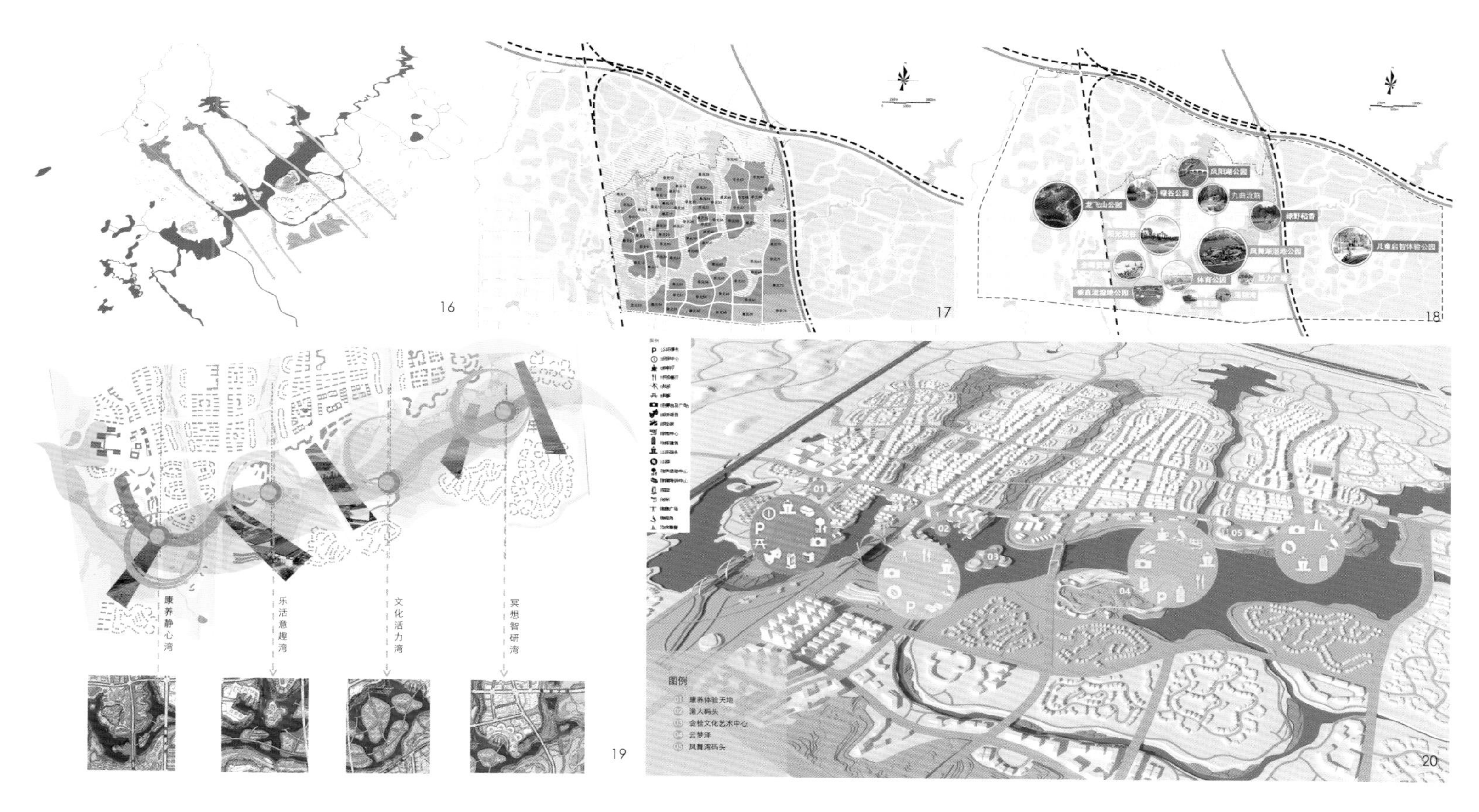

16.风廊道示意图
17.微单元控制分区图
18.公园绿地布局图
19.盈彩水湾布局图
20.旅游服务公共服务配套

强的发展合力，在周边区域良好生态环境资源条件的基础上，实现生态保护最大化的发展理念，又拓展了城市服务功能，弥补高新区生活服务、产业服务、旅游服务的不完整性，极大地保证了海营片区生态宜居样板的环境品质。

完善绿地系统。规划强调推进生态廊道建设，形成主题多样的山水公园群，加强城市绿地与外围山水林田湖的连接，搭建中心区总体的曲水串园体系。按照居民出行“十五分钟生活圈”的要求，均衡布局公园绿地，通过空间建绿、立体绿化等措施，拓展绿色空间，打造水绿环城的空间格局。因地制宜建设湿地公园、雨水花园等海绵绿地，不断推行生态绿化方式，合理化植物配置，提高乡土植物应用比例。

（2）单元生长进行弹性控制

规划中提倡从“大”和“标准化”整体建设推进，走向尊重自然和城市生长规律的“微”和“特色化”定制开发，以微单元为空间开发的单位载体，集聚居住、休闲等各项社会活动，使其成为一个独立运作的城市功能与服务“细胞”。为满足城市开发建设高效可控、管理便利，同时保证微单元拥有足够空间容纳复合的功能与服务，海营片区规划设计遵循每个微单元规模1~5km^2、规划道路优先作为单元边界、单元至少一个边面临景观资源这三项基本原则，划分成36个弹性可控的微单元。其中，微单元以规划核心功能为导向，形成不同的微单元类型，各微单元进行功能复合完善，形成集合居住、办公、休闲等多种功能的“混合微单元”，对各微单元开发建设也提出相应的合理化建议，加强城市发展过程中单元生长和弹性管控的实时更新。

四、结语

通过在信阳市海营片区概念性规划及城市设计中的实践，探索出在城市生态区域规划设计的可行实施路径，就是以生态优先的底线控制思维为基础，运用城市双修理念，以山水生态为脉，城市健康有序发展为目标去规划建设。城市双修的规划理念不仅对城市生态环境治理与保护提出指导建议，而且对城市未来生态空间的发展乃至整个城市文明的构建起着举足轻重的作用。作为一名城市规划者，笔者希望，在未来的城市规划中，我们能够恪守“绿水青山就是金山银山”的规划理念，通过不断改善人居生活品质，转变城市发展方式，让城市生活更美好。

作者简介

陈　波，上海同济城市规划设计研究院有限公司，《理想空间》编辑部，编辑。

滨海岸线复兴模式初探
——国际著名滨海城市岸线开发对广东省自贸区广州市南沙湾滨海岸线城市设计的启示

A Preliminary Study on the Revitalization Model of the Coastline
—The Enlightenment of the Coastal Development of International Famous Coastal Cities on the Coastline of Nansha Bay

李忠英 刘晓晓
Li Zhongying Liu Xiaoxiao

[摘　要] 在人类与海洋的共生关系中，海岸线是最重要的交互空间，在过去工业化飞速发展的时代，海岸线是城市的重要交通运输区域和滨海工业基地，随着港口和工业的搬迁，海岸线有了完全不同的定义和需求。本文通过对美国的纽约、旧金山，巴塞罗那以及新加坡等国外著名城市的滨海岸线再开发案例分析，对其海岸线的功能布局、公共文化休闲设施进行分析研究，总结其在滨海岸线再开发方面的成功经验，为南沙湾滨海岸线再开发提供发展借鉴作用。

[关键词] 城市滨水区；滨海岸线；功能布局；文化休闲

[Abstract] In the symbiotic relationship between man and ocean, the coastline is the most important interaction space. In the era of rapid industrial development, the coastline is an important transportation area and coastal industrial base of the city. With the relocation of ports and industries, the coastline has A completely different definition and requirement. This paper analyzes the functional layout of the coastline, public cultural leisure facilities, and summarizes its successful experience in redevelopment of the coastline by analyzing the case studies of coastal coastlines in New York, San Francisco, Barcelona, and Singapore. To provide development reference for the redevelopment of the coastline of Nansha Bay.

[Keywords] urban waterfront; coastal coastline; functional layout; cultural leisure
[文章编号] 2020-83-P-120

欧美国家滨海岸线大致经历了一个由繁荣到衰退继而再开发的过程。20世纪60—70年代，随着集装箱及跨海大桥等设施的建设，城市滨海空间的产业重心由水上运输、仓储、工业等开始转向城市服务业、娱乐业、人居职能转变，滨海岸线再开发在这种背景下成为各个欧美大都市的普遍潜力空间。

我国从1990年代开始关注滨水地区的再开发，研究主要聚焦在国外案例引介和规划方法建构方面，相关学者主要对上海、海口、三亚、厦门和青岛等滨海城市进行了研究和解读。目前滨水地区再开发的规划和实践在上海、深圳等中国一线滨海城市已经大量展开，但亦存在滨海岸线空间和功能相对单一，集中在滨海居住、酒店等功能，导致大量岸线私有化，缺乏公共空间特色。探索岸线资源的适时合理利用方式、优化滨水区域与城市空间的整体协调关系、塑造滨水区域空间特色具有重要的现实意义。

一、滨海岸线复兴：滨海城市案例研究分析

滨水地区再开发，保护和塑造城市滨水区域的个性特色是诸多世界级滨海城市的共同追求。美国的纽约曼哈顿、旧金山，西班牙的巴塞罗那及新加坡等国外著名的滨海城市现已成为滨海岸线改造的范例。

本次研究选择的案例有下述特征：

①拥有超过20km以上长度的岸线，承载了滨海都市城市设计的第一界面。

②从1980年开始对城市的滨海岸线进行系统性改造，代表了大都市国际化文化旗帜的引领性目标。

研究方法如下：

①以下述空间模型为假设：以滨海大道为界限，空间被划分为一线、二线滨海用地，后者控制1km左右纵深的研究空间。此外20km沿线的重大节点是岸线改造项目的重点。借此研究各大城市滨海改造的整体格局特征。

②两个带状空间的土地使用模型，与节点性重大项目开发强度与功能配比成为本次工作的另一重要成果。

1. 巴塞罗那滨海岸线

巴塞罗那于1980年开始实施“城市向大海开放（Open the City to the Sea）”的发展构想，1992年奥运会、2004年世界文化论坛两大事件的引擎性作用，推动了滨海岸线利用和城市空间结构的优化，使得滨海地区的城市公共生活日益丰富，成为独具魅力的旅游目的地和城市形象窗口。

巴塞罗那11km滨海公共休闲带主要以码头岸线（36%）、公共绿地（23%），文化娱乐（14%）为主。

沿线两个重要节点：一个是以巴塞罗那老城区和奥林匹克港为主的传统滨海区域，紧邻兰布拉大街（La Rambla），以1992年奥运会为契机，建设了大型体育场馆和滨海体育公园，并围绕邮轮港建设水上娱乐休闲中心，周边集聚各类著名博物馆、美术馆、剧院、音乐厅及步行街、广场等，该区域成为巴塞罗那世界级旅游目的地的吸引力之一与核心门户。

北侧以2004年世界文化论坛项目为契机，形成现代城市文化新中心，以居住新区为腹地，一线滨海地带分布了巴塞罗那国际会展中心、自然历史博物馆、滨海游乐场等现代明星建筑以及大量低维护的公共文化体育职能，实现了与已有滨海区的特色联动，后者尤其构成了巴塞罗那全长十数公里的沙滩活力。

2. 新加坡滨海岸线

新加坡南部滨海岸线，是新加坡最具活力的片区，2005年，新加坡决定将旅游业打造成经济支柱产业之一，宣布将滨海湾（Marina Bay）与圣淘沙（Sentosa）发展成为两处集主题公园、酒

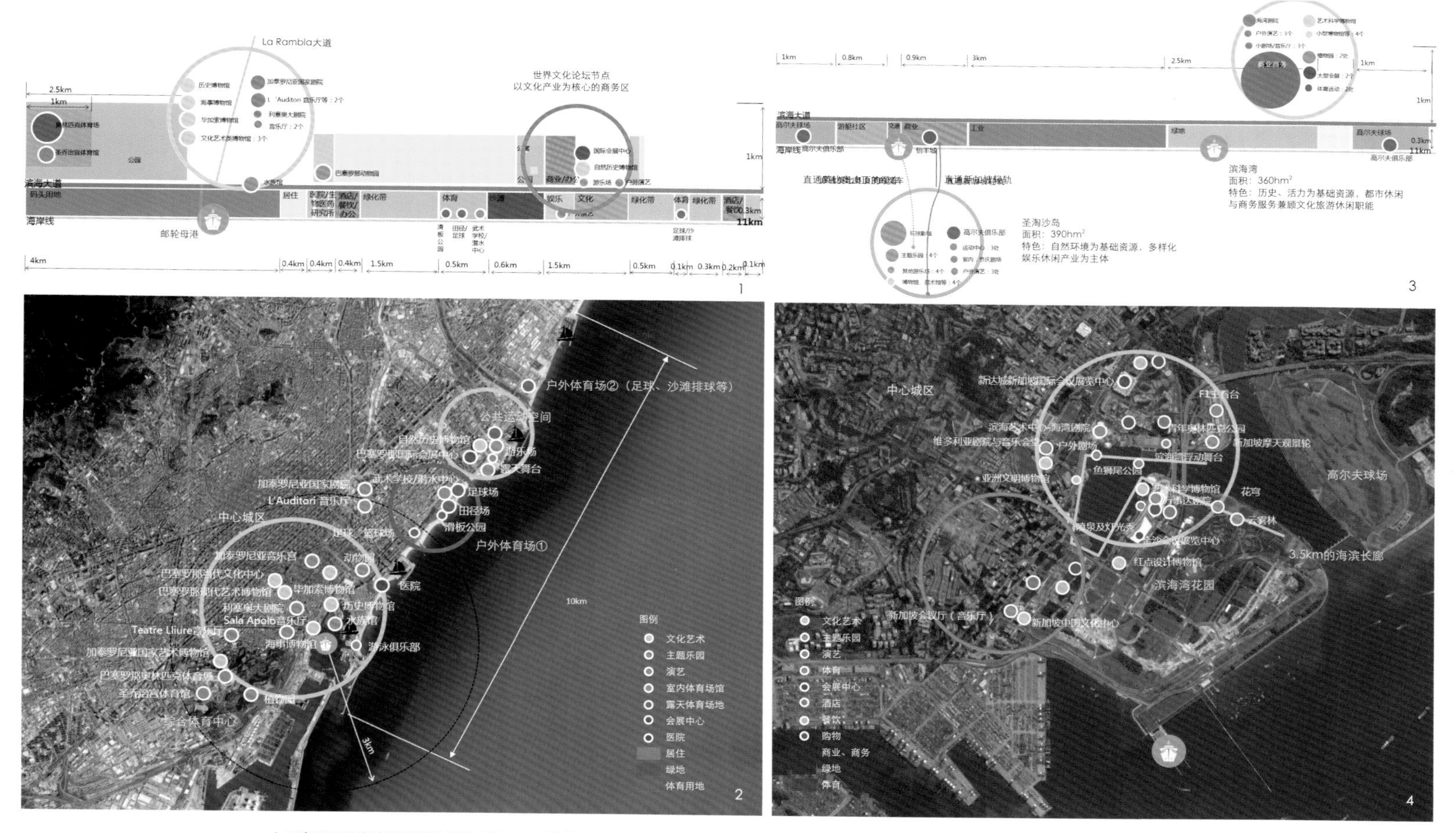

1.巴塞罗那滨海岸线用地及设施布局示意（资料来源：基于谷歌影像图和参考文献绘制）
2.滨海岸线区域主要文化休闲设施布局（资料来源：基于谷歌影像图和参考文献绘制）
3.新加坡滨海岸线用地及设施布局示意（资料来源：基于谷歌影像图和参考文献绘制）
4.新加坡滨海湾主要设施布局（资料来源：基于谷歌影像图和参考文献绘制）

店、餐厅、购物、会展、博物馆、赌场等多功能设施之综合性休闲度假胜地，简称为IR（Integrated Resort）。

滨海湾项目由此从单一的CBD功能向文化休闲中心转换，沿海布局海湾剧场、新达城会展中心、金沙酒店、滨海湾公园、摩天轮、科学博物馆等新加坡著名的文化旅游景点。圣淘沙2002年总体规划调整导向以国际旅游为目标的娱乐休闲度假胜地，布局五大主题乐园、差异互补的参与、体验类旅游元素，两侧高档别墅、游艇社区，构成了高品质的休闲度假环境。5km^{2}用地，年游客接待量接近2 000万，基本与新加坡总游客数等同。

新加坡南部海岸可以说代表了新加坡岛国的国家级战略资源。一线滨海用地以工业/码头（27%）和绿地开敞空间（41%）为主，融合少量商业和游艇社区；二线用地以商务办公（57%）、居住（19%）和绿地（16%）为主。

虽然港口工业仍是新加坡滨海地区的核心设施，但借助圣淘沙岛和滨海湾两大节点，构建了新加坡滨海城市的文化旗帜，是新加坡金融服务、旅游业两大核心产业的重要引擎。这也是世界滨海地带开发最为成功的片区案例之一。

3. 旧金山滨海岸线

旧金山港于1863年建成，由于天然海港和滨水的优势，该城市快速发展为一座大都市。1997年，旧金山港进行了12km滨海岸线的改造项目，从历史悠久的海上货运港口过渡到海滨，并开发多种用途，旧金山港高级海滨规划师兼城市设计师Dan Hodapp借助渐进性系列小型空间改造，将滨海空间开放给市民。该项目已经进行了二十多年，主要是因为它是公众和水滨利益相关者密切合作开发的。旧金山人想要改变现状——不仅看到真实的历史，同时也能真正享受滨水区。

旧金山12km滨海岸线以巴卡德罗滨海大道（Embarcadero）为载体。一级岸线以开敞绿地（40%）和文化/商业休闲（17%）为主，融合部分居住、体育功能，此外还有32%的岸线仍然是水上交通与物流设施；二级岸线主要以居住（45%）、绿地（21%）和商务功能（15%）为主。

根据设施布局，旧金山12km滨海沿线共形成了一个CBD核心，多个小型文化体育休闲节点。旧金山CBD核心，靠近邮轮母港，集聚多个不同主题的博物馆、画廊、艺术中心、俱乐部等文化休闲设施。其余节点规模均较小，是欧美城市典型的渐进式城市更新模式：文化艺术节点集中分布文艺中心、剧院、画廊、美术馆、博物馆、图书馆、展览等设施；渔人码头节点兼具购物、餐饮、街头表演、文化休闲等职能的活力街区；滨海公园节点是旧金山主要的体育休闲公园，汇集了攀岩、垒球、体育场等多种体育休闲设施。

4. 纽约曼哈顿滨海岸线

纽约是个由岛屿和水组成的城市，滨水地区的开发是纽约市及纽约州政府长期以来投入大量人力物力研究的重点内容。20世纪90年代至今，纽约市政府已经开始进行滨水片区的逐步改造战略。2011年形成《纽约市滨水区综合规划2020》，该规划总结十多年实践经验，并在新理念、新需求的引导下形成。该规划分析当前的机遇和挑战及应对方法，形成具体

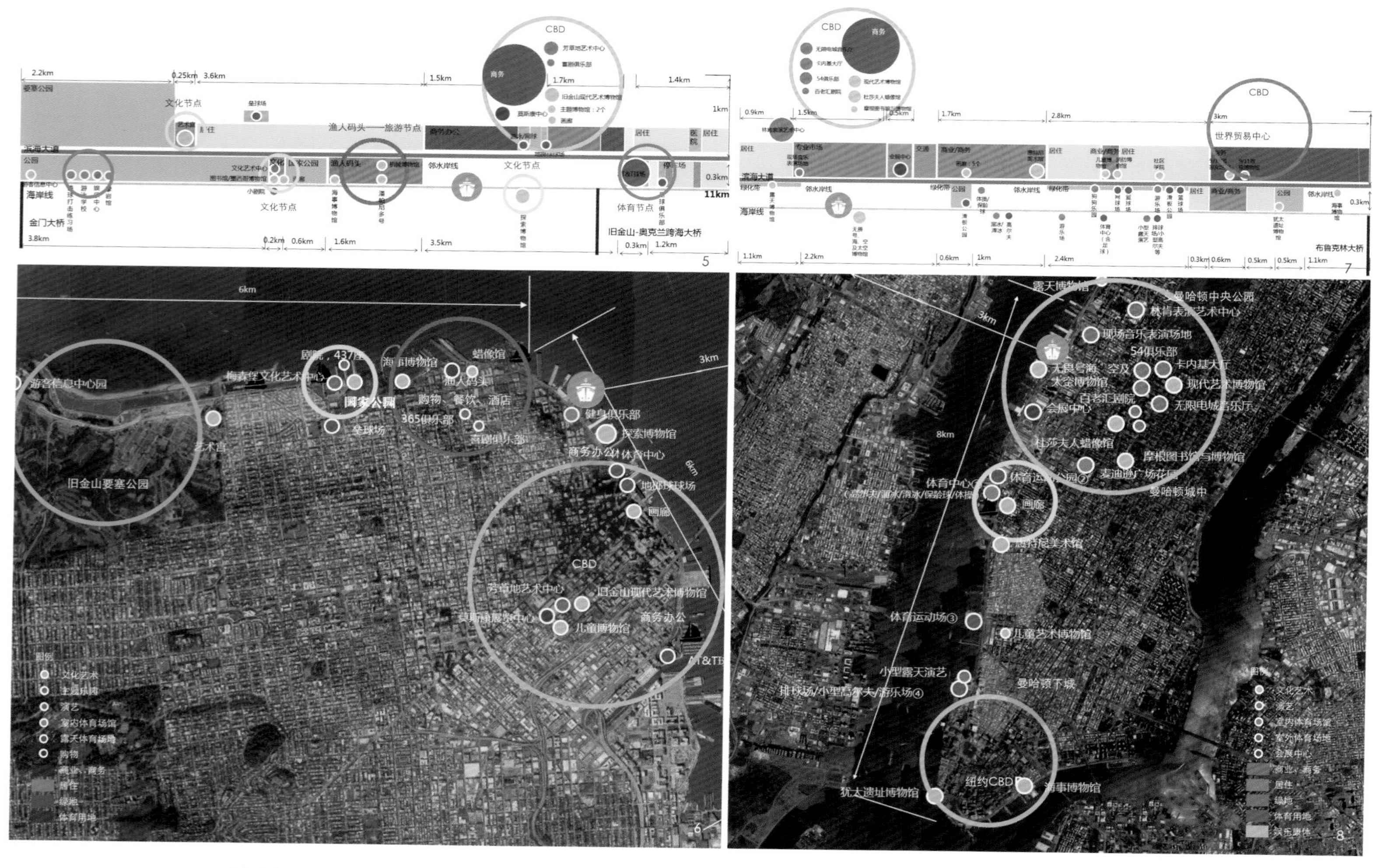

5.旧金山滨海用地布局及设施布局示意图（资料来源：基于谷歌影像图和参考文献绘制）
6.旧金山滨海区域主要设施布局（资料来源：基于谷歌影像图和参考文献绘制）
7.曼哈顿滨海用地布局及设施布局示意图（资料来源：基于谷歌影像图和参考文献绘制）
8.曼哈顿滨海区域主要设施布局（资料来源：基于谷歌影像图和参考文献绘制）

的策略和项目库，其最核心的目标就是建立滨水区和人们日常活动的联系。通过提高公园、码头、堤岸、海滩等滨水地区的公共可达性，为居民和游客提供娱乐、休闲、观光和各种水上活动，并最终落实到22个滨水分区控制图则上。

曼哈顿的滨海岸线主要以商业商务为主，体育休闲设施和文化娱乐设施穿插其中。11km滨海岸线中一级岸线中绿化开敞空间占42%，主要是多样的体育场地等娱乐休闲场所散布整个岸线，此外还分布有7%的滨水居住和5%的商业，其他为直接邻水的滨海大道；二级滨水岸线以商业商务为主，占54%，其中商务29%，商业25%，其次为居住32%，文化娱乐5%，主要是美术馆、画廊、会展、表演场地等文化设施点缀其中。

沿滨海岸线目前形成了两个城市节点：一是曼哈顿中城CBD，中心距邮轮母港约1.5km，除商业商务职能外，集聚大量高层级的剧院、音乐厅、博物馆等演艺、文化艺术场馆；二是曼哈顿下城CBD，世界贸易中心、世界金融中心。片区内，区域级实施1个，为林肯表演艺术中心；市级演艺设施最多，共4个，为音乐厅、剧院等；市级文化艺术设施3个，分别为现代艺术博物馆、无畏号海、空及太空博物馆、惠特尼美术馆；会展中心1个。

5. 案例小结

旧金山是欧美城市渐进性滨海地区改造的模型，节点规模在10~40亩，构建了系列文化旅游价值突出的休闲街店；今天纽约正在走相近的道路，但就目标而言，选择了复合型的商业住区的开发。巴塞罗那等欧洲滨水城市更新往往选择了1~3qkm的中型节点，汉堡港口新城及阿姆斯特丹、丹麦系列滨水项目亦有相似特征，构建了更具野心的滨海城市更新计划——沿整体海岸空间的完整塑造是其最终目标，这样的宏大计划，以欧洲城市的更大主动性而言，具有更为明显的实现可能性。亚洲城市新加坡，或上海深圳，它们正在明确地将海岸线作为其战略资源，精细地分配给海洋交通、工业资源（自贸区）、旅游与文化休闲等各种全线上升的产业战线。并大胆策划出一些极具革新性的新文化旗帜节点。

从新加坡、巴塞罗那、旧金山和纽约曼哈顿滨海岸线的案例研究来看，滨水一级岸线（直接临水）以工业码头岸线和绿地岸线为主，绿地岸线占23%~40%，工业岸线占20%~30%（新加坡和巴塞罗那均保留有工业），二级岸线（不直接临水）以复合功能为主，居住、商业、商务功能突出，如巴塞罗那、旧金山滨海岸线功能复合度最高；纽约曼哈顿岸线和新加坡以城市服务岸线为主，居住、商务、商业占80%以上。

各城市在滨海岸线再开发过程都很重视城市文化产品建设，致力于构建区域级文化娱乐界点，集聚大量的、高品质的文娱产品。在文化产品布局上高级别文体休闲产品如歌剧院、博物馆、会展中心等高度集中于大型城市节点；众多小型产

9.旧金山渔人码头和文化艺术区主要设施布局（资料来源：基于谷歌影像图和参考文献绘制）
10.曼哈顿滨海岸线的实景图（资料来源：谷歌影像图）
11.炮台公园社区37ha，曼哈顿下城重要节点（资料来源：谷歌影像图）

品如室内外体育场所，博物馆、小剧场、露天舞台等文化设施散布在滨海岸线上，构成滨海岸线的连续活力。

二、南沙湾滨海岸线利用与功能重组

1. 广州南沙湾背景

南沙湾是粤港澳大湾区重要的门户枢纽，是珠江东西两岸发展轴的交汇点，未来必然会成为湾区重要的区域中心之一。在现有湾区空间格局中，南沙湾深具水陆交通枢纽节点意义，同时又是南沙粤港合作最为凸显的地区，南沙湾应当主动选择高度城市化的职能节点，扩张规模与都市影响力。因此提升南沙湾滨海岸线的公共性和娱乐性，塑造一个活力开放的南沙湾是此次规划的核心议题。

2. 南沙湾滨海岸线发展建议

借鉴新加坡、巴塞罗那、旧金山和纽约的滨海岸线的开发经验，此次规划建议南沙湾滨海区域借助国际邮轮母港及粤港合作先行区及区域交通优势，寻找国家战略地位层面、粤港湾区战略愿景、广州东进新思路上的立足点，形成高度国际化的南沙湾，打造国际滨海文化休闲中心，构筑大湾区Meetingpoint。

以三游产业、娱乐休闲、体育艺术、文化保税为引力，构建广州国际海洋文化休闲中心，重点布局珠江海上游览客运中心、国际水上体育中心，国际文化演艺区，国际文化保税区；

以国际旅游、国际商贸、国际会议为引擎，构建珠江口游憩商务区RBD，重点布局邮轮服务、粤港商贸活动、文化交易展览，以及上述职能产生的总部机构聚集与相关服务；

以物联中枢、应用科研、国际交流、科技人居为引擎，构建湾区中部深具魅力的国际科学城，重点布局多元科技园区、企业研发园区、科研院所和青年创客中心等。

3. 南沙湾滨海岸线空间布局

借鉴国际滨海城市案例研究，南沙湾岸线的总体设计，将海洋科技、商务休闲和文化休闲产品与岸线相结合，构建20km连续的复合滨海景观带和三个重要的城市节点，使南沙湾从以港口和工业为主的单一功能区域向充满活力的多元功能的城市活力岸线转型。

（1）20km连续的复合滨海景观带

南沙湾滨海岸线总长20km，分为11km文化娱乐东岸与9km自然生态南岸两个段落。逐步发展服务南沙的多功能、多主题、多体验的中小型滨水文化休闲产品，以及服务其他区域的大型文化设施，打造深具滨海特色的文化特区，使南沙湾地区成为广州地图上一个有趣的景点与目的地。

文化娱乐东岸：通过公共活动岸线与生态景观岸线相结合，形成动静结合的文化娱乐功能为主的活力岸线；东岸围绕海上客厅、游艇会、及门户广场、海上客厅，形成2km国际邮轮游艇服务岸线与2km海洋文化休闲岸线，布置一系列不同主题的功能，通过这些不同主题的内涵组合成活力岸线统领整个东部滨海，从而保证11km岸线持续的活力。

自然生态南岸：将原有堤岸进行改造，通过景观与堤岸结合的方式形成“生态岸线”，打破原有堤岸对景观及亲水性的影响。自然生态活动节点穿插布置，在公共活动为主导的岸线间布置一些以自然形态为主的生态缓冲，动静交错，适应不同人群的需求。

（2）三个重要的城市节点

海上客厅节点：位于南沙湾滨海岸线北侧，以一种高密度的开发模式，鼓励步行优先，减少车行道宽度，增加路网密度，游客从地铁站出来300m之内可步行到达海岸，通过丰富活跃的商业文化功能和优质的步行环境，游客可在各个区域内自由穿梭，轻松到达滨海空间。加上自行车和滨海巴士系统，连接将更为便捷。

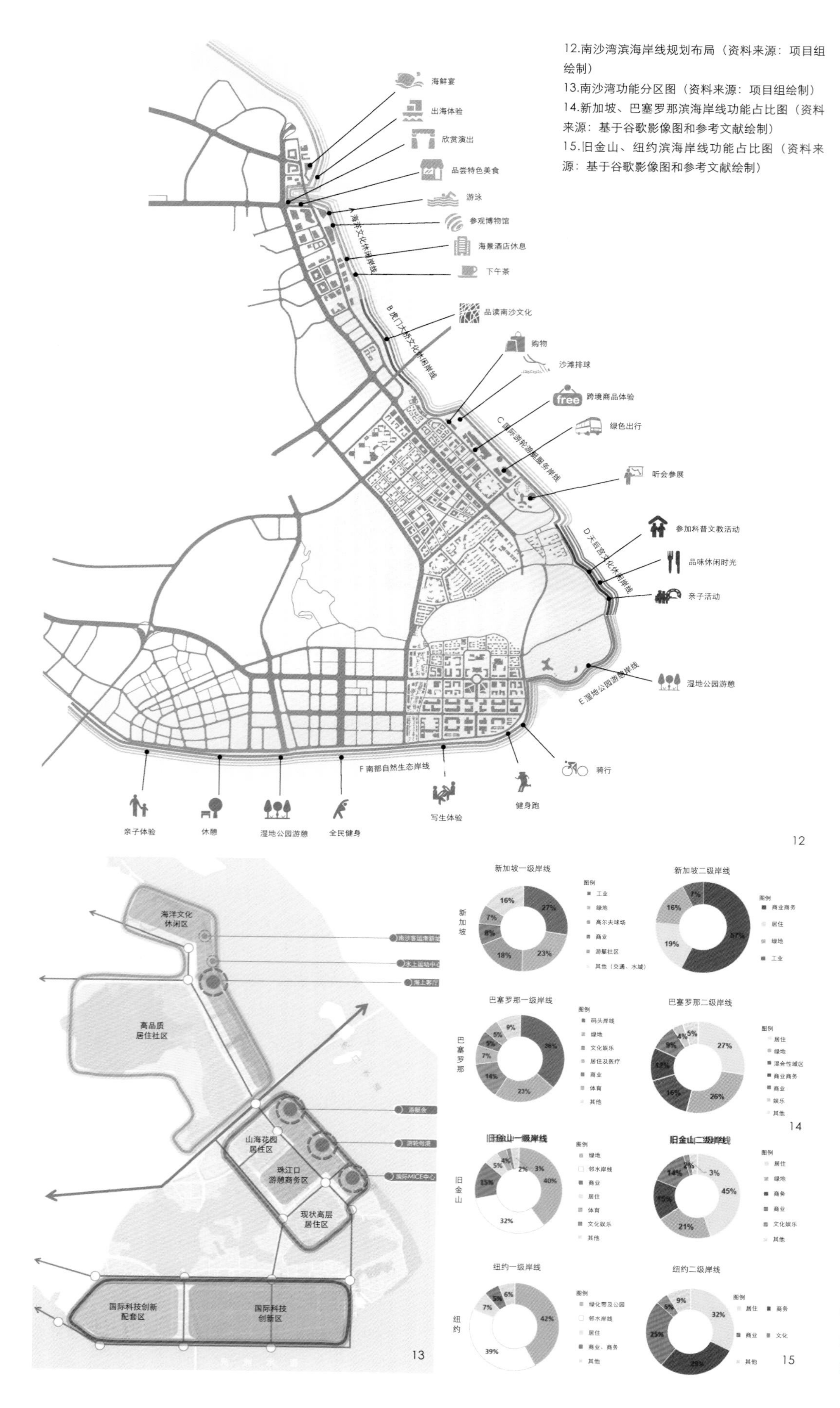

12.南沙湾滨海岸线规划布局（资料来源：项目组绘制）
13.南沙湾功能分区图（资料来源：项目组绘制）
14.新加坡、巴塞罗那滨海岸线功能占比图（资料来源：基于谷歌影像图和参考文献绘制）
15.旧金山、纽约滨海岸线功能占比图（资料来源：基于谷歌影像图和参考文献绘制）

港前大道东侧控制为公共职能带，规划布局包括水道南侧的三处大型文化事业设施：探索博物馆、滨海艺术中心、水上运动中心；水道北侧设立公共游艇码头一处，融合渔人码头等商业休闲、艺术博览、滨海酒店职能。

游憩商务核心节点：位于南沙湾岸线中部，以邮轮母港综合体为核心。西侧为国际MICE 会议中心，南沙大酒店为核心的国际会议酒店服务中心，包括2万m^2的国际会议展览中心，新增高品质的酒店与公寓；南沙客运港地块改造形成国际自由港，包括文化保税仓、国际自由港贸易中心、国际体检健康服务中心等职能。东侧依次为沙滩排球体育中心与南沙游艇会商业街南区。向山体与国际科技城方向为游憩RBD区域，以航运经济、国际旅游、科技商务服务为核心，重大项目包括国际航运服务总部基地以及国际邮轮公司全球采购船供配送中心。

慧谷科技创新节点：位于南沙湾滨海岸线南侧，沿科技企业滨河休闲带组织科技服务建筑，形成科研服务高地。结合科技总部企业中轴两侧街边绿地形成次级绿化廊道，形成以科研商务办公为依托的“十字”开放空间结构。结合轨道站点集聚产业园服务职能形成科研要素核心环，依托环市大道南形成以科技产业服务为主要功能的科技企业服务中轴。向南布置总部职能区，两侧分别为大型企业研发园区。

三、结语

滨海岸线在不同的发展阶段以不同的方式吸引着城市发展要素的集聚，进而影响城市的竞争力，现阶段文化产业已成为城市的核心竞争力，高品质的滨海文化休闲产品对于城市文化品牌的建设，旅游者的吸引以及内部城市市民的文化生活品质提升，具有标志性意义。因此推动滨海岸线的利用方式向文化娱乐、文化展示、文化休闲等综合性的文化功能转变，提升城市的文化品质和城市活力，塑造具有地方文化特色的城市滨水空间应成为滨海岸线再开发的重要发展方向。

注：本文是基于德国ISA意厦国际规划设计（北京）有限公司做的《广州南沙新区南沙湾地区控制性详细规划修编及城市设计项目》的《南沙湾地区发展战略研究》专题的基础上完成的。在此感谢德国ISA意厦国际张亚津总师的指导，以及项目组成员刘晓晓、武永强和伞子维提供的项目材料。

参考文献

[1]孙鹏，王志芳. 遵从自然过程的城市河流和滨水区景观设计[J]. 城市规划，2000(9):19-22.

[2]程鹏. 滨海城市岸线利用方式转型与空间重构：巴塞罗那的经验[J]. 国际城市规划，2018(3)：133-140.

[3]沙永杰，董依. 巴塞罗那城市滨水区的演变[J]. 上海城市规划，2009(1):56-59.

[4]Urban Hub. 城市滨水区：Dan Hodapp进行旧金山12公里路段的规划[Z]. 2017.

[5]程婧. 2012美国规划协会最佳综合规划奖：《纽约滨水区综合规划2020》评析与借鉴[J]. 国际城市规划，2014 Vol.29, No.3(2):128-132.

[6]孙施文，王喆. 城市滨水区发展与城市竞争力关系研究[J]. 规划师，2004(8): 5-9.

作者简介

李忠英，意厦国际规划设计（北京）有限公司，项目负责人，注册城乡规划师；

刘晓晓，意厦国际规划设计（北京）有限公司，研究发展部，高级研究员。

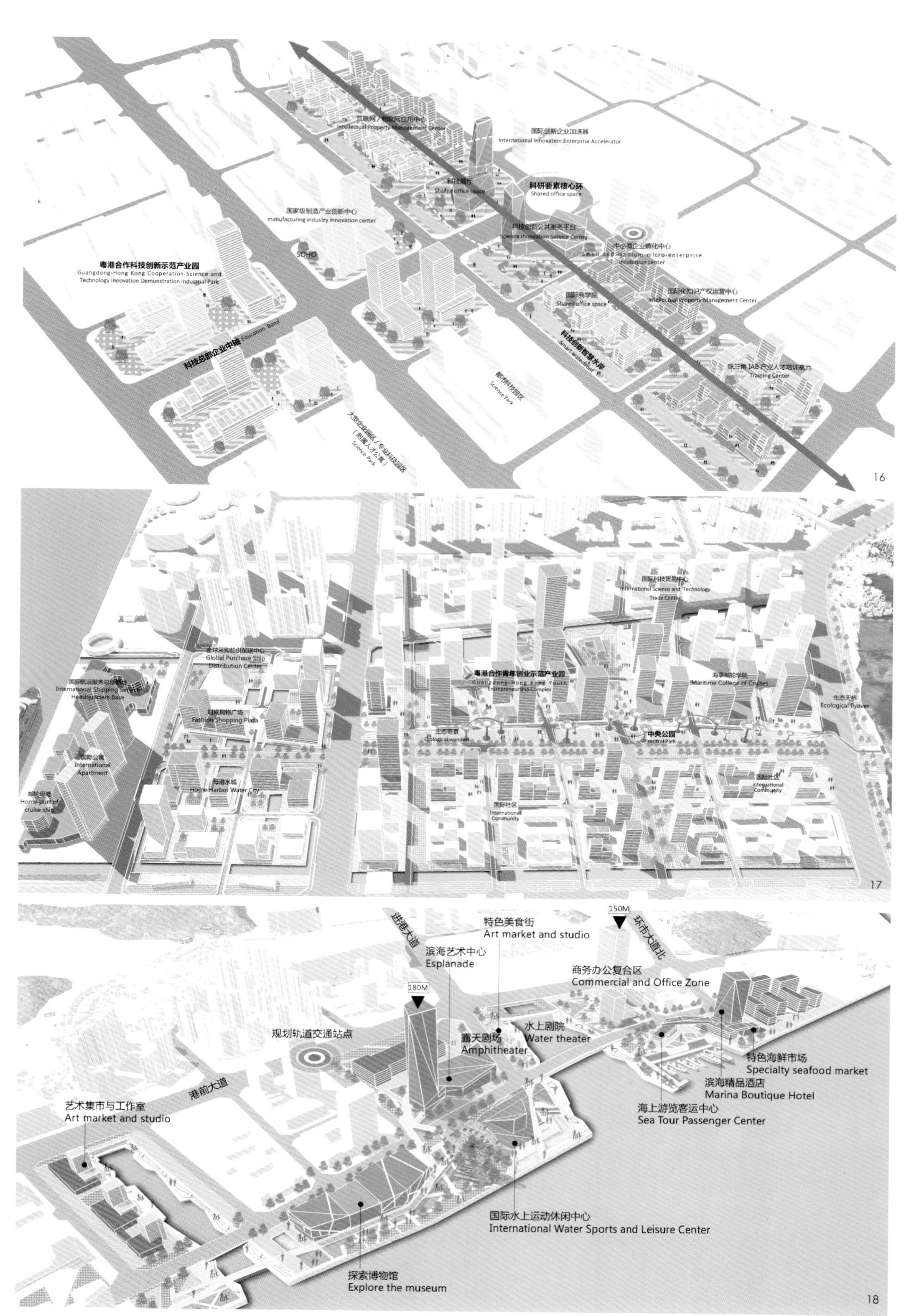

16.南沙湾慧谷科技创新节点（资料来源：项目组绘制）

17.南沙湾游憩商务核心节点（资料来源：项目组绘制）

18.南沙湾海上客厅节点（资料来源：项目组绘制）

他山之石
Voice from Abroad

与海洋共生
——新型城海关系的创新探索与设计实践

Symbiosis with Ocean
—Innovative Exploration and Design Practice of New Urban-sea Relationship

张亚津 刘 翔
Zhang Yajin Liu Xiang

[摘　要]　气候变化、海平面上升对城市构成了交织的威胁，大规模围海造田的生态破坏与投资失败引发了人们对城海关系的反思。在此背景下，国际上一些地区正在探索一种生态型的解决方案来应对挑战，城市与海洋的关系开始从过去分离性的专项建设向整体管控转变，并结合创新性的城市设计及城市更新改造，为城市带来了前所未有的开放与活力。本文通过国际案例分析和自身城市设计项目实践对“与海共生”的新城海共生模式给出了具体注解，其核心价值不仅在于一种设计理念或规划愿景，更重要的，它代表着人类看待城市与海洋关系的一种新视野、新方法、新价值观。期望其研究成果能对未来以景观价值为主要导向的滨海类城市设计项目起到一定借鉴作用。

[关键词]　城海关系；与海共生；城市设计

[Abstract]　While climate change and sea level rise impose an intersectional threaten to the cities, the failures of polder reclamation in both ecological and financial aspects have triggered a rethinking of relationship between sea and land. With these challenges, several world regions start seeking a new innovative solution, the traditional hard dike has been becoming more ecological, the relationship between sea and city has been transformed from the individual construction to the integrated management, and the relationship between sea and city has been open and dynamic than ever through an innovative urban design and urban regeneration projects. This paper adopts international case studies and urban design practice analysis to elaborate the meaning of sea co-living, as it is not only a design concept or perspective, more importantly, it also represents a new motivation, new vision and new common interest on the relationship between sea and city. We hope the outcomes drawn from the research make a positive contribution to the future relevant landscape value orientated urban design projects.

[Keywords]　city and the sea; sea co-living; urban design

[文章编号]　2020-83-C-126

一、面对挑战

气候变化已成为21世纪全球面临的主要挑战之一，在它引起的一系列环境变化中，降雨量增加和海平面上升的变现的威胁最为突出。据估算，若不采取任何缓解措施，到 2100 年全球气温中位数将上升约4℃，地球海岸线将上升216英尺。中国作为拥有3.4万km海岸线长度的国家，2008年海平面总体比30年前上升了90mm，年平均上升速率3.0mm，高于全球平均水平，其中东部沿海地区如天津、深圳、上海等平均海拔不超过5m的地区是受海平面上升、风暴潮灾害影响的脆弱区和危险区。

由此带来的变化对城市构成了交织的威胁，城市暴雨内涝、淡水及地下水资源危机、海洋陆地间生态体系破坏让城市面临内外双重挑战。另一方面，大规模人造岛的建设也走到了尽头，于2003年开工的迪拜800亿世界岛项目在生态与投资上的双重失败，引发了世界范围对海陆关系的反思。中国2010年前后开始的大规模围海造田建设，至2017年亦被全面遏制，国家层面已经释放明确信号：以简单围垦模式肆意侵占海洋空间不再可能。

在此背景下，全球滨海大都市不得不寻找一种更新的解决方案来面对这些挑战，并逐步探索出将城市战略从消极阻挡，向积极管控、协作利用的生态修复方式，尽管具体的解决方案不尽相同，但它们几乎都有一个共同的内涵——与海共生。

本文将围绕城市与海洋之间的关系这一核心主题展开，通过国际案例分析和城市设计综合实践两种方式，探索新一代城市建设该如何结合生态修复真正实现与海共生的规划愿景。

二、国际案例

1. 三维一体——海洋、城市与生态作为一个系统进行环境管控

近年来，丹麦首都哥本哈根等大都市围绕城市雨洪管理为核心，城市生态体系可持续性提升为整体目标，将海洋—城市—生态纳入一个系统进行环境管理，旨在解决城市饱受困扰的雨洪安全—能源管理—游憩休闲三重问题。突破片面的空间管理边界，整合多种功能和机构群体是这个解决方法的基本逻辑。

哥本哈根，蓝港（Copenhagen Blue Harbour）。

2011年7月2日，千年一遇的暴雨袭击了哥本哈根，两小时150mm的降雨量，大面积都市区域被雨水淹没，5万户居民受到影响，经济损失超过十亿美元。2014年8月31日，暴雨再次来袭，哥本哈根再次沦为一座水城。短期内经历了数次暴雨袭击之后，哥本哈根市意识到这不是一个偶然现象，气候变化引起的极端天气频发不再是城市可以逃避和推托的话题。

达成共识后，哥本哈根市洪水管理和可持续发展的脚步加快，研究表明：传统地下排水市政基础设施的建设是昂贵的，并在暴雨事件下显露出其缺乏弹性的一面，一项洪水管理新策略被提出——将城市原有市政基础设施和公共绿色空间、河流湖泊、港口有机地联系在一起，形成一个相互适应的、功能可转换的一体化水管理系统。在哥本哈根2025年碳中和计划中，哥本哈根提出：在2025年成为一个可持续的、零排放城市，其中水管理是重要组成部分。

哥本哈根市共被划分成8个片区，根据每个片区

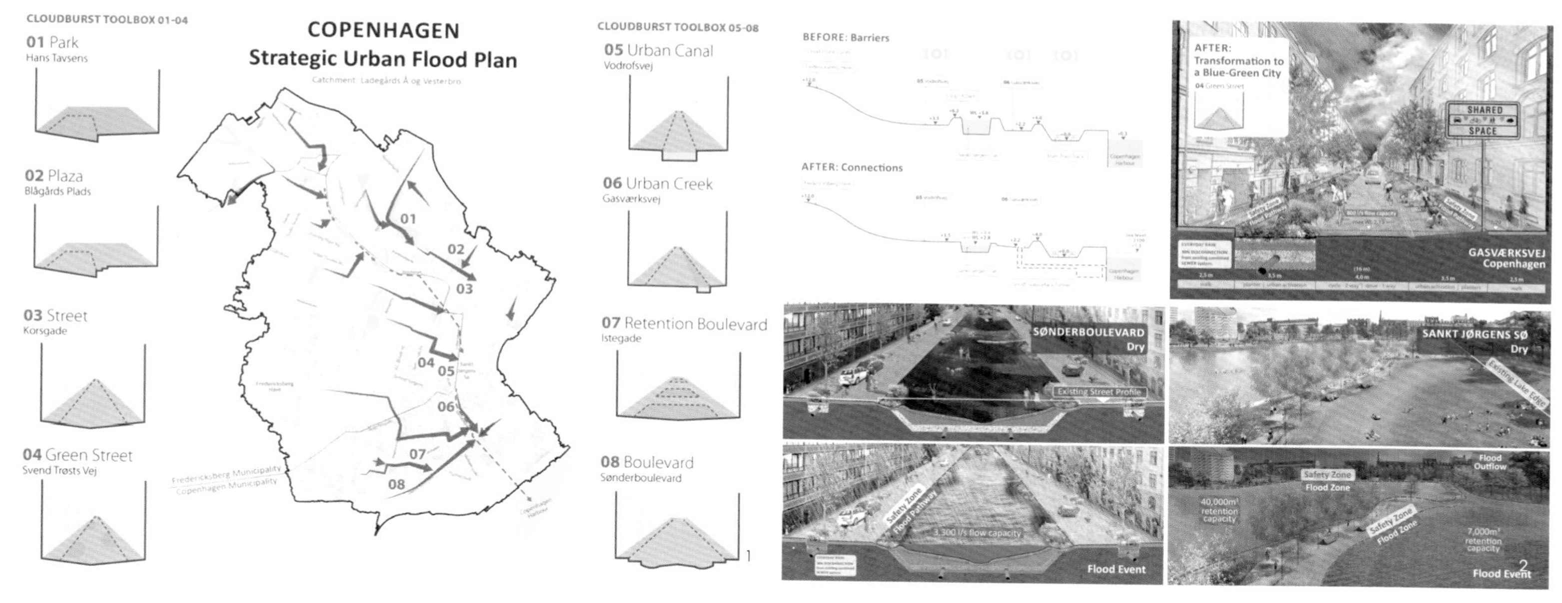

1.哥本哈根暴雨工具箱（资料来源：https://www.asla.org/2016awards/171784.html）

2.绿色街道、V形城市道路、城市海绵公园、优化的管道系统（资料来源：https://www.asla.org/2016awards/171784.html）

的特点进行差异性规划。总体规划首先确定了三大基本设计原则：①在地势高的地区滞留雨水，以保护低洼地区的安全；②在低洼地区建设可靠和灵活的雨水径流排放方式；③在次低洼片区进行雨水径流管理。在三项基本原则基础上，热点区域和一系列具体空间设计方案逐渐成型。

关于街道、公园和广场城市等常见的城市空间元素，设计团队制定出了一套完整的典型介入手段（共8种），合称为“暴雨工具箱”（Cloudburst Toolkit），用来缓解暴雨灾害带来的影响。例如：绿色街道利用城市街道的高差创造出“安全区”（Safe Zone）和“洪水通道”（Flooding Path），步行道与机动车道通过沿街景观清晰分离，并作为雨水渗透区增加蓄水韧性。V形城市道路的设计改变了常规街道中间高、两边低的形态，雨水收集界面向道路中心倾斜，在缩减道路所占空间的同时，增加了道路的滞水能力（每秒3 300m^{3}的雨水量），即使是在极端暴雨天气情况下，步行通道还是可以照常使用。

优化过的管道系统，将结构层次过多的沿岸排水系统进行了整体设计，移除了沿岸片区的物理障碍，利用哥本哈根自身的滨海地理优势，将蓄水区通过地下通道与海洋直接连接，排水能力由此得到极大的提升。

另一方面，市政下水道系统针对原有港区水污染也做出了响应。

①原有的93个港口排水管道中有55个被关闭，规定只能在超常规的暴雨情况下才能开启。

②新建12个地下蓄水大厅，用来雨水储存，确保污水不会排入海洋污染滨海清洁水体。

表1　海洋围填类型

	类型	用途	典型案例
第一类	农业垦殖	防洪防潮、开垦土地	荷兰Zuidersee，明清珠江三角洲
第二类	工业需求	港口、码头、临港工业	日本东京港、新加坡裕廊工业区
第三类	旅游人居	滨海度假、旅游娱乐	迪拜世界岛、三亚凤凰岛
第四类	都市延伸	城区拓展、亲水活力	阿姆斯特丹IJBURG、哥本哈根北港

③下水道系统实行屋顶雨水、路面雨水和黑水三级分离处理，并采取市政补贴的方式，对所有连接市政雨水管道将雨水就地利用的业主免收管道连接费。

这些措施带来的效果也十分明显，疏堵滞三者相结合的现代化污水系统让哥本哈根港口区已实现所有污水处理均符合欧盟废水处理标准的目标。哥本哈根港口大部达到了洗浴用水水质，排入港口的污水和雨水量从1996年的160万m^{3}减少到2009年的40万m^3。沿港口河道，哥本哈根近年建设了4个港口浴场和2个城市沙滩，借助电子水质监控设施，海潮、暴雨等造成的水质变化通过APP形成公开数据。由此带来的社会和经济价值也十分巨大。结合滨水步道、自行车高速公路，公共设施，港口地区成为哥本哈根新兴的活力街区与价值地段，周边公寓住房价格上涨了50%~100%。

哥本哈根同时建立两座区域制冷系统，利用海水作为重要冷源，该系统通过抽取海水制冷，利用吸收式制冷以及传统的压缩式冷却机抵消区域供暖系统中产生的余热。冷水直接通过地下保温管道输送到商业和工业建筑物内，冷却室内空气。相较于传统制冷方式，使用区域制冷的电能消耗和二氧化碳排放量能减少80%和70%。

据估算，哥本哈根市蓝绿基础设施计划减少了近75%的传统市政设施运行和维护空间——一个城市海绵公园的建设，能替代50万m^{3}的雨水管道和1.34万欧元的地下排水管道建设费用。在地下排水管道建设最小化的基础上，整体蓝绿解决方案为哥本哈根市节约了近2亿美元的开支。

值得一提的是，方案集合了多学科和多专业的共同成果，规划师、建筑师、景观师、交通规划师、工程师、水利专家和当地市民、政府、投资人一起合作，让最终方案极具公众易读性和可实施性。哥本哈根的经验表明，城市建设和海洋环境管控不是互相分离的关系，海洋环境的整体开发和各个环节的衔接与管控应该，同时也可以贯穿城市建设的始终。

2. 与水为邻——海陆空间交互构建的新海洋人居体验

在海洋向陆地侵蚀的同时，人类滨海岸线开发的脚步也从未停止。1985—2015年，全球有11.5万km^{2}的陆地变成了水域，但同时亦有17.3万km^{2}的水域转化为陆地。开发的源动力一方面来自紧缺的土地资源，另一方面来自滨海的稀缺体验价值（表1）。

3.阿姆斯特丹东港地区（资料来源：https://alastairgordonwalltowall.com/tag/silodam/）
4.Ijburg分区规划，黄色部分为人造土地（资料来源：https://theurbanweb.wordpress.com/2016/11/07/ijburg-one-more-story-on-how-the-dutch-made-holland/）
5.岛内涵盖多条水道，均为整体围填后二次开挖形成（资料来源：谷歌地球）
6.阿姆斯特丹漂浮社区航拍图（资料来源：http://www.monteflore.com/projects/floating-homes-waterbuurt-amsterdam/）
7.东部社区居住单元可由业主自行设计建设（资料来源：https://www.waterstudio.nl/tag/ijburg/）
8.不同亲水岸线下的活动体验（资料来源：COBE）
9.哥本哈根北港区现状图（左）与规划图（右）（资料来源：COBE）

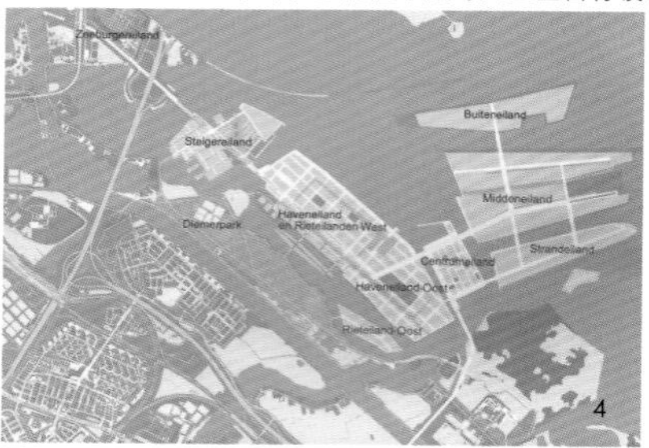

第一类与第二类围填，转化为农业、工业及交通用地，已经不再是欧美国家的主流，虽然在亚洲的大都市，后者往往仍有重要的战略意义。尤其是第二类围填，不仅粗暴地侵入海洋空间，同时消灭了潮间带生态体系，非黑即白，非海即陆，海陆之间是一个截然对立的状态。第三类围填已经开始着眼于海洋的特殊体验，海洋是土地价值的来源，围填的土地与海洋紧密融合，甚至本身亦成为一个文化符号。但单纯建立在景观魅力基础上的“异体结构”，像纤美的人工花卉，其空间结构、社会功能、生态承载能力是极其脆弱的。随着时间的推移，第三类围填利用的负面影响开始显现，海岛沉降之外，对海洋生态环境的破坏，以商业牟利为单一价值观，让各国更加审慎地对待此类开发。

20世纪80年代，欧洲各国利用工业船坞用地改造为城市建设新区，取得了出乎意料的巨大成功。荷兰东港地区以传统荷兰水城为原型，其个性化临水界面与现代滨水生活，是90年代建筑与城市规划界的奇观，不仅吸引了年轻家庭、时尚与IT人士入住该区域，更成为荷兰新滨水人居的魅力标志。

这一系列项目的空间魅力，促成了第四类围填开发。荷兰阿姆斯特丹在1997年决议建设人工岛链艾瑟尔堡（IJburg）；丹麦哥本哈根亦启动了南港（Sydhavn）与北港（Nordhavn）项目，两者均不满足于简单的功能转换，而是在固化的工业码头或海洋中，引入陆地与水网的嵌套体系，构建人海关系的新体验——同时是市政、生态与生活的共同体系。

（1）阿姆斯特丹，艾瑟尔堡（IJburg）

1997年，艾瑟尔堡获批通过规划。审慎研究后，规划者首先沿着艾美尔（IJmeer）新建了1.9km长的大坝。堤岸内没有全部围填，而是规划形成了以有轨电车与主干道引领的一系列岛链。第一阶段计划建设6个岛屿，2002年开始入住，目前已经有24 000居民；第二个阶段还有4个岛屿在建，规划再容纳20 000人口。岛链结构为这里的贻贝保护区提供了合理的空间。作为对自然价值损失的补偿，沿着北部堤岸还确立了一个自然保护区域。东侧保留大型生态岛Diemer Vijfhoek，联合南侧的绿色河岸，与堤岸构成了一个环形的生态走廊。

艾瑟尔堡的宣传网页题目即为：可爱的阿姆斯特丹生活。开发者不惜在大型围填岛屿内部开挖出河道，以常规用地指标建设漂浮社区，应用了“所有的滨水居住类型”——开发者自信地宣称，全面塑造了一个现代滨水小镇的生活。艾瑟尔堡在商业与社会层面是相当成功的，这业已是荷兰最富有的三个邮政编码区之一。

世界上最大的水上住宅——艾瑟尔堡水上住宅，是其明星项目，一次极具创新价值的海洋人居尝试。项目开发面积约为5.5hm^2水域，包括165套面积在100~260m^2的居住单元。

住宅分为东西两个社区，西区内所有房屋都由统一设计建设，东区则根据居民个人意愿完成独立设计建设。漂浮房屋都会提前在工厂建造完毕，在运到社区进行固定。2~3m宽的栈道连接起各居住单元，市政管线在下部敷设。

项目于2011年建设完成，全新的水上居住房屋售价和与市中心房屋售价相近价格，吸引了很多阿姆斯特丹市民前来置业。水面不再只是亲水的活动资源，而是直接成为居住的承载空间，成就了艾瑟尔堡作为阿姆斯特丹现代水上人居名片的美誉。

（2）哥本哈根，北港（Nordhavn）

2008年，哥本哈根启动了北欧最大的新城开发区,哥本哈根北港，可

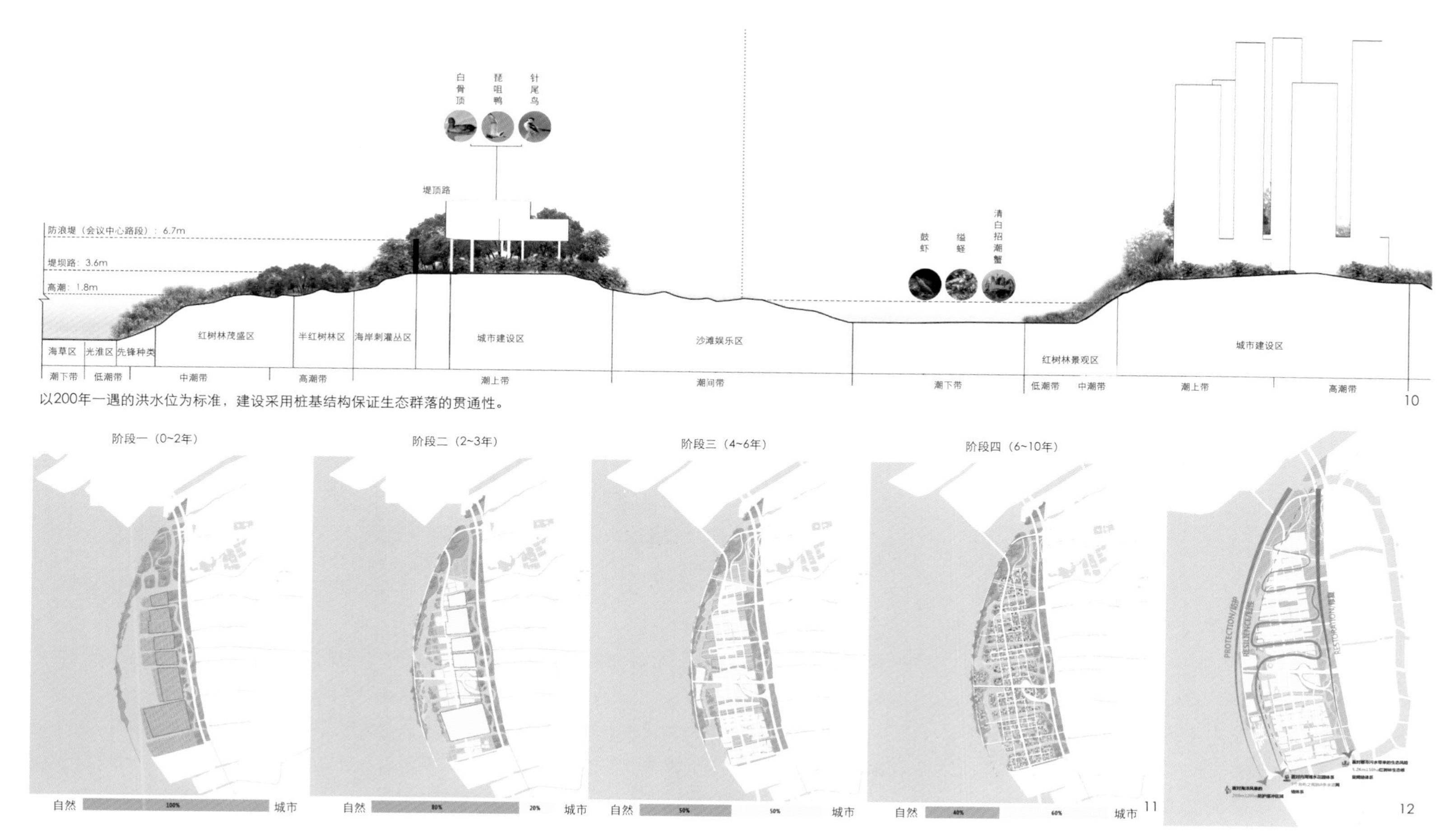

10.红树林内湾横截面，红树林与防洪堤共同形成软硬结合的防洪潮防御体系（资料来源：作者自绘）

11.新城的建造始于一个过程的设想，在现有生态基础的背景下，城市向海洋逐渐生长（资料来源：作者自绘）

12.防护、韧性及修复的三级生态体系（资料来源：作者自绘）

持续发展从一开始就被定义为片区开发的基础理念。城市—生态—海洋三种不同要素被要求在同一空间下进行考量，并落实在最终的城市设计解决方法中。

在现有离岛的空间外，北港向北继续扩张160hm^2，增加了邮轮泊岸，游艇住区，以及北部4座人工生态岛屿，其作用不仅在于增加更多的绿地与生态基地，还能帮助新城抵御北部而来的风暴潮袭击。近端的海上风电厂由20座风车发电设施组成，年发电能力40兆瓦，承担4%的哥本哈根城市电力供应，为4万户家庭供电。

向内，新城反而做减法。虽然新城整体被海水包围，但北港依旧主动选择在基地内部进一步开挖多条20~50m宽的河道，方案设计者把它称作“不做加法，先做减法”。循环连通的水体网络，改善水质，构建排涝体系，并大幅度增加城市亲水性，也为游艇、皮划艇等水上娱乐项目提供活动场所。

这一工程方式在自2000年成功实施的南港地区（Sydhavnen）已经得到成功应用，硬化的港口用地内开通水渠，水面，桥梁，各种优美的滨水住宅，浮船中装置的餐厅、俱乐部、青少年中心，典型的贫民区被转化为哥本哈根的IT与通信公司的大本营之一。

港区还摆脱了大面积整体开发的传统模式，改用单元岛屿式来进行组织，强调每个岛屿独特的环境特点和历史记忆，突出识别性的同时更符合渐进式的建设模式。

不论是哥本哈根北港区、阿姆斯特丹漂浮社区，都着眼于一点——海洋生活本身对人居品质的巨大魅力。夏季哥本哈根北港地区，路边即是海滨，居民穿着泳衣端着餐盘酒杯，席地而坐晒太阳、游泳；游艇过来，欣然祝酒，一起大合唱。

相比于常规的围填，交互式共同空间的优点在于：

①嵌入陆地的河渠、水面（约10%~15%）与绿岛，是生态环境的重要缓冲区。海洋和陆地之间，保有了次级生态系统培育的可能性。

②它们同时成为暴雨内涝中，雨水自重力快速排放的天然路径，当然也是内部洪涝蓄积的安全储备空间。

③滨水价值本身，对于国际文化导向的现代青年家庭具有莫大的吸引力，造成了房地产25%~50%的直接溢价。

④辅以自行车快速道路、通勤游艇、私人船只，成为现有交通体系挖潜的重要空间。

⑤即使牺牲了部分绿地面积，借助露天游泳池、滨水跑步道，仍然满足了社区的运动需求。同时融合灵活的驳船设施，反而成为社区优质的公共服务来源。

这是一个海陆之间生态、安全、交通、人居的完整共同体系。如果说海洋围填的基本原动力是对土地资源的获取，那么这第四类开发模式——交互化的海洋与陆地共同空间，是在人海关系价值观引领下，对城市设计、人居模型、生态架构的全新整合。

三、设计实践

1. 深圳海洋新城

深圳海洋新城项目是我们对与海共生理念的一次综合实践，作为深圳市继前海后获得的一个稀缺战略

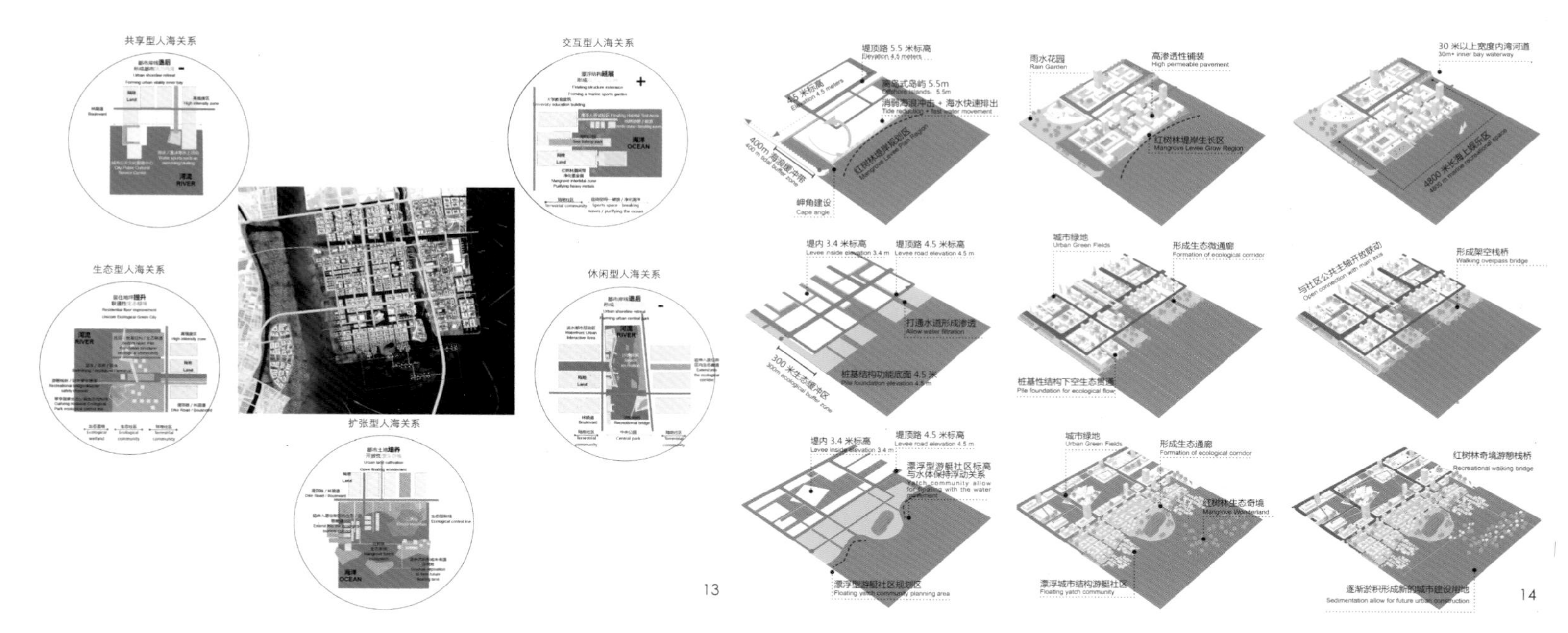

13.五个与珠江湾区的人海交往界面（资料来源：作者自绘）

14.东、西、南侧培育岸线（资料来源：作者自绘）

性发展空间，项目对城市开发强度、体量及功能都提出了很高的要求。但另一方面，由于基地位于深圳大空港地区西北部，珠江河口围填地区，整个城市设计工作必须在截留河和生态湿地等多种设定下完成，项目任务书将如何生态用海、生态营城、发展海洋产业列为三大核心议题。

我们将人海共生设定为整个设计的出发点，在借鉴学习全世界案例的成功经验下，试图通过人为适度干预+生态自然修复两种相互结合的方式协调城市、海洋、生态三者之间的关系，最终塑造一种与自然共生、与海洋共生的新型海洋新城。以下是我们对这个规划愿景所制定的具体设计策略。

整个设计方案始于一个关于“过程”的设想，在现有生态基础背景中，融合周边既有城市肌理，逐步培育一座由红树林群落组成的滨海绿“城”。生态在新城中成为一种重要的城市基础设施，和其他基础设施（道路、防浪堤等）一起为新城的城市建设培育生长条件。

①首先沿基地西侧边界设置了一条6km的新城生态防护堤坝，由防洪硬质堤坝和红树林植被群落共同组成。

②红树林内湾同时起到对上游水体的生态净化作用，并伴随逐渐改善的生态环境形成新城内部一座新城生态地景公园和生物栖息地。

③宽度超过200m以上的红树林内湾同时削减海浪冲击，内部生态岛屿的标高得以降低从而获得更好的亲水性。

④东西两侧的红树林湿地保护区与生态岛之间的红树林河道一起形成了防御、韧性和修复的三层生态体系。

⑤生态岛屿内外，以红树林为代表的滨海生物群落在与海洋、陆地、人的不断博弈中逐渐与城市化进程形成交织结构，最后实现某种平衡。

在生态体系的基础上，城市空间和人居环境设计工作开始展开。生态和功能相互结合的4条动线贯穿7个岛屿，构建起整个新城的主体空间结构，在动线交汇处，即新城的北部及中部形成两个重点区域。

中城向西对应国际会展中心轴线，规划了大型海洋博览中心与会议中心等城市会客厅职能，作为对湾区的贡献。这是西侧滨海岸线的唯一一处都市化节点，通过桩基式建筑来规避风暴潮的袭击，岸线尽端的漂浮城市是新型海洋人居的创新尝试，兼顾海洋安全与海洋产业展示双方面需求。

8条水道网络所构建起来的7个独立岛屿高度尊重了现状海流动力结构，形成了开发与生活单元；每个岛屿保证5分钟的水域可达，毛细水道两侧设置露天公共泳池、滨水景观游憩平台、滨水休闲散步区、游艇码头等设施，丰富城市亲水体验。

2. 中山翠亨科学城

中山翠亨科学城城市设计国际咨询是我们继深圳海洋新城后，对人海关系的又一次全新演绎。我们希望为中山量身定制一个湾区国际门户，它不同于香港、深圳和广州，在引领珠江西岸创新发展的同时保持良好的生态本底，带有强烈的文化意象与地方识别性，以此来吸引珠江湾区最新一代的年轻城市居民与家庭。

生态是整个翠亨科学城城市设计的基础，基于对中山围海造田历史背景和基地周边现状水域和水系的重新梳理，首先我们提出新的围垦方式和韧性城市的建设策略——蓝绿计划。

基地东岸受海洋冲击最大，设立一条400m宽的科学城“海浪缓冲带”。与传统设置单一硬质堤坝防御岸线不同，它由三层软硬结合的岸线组成。最外层的红树林/栈桥缓冲区作为生态景观花园的同时，在超常规天气下消减部分海浪冲击；中间采用龟背结构的离岸式岛屿，整体位于200年一遇的洪峰高度之上，雨洪重力自排；内侧预留30m内湾水道吸收海浪冲击力，引导海水快速排出。

基地西侧临湿地公园，并受上游洪峰影响。我们选择主动将生态控制线后退80~100m，形成一条300m宽的生态防护堤坝与展示游憩区。沿岸建筑采用桩基结构，活动面标高提升为4.5m与堤顶路齐平，大幅度提高雨洪蓄积空间。此外，基地面向湿地公园打通了多条东西方向水道，引导形成多条微生态廊道，形成湿地公园向基地的生态渗透。

科学城南岸淤积沉厚，受海洋冲击较小。我们选择以生长培育的方式对岸线进行设置。在现有的淤积上培育红树林，并在堤顶路外侧设置了漂浮型游艇社区。在淤积和海水流动的双重作用下，红树林向南扩张，逐渐形成红树林生态群落。通过增加人行栈桥和必要的服务设施，将社区与红树林群落串联，构成科学城红树林奇境。